中西医治疗奶牛常见病

张 军 王胜新 主编

中国农业大学出版社
·北京·

内 容 简 介

本书共 5 章,第一章主要介绍了中兽医基础知识;第二章从常用中兽药及配伍方面做了详细介绍;第三章重点介绍奶牛常用中草药方剂,其中大部分为作者在多年临床实践中总结或在原方剂的基础上加减而成的,临床效果显著;第四、五章分别对奶牛常见普通病及传染病的诊治做了详细阐述,尤其在奶牛常见普通病的诊疗中,大部分中药方剂和用法都是作者在长期奶牛疾病诊疗实践中总结出来的。

本书主要作为奶牛养殖场、户技术人员和动物疫病防治专业人员的参考用书。

图书在版编目(CIP)数据

中西医治疗奶牛常见病/张军,王胜新主编.—北京:中国农业大学出版社,2013.12

ISBN 978-7-5655-0839-4

Ⅰ.①中⋯ Ⅱ.①张⋯②王⋯ Ⅲ.①乳牛-牛病-中西医结合疗法
Ⅳ.①S858.23

中国版本图书馆 CIP 数据核字(2013)第 262789 号

书　　名	中西医治疗奶牛常见病
作　　者	张　军　王胜新　主编

策划编辑	梁爱荣	责任编辑	梁爱荣
封面设计	郑　川	责任校对	陈　莹　王晓凤
出版发行	中国农业大学出版社		
社　　址	北京市海淀区圆明园西路 2 号	邮政编码	100193
电　　话	发行部 010-62818525,8625	读者服务部	010-62732336
	编辑部 010-62732617,2618	出　版　部	010-62733440
网　　址	http://www.cau.edu.cn/caup	E-mail	cbsszs @ cau.edu.cn
经　　销	新华书店		
印　　刷	北京时代华都印刷有限公司		
版　　次	2014 年 1 月第 1 版　2014 年 1 月第 1 次印刷		
规　　格	787×980　16 开本　16.25 印张　300 千字		
定　　价	29.00 元		

图书如有质量问题本社发行部负责调换

编　委　会

前　言

　　近年来我国奶牛养殖快速发展,是畜牧业的重要产业,所占比重逐年增加,在农业增产、农民增收中所起的作用也越来越显著,奶牛养殖已经成为农业、农村经济发展的重要增长点,成为调整优化产业结构、促进农民增收、改善膳食结构、提高国民身体素质的重要产业。

　　随着人们生活水平和对食品质量要求的不断提高,特别是近来发生的"三聚氰胺""瘦肉精"等食品安全事件的影响,人民群众对鲜奶品质要求越来越高。同时随着奶牛规模化程度逐渐提高,饲养密度不断加大,奶牛疫病的防治尤显重要。目前,我国的奶牛饲养管理水平距离发达国家还有一定差距,在疫病治疗中还是以西药为主,这就避免不了药物残留问题。奶牛一旦发生疫病,用药期、休药期的鲜奶就不能食用,严重影响鲜奶产量,降低效益,有的甚至需要淘汰奶牛,从而造成更大的经济损失。而中华民族之瑰宝——中医,有着绿色无公害、无药残、疗效好的特点,配合西医西药治疗奶牛疫病,可以做到标本兼治,同时又解决了药物残留问题,成为备受养殖者欢迎的奶牛疫病治疗方法。

　　本书从目前我国奶牛养殖中常见病的现状出发,以中兽医理论为基础,围绕奶牛常见普通病和重点传染病的防控措施,对中兽医基础知识、常见中兽医用药、常用方剂、奶牛常见普通病诊疗、重点传染病防控等内容做了全面介绍。编者在奶牛常见病治疗上力求做到理论联系实际,突出先进性、实用性、可操作性,旨在为广大奶牛养殖者和奶牛疫病治疗技术人员提供借鉴和参考。

　　本书经河北农业大学中兽医学院杜键教授全面审核修改,在此表示衷心感谢!

　　由于时间仓促,加之编者水平有限,书中难免有疏漏之处,敬请读者批评指正!

编　者
2013 年 8 月

目　录

第一章　中兽医基础知识

第一节　脏腑学说

　　脏腑学说是中兽医学基础理论的重要组成部分,它是研究机体各脏腑、组织、器官的生理功能、病理变化及其相互关系的学说。"脏"即内脏;"象"即征象和形象。"脏象"即内脏的机能活动、病理变化反映于外的征象。

　　藏,藏也,贮藏精气之义。脏有五,即心、肺、脾、肝、肾,称为五脏。心包在经络学说中亦作为脏,加之共六脏,故又称"六脏"。腑,聚也,有库府之义。腑有六,即胆、胃、小肠、大肠、膀胱、三焦,称之六腑。

　　五脏和六腑在组织结构和生理功能上是各有其特点的。在组织结构上,脏多为实质性的脏器,腑多属空腔器官。五脏的生理功能共同特点是化生和贮藏精气,六腑的生理功能共同特点是受盛和传化水谷。

　　脏与腑之间存在着阴阳、表里关系。脏属阴,腑属阳;心与小肠、肝与胆、脾与胃、肺与大肠、肾与膀胱、心包络与三焦相表里。脏与腑之间的表里关系,是由经脉来联系的,脏的经脉络于腑,腑的经脉绎于脏,彼此经气相通,相互作用,两者在生理上既对立又统一,在病理上也相互影响,相互传变。

　　脏腑虽各有其功能,但不是互不相干,而是相互联系的一个统一整体的分工。同时脏腑与肢体组织(脉、筋、肉、皮毛、骨),五官九窍(舌、目、口、鼻、耳及前后阴)等都是有机联系的整体。如五脏之间存在着相互依赖与制约的关系,六腑之间存在着承接合作的关系,脏腑之间存在着表里相合的关系,五脏与肢体官窍之间存在着归属开窍的关系等,由此说明了机体内外各部功能上是一个相互联系的统一整体。

　　脏腑的功能活动化生了气血津液,气血津液的运行和分布又通过不同的脏腑功能活动才能完成。而脏腑的各种功能活动,又必须以气血津液作为物质基础。所以脏腑与气血津液的生理、病理有密切的关系。

一、五脏

（一）心

心位于胸中，有心包护于外，统全身之脉，主血液的运行；统领五脏六腑的功能活动，是脏腑中最重要的器官。心主神明，是生命活动的主宰；心开窍于舌，其液为汗，其经脉下络小肠，故与小肠相表里。它的主要生理功能介绍如下。

1. 心主血脉

心主血脉的生理功能，其内涵包括心主全身之血和全身之脉。全身的血，依赖于心脏的搏动而在脉中运行于周身。脉，即血脉，与心脏相连接，网络于周身，是血液运行的通道。心是主持血液运行的动力，脉是血液运行的管道。心主血脉，是指心有推动血液在脉管内运行，以营养全身的功能。

血液在脉管中运行不息，周流全身，如环无端，主要依赖于心脏的有节律搏动。心脏的搏动，在脏腑学说中认为主要依赖于心气的推动作用。心气充沛，才能维持正常的心力、心率和心律，血液才能循着脉中正常地运行于周身，充分发挥血液的营养作用。所以说，心气在心主血脉的生理功能活动中，是起着十分关键的作用。

心位于胸中，其合在脉，开窍于舌。所以可从脉象、舌色以及心胸部的状况去观察分析心主血脉生理功能是否正常。如心主血脉的生理功能正常，则可见脉象和缓有力、皮毛红润光泽、舌色红润等表现。如心气不足，血液亏虚，血脉空虚，或血流不畅时，则脉象可见无力，或迟或数，或细或大，或结代等变化；皮毛干燥无光；舌色无华，或淡白，或紫暗，或红绛等变化。如心主血脉生理功能严重障碍，气血瘀滞，脉道受阻时，脉象可见细涩、结代等变化；舌色可见青紫等。同时，在心主血脉失常时，还可表现胸痛所致的前肢开张站立，或频频换脚，运步时束步难行，或下坡斜走，气促喘粗等症。

2. 心藏神

心藏神的内涵，是指家畜、家禽的精神、意识、活动由心所主，是心的主要生理功能的重要组成部分。

广义的神，是指整个机体内在生命活动的外在表现。诸如整个畜体的形象，以及口色、冠（肉垂）的颜色、眼神、叫声、反应灵敏度、肢体活动姿态等的外在表现，皆属"神"的范畴。狭义的神，是指心所主的精神、意识活动。

家畜的精神、意识活动，在脏腑学说中认为是五脏（以心为主宰）生理功能活动的重要组成部分。但在一定条件下，精神、意识活动，又可反作用于五脏的生理功能。精神、意识活动，是生命活动重要标志，意识丧失，则意味着生命垂危。

3. 心主汗

汗为津液所化生,津液又为血液的重要组成部分,而血为心所主,血汗同源,故有"汗为心之液"的说法。

4. 心开窍于舌

舌为心的外候,如果心有了病变,也易从舌上反映出来。心血不足,则舌质淡白;心火上炎,则舌质赤红或生舌疮;心寒则多吐清水;热入心舌,则舌似朱砂等。由于心的生理功能、病理变化均能影响到舌,故有"心开窍于舌"、"舌乃心之苗"的说法。

这里特别需要指出的是,舌苔的形成是由胃气熏蒸所致。舌苔的变化反映胃气的强弱、病邪的深浅、病性的寒热和病势的进退,故舌又为脾胃之外候。

5. 心包

心包与六腑中的三焦互为表里。它是包在心脏外面的包膜,具有保护心脏的作用。当诸邪侵犯心脏时,一般先表后里,由外入内,先侵犯心包络。实际上,心包受邪所出现的病症与心是一致的,心和其他脏器一样,皆能受邪。如热性病出现的神昏症状,则称为"邪入心包",而在治法上可采用清心泄热之法。由此可见,心包络与心在病理及用药上基本相同。

(二)肺

肺位于胸中,上连气道,其经脉下络大肠,与大肠相表里。开窍于鼻。它的主要生理功能是主气、司呼吸,主宣发和肃降,通调水道。主一身之表、外合皮毛。

1. 肺主气、司呼吸

肺的主气功能,实际上是派生于肺的呼吸运动,二者是难以截然分割的。但是,为了便于理解其基本含义,故一般可分为肺主一身之气和呼吸之气两个方面。

肺主一身之气:是指全身的气都由肺所主。肺吸入的清气(氧气)、水谷之精气会于胸中生成"宗气"。如果肺的呼吸功能失常,则不仅能直接影响"宗气"的生成,而且也势必累及全身各种气的生成,从而导致气虚的病变。

肺主呼吸之气:实际上是指肺主呼吸,肺是体内外气体交换的场所。也就是说,肺从自然界吸入清气(氧气)和呼出体内浊气(二氧化碳等废气),实现体内外气体交换的新陈代谢功能。

肺的呼吸运动在生命活动中是至关重要的,它不仅仅局限在体内外的气体交换,而且机体气的生成、气血的运行、津液的输布代谢等,均有赖于呼吸运动的均匀和调,才能维持正常生理状态。如病邪伤肺,使肺气壅阻,引起呼吸功能失调,则可出现咳嗽气喘、呼吸不利等症状。如果肺气不足,则可出现体倦无力、气短、自汗等气虚症状。

2. 肺主宣发肃降,通调水道

宣发,是宣通、布散的意思;肃降,是清肃、下降的意思。肺主宣发和肃降,实际上是指肺气的运动,具有向上向外宣发和向下向内肃降的双向作用。因此,肺的呼吸异常,均可归结于肺的宣发、肃降的失常。

肺主宣发的生理作用,主要体现在三个方面:一是通过肺的气化作用、将体内的浊气(CO_2等废气)随着肺气的宣发呼出体外,为吸入清气(氧气)创造条件。二是由于肺气的向上向外周的扩散运动,将脾转输至肺的水谷精微布散于全身,外达于皮毛。三是宣发卫气,温润肌腠、皮肤,充养皮肤并调节腠理之开合,将津液的代谢产物化为汗液排出体外。

肺主肃降的生理功能,亦体现于三个方面:一是由于肺气的下降作用,使肺能充分吸自然界之清气。二是由于肺气的下降,将吸入的清气和脾转输的津液和水谷精微向下布散,并将代谢产生的多余的水液下输肾和膀胱排出体外。三是保持呼吸道的洁净。若肺气失于肃降,则肺气上逆,从而出现呼吸的变异及气喘、咳嗽、咳血等病理现象。

肺的宣发作用和肃降作用是相辅相成的矛盾运动,是肺的生理活动不可分割的两个面,它们在生理上相辅相成,在病理上亦相互影响。即是说,没有充分的宣发,也就不可有正常的肃降;没有正常的肃降,也就不能很好地宣发。宣发和肃降是互为前提,有节律一宣一肃,以维护着呼吸均匀和调,气机的调畅,实现内外气体正常交换,促进全身的气、血、津液的正常运行不息。如果二者的功能失常,就会发生"肺气失宣"或"肺失肃降"病理现象,出现胸闷烦躁、憋气、咳喘等肺气上逆之症状。

3. 肺主一身之表,外合皮毛

皮毛,包括皮肤、汗孔、被毛等组织,为一身之体表,依赖于肺所宣发的卫气和津液的温养和润泽,是机体抵御外邪侵袭的第一屏障。肺合皮毛,主要指肺与皮毛不论在生理或病理方面均存在着极为紧密的关系。一是皮肤汗孔不仅有排泄汗液的作用,而且有随着肺气的宣发和肃降进行气体交换的作用。二是因为皮毛依赖肺气的温煦才能润泽,否则就会憔悴枯槁。不但肺经有病可以反映于皮毛,皮毛受邪也可传之于肺。如肺气虚弱时,则卫表不固,腠理不密,常自汗出,而且经久可见皮毛焦枯或被毛脱落;而外感风寒,也可影响到肺出现咳嗽、流鼻等症状。

4. 肺开窍于鼻

肺主呼吸,而鼻是呼吸道的通路,肺通过鼻与自然界相贯通,故称"鼻为肺之窍"。鼻除为呼吸的通道和门户外,还有主司嗅觉的功能。鼻的这些功能,依赖于肺气的宣发。肺的功能正常时,则呼吸通畅,嗅觉灵敏。

鼻与外界相通,为外邪犯肺之门户。在病理方面,当肺受到外邪侵袭而致肺失宣降时,常可引起嗅觉异常或失灵等症状。如风寒犯肺,肺气不宣时,常可出现鼻塞流涕;如邪热壅于肺,宣降失常时,除可见喘咳气逆外,还多见鼻翼扇动等;肺有燥热,则会出现鼻干,甚至出血等。

（三）肝

肝位于腹腔右侧季肋部,有胆附于其下,其经脉络于胆,与胆相表里。其主要生理功能是主疏泄,主藏血,主筋,其华在蹄爪,开窍于目。

1. 肝主疏泄

肝主疏泄,是指肝具有疏通发泄气、血液、津液等,促使其畅达、宣泄的作用。肝的疏泄功能是以肝主升、主动的生理特性为其理论基础。肝的主升、主动是调畅全身气机、推动血液和津液运行于周身的一个重要环节。肝的疏泄功能主要表现在以下三个方面。

（1）调畅气机。机体各脏腑组织的功能活动,全赖于气的升降出入运动。气的升降出入运动之间的协调平衡,又赖于机体各脏腑组织的正常生理活动。由于肝的生理特性是主动、主升,这对于气机的疏通、畅达、升发是一个重要的因素。因此,肝的疏泄功能是否正常,对于气的升降出入运动以及它们之间的平衡协调,起着重要作用。若气机瘀滞,则血和津液的运行势必受其影响,如血滞成瘀、津停成痰;或气血互结而形成聚积、肿块等。若气逆太过,又可使血不循经,出现出血等。

（2）促进脾胃的运化功能。脾胃的受纳消化吸收食物的功能,与肝的疏泄有密切关系。肝能生成胆汁,以助饮食物的消化,而胆汁的分泌又直接受肝之疏泄功能的影响。即是说,肝的疏泄功能正常,则胆汁分泌与排泄正常;肝的疏泄功能失常,不但影响胆汁的生成,而且亦能影响到胆汁的分泌和排泄,因而导致脾胃运化功能的异常,可出现食欲减退、黄疸、腹胀痛等病症。所以,肝的疏泄功能正常,是保持脾胃正常运化功能的重要条件。

（3）调畅情志。家畜之所以有正常的情志活动,主要依赖于气血的正常运行,肝的疏泄功能具有调畅气机,促进血液运行等生理作用,是机体气血正常运行的重要条件。所以说肝的疏泄功能具有调畅情志的作用。如果肝的疏泄功能不及,则肝气郁结,常表现精神沉郁;如果肝的疏泄功能太过,则肝气、肝火易升,常表现为急躁不安、狂叫等症。

2. 肝主藏血

肝藏血的生理功能,包括贮藏血液和调节血量两个方面。肝藏血的本义,是指肝具有贮藏血液和防止出血的生理功能。如果肝的藏血功能减退,一方面,可以形成肝的贮存血量不足,而致肝血虚,或不能制约肝的阳气升动,而致肝阳上亢、肝火上炎、肝风内动等病理变化。另一方面,也可因此而引起吐血、衄血、崩漏等出血的病理变化。

由于肝脏的贮藏血液和调节血量的生理功能,是属于全身性的,所以能影响机体各脏腑组织的功能活动。如果肝的藏血量不足,不能满足某些生理活动需要时,就会出现异常,比如不能滋养于目,两目干涩,甚至夜盲;不能濡养于筋,筋脉拘急,屈伸不利;不能充盈冲任则不发情,甚则不孕育。如肝不藏血或升泄太过,可引起许多出血的病变。

3. 肝主筋、其华在爪

筋即筋膜,附着于骨而聚于关节,是连接关节、肌肉、主肢体运动的主要组织。肝血充足,筋得其养,才能灵活运动进行收缩和弛张;如果肝的精血衰少,肝气不舒,不能很好地濡养筋膜,则筋的运动力就会减弱,甚至屈伸不利等。老龄家畜动作迟缓和不灵活,动则易于疲劳,就是由于肝的气血衰少,血不养筋之故。

爪,即爪甲(蹄),乃筋之延续,故有"爪为筋之余"之说。爪甲亦赖肝血以营养。肝血充足,则爪甲坚韧,红润光泽;若肝血不足,则爪甲萎软而薄,枯而色夭,甚则变形、脆裂。所以视爪甲之荣枯可以测知肝脏功能正常与否。

4. 肝开窍于目

目之所以能精明视物,不但需肝血滋养,同时还依赖于五脏六腑之精的濡养。五脏六腑之精气,上注于眼窠部位,分别形成眼的各个组织,共同组成目系,才具备了视万物之功能。由于肝与目的关系密切,所以肝的功能正常与否,常常反映于眼及其视物功能。例如,肝之阴血不足,则两目干涩,视物不清,甚则夜盲;肝经风热,可见目赤痒痛;肝火上炎,可见目赤生翳;肝阳上亢,可见头晕目眩;肝风内动,可见目斜上视等。

(四)脾

脾位于腹中,其经脉络于胃,与胃相表里。脾胃同居中焦,是消化系统的主要脏器。机体的消化运动,主要依赖于脾胃的生理功能,才能使水谷得以消化,精微得以输布,气血得以化生。

脾的主要生理功能是主运化,主升清,主统血,主肌肉与四肢,开窍于口,外应于唇。

1. 脾主运化

脾主运化,是指脾具有把水谷化成精微物质,并将其转输至全身的生理功能。所以,有脾为胃行其津液之说。脾对水谷的运化是指脾对饮食物的消化和吸收。

饮食物经胃的腐熟初步消化后,下送于小肠继续消化,在小肠"泌别清浊"的作用下,其清的部分由脾吸收变化为各种营养物质,并经脾的转输和布散作用,"上输于脾"和"灌溉四旁",以滋养其他脏腑和全身各部。如脾气不足,由于不能为气、血、津液等生成和机体各部输送足够的营养物质,继而形成气、血、津液等的生成不足而致气血虚衰、津液不足等全身性营养障碍,出现精神委顿、四肢乏力、肌肉消瘦等症状。

2. 脾主升清

升清是指脾的运化功能特点,以升为主。脾的升清,是与胃的降浊相对而言。升清,是指对水谷中精微物质的吸收、传输、布散;降浊,是指对水谷中的食物残渣,由胃至小肠、大肠的逐级下降,最后形成糟粕排出体外。升清,即是指水谷精微借脾气之上升而上输于心、肺、头目,通过心肺的作用化生气血,以营养全身。在正常情况下,脾气升清,则气血生化有源,始有生化之机,若脾气虚弱不能升清,则气血生化无源,可出现神疲乏力、耳聋头低、眼目无光、腹胀、泄泻等症。若脾气下陷,可见久泄脱肛、胞宫脱垂等病症。

3. 脾主统血

统,有统摄、控制的意思。所谓脾统血,乃指脾有统摄(或控制)血液在脉管中正常运行而不致溢出脉管外的功能。

脾之所以能统血,全赖脾气的固摄作用。脾气充盛,不但血之生化有源,且有统摄血液,使之循行于血脉之内而不致外溢。若脾气虚衰,不但血的生化无源,且能失去统摄血液的功能,血液就会溢出脉外而引起各种出血症,如因脾气虚所致便血、胞宫出血、肝衄等。

4. 脾主肌肉及四肢

脾主肌肉、四肢,是指肌肉的丰满健壮和四肢的正常活动,皆与脾的运化功能有密切关系,由于脾主运化,是气血生化之源。脾的运化功能旺盛,可将饮食中的营养物质输送到全身以营养四肢肌肉,使其丰满健壮,活动有力。若脾胃运化功能障碍,不能有充足的气血营养肌肉,可致肌肉瘦削,软弱无力,甚则痿废不用。

四肢,又称"四末"。四肢的功能活动,有赖脾胃运化的水谷精微以营养,才能发达、健壮、运动灵活有力。而四肢的营养输送,又依赖于脾气的升清。若脾失健运,则四肢肌肉就会缺乏水谷精气的营养而致四肢软弱无力,倦怠好卧,甚至痿废不用。

5. 脾开窍于口,外应于唇

脾主水谷的运化,口司饮食,脾气通入口,与食欲有着直接的联系。

口为脾窍,唇是脾的外应,口唇可以反映出脾主运化功能的盛衰。若脾气健运,食欲旺盛,肌肉营养充足,则口唇鲜明光润如桃花色;否则脾不健运,脾气衰弱,则食欲不振,营养不佳,口唇淡白无光;脾有湿热,则可见口唇红肿;脾经热毒上攻,则口唇生疮等。

(五)肾

肾位于腰部,左右各一,是机体的重要脏器,在脏腑学说中认为肾藏有"先天之精",为脏腑阴阳之本,生命之根,而为"先天之本"。肾与膀胱的气化相通,互为表里。肾的主要生理功能是藏精主发育与生殖,主水,主纳气,主骨、生髓,开窍于耳及二阴。

1. 藏精、主生长、发育与生殖

精是构成畜体的基本物质,也是畜体各种机能活动的物质基础。

肾所藏的精,包括五脏六腑之精和生殖之精。五脏六腑之精,又称为"后天之精",它来源于水谷精微,由脾胃所化生,是维持生命活动的基本营养物质。生殖之精,来源于先天,由父母所授给,所以又叫"先天之精",它是繁殖后代的物质基础。但先天之精须待后天之精的不断供给,才能发挥它的生殖能力,即胎儿在出生之前,先天之精的存在已为后天之精的摄取准备了物质基础;出生之后,后天之精又不断供养先天之精,使之得到不断地补充。因此,先天之精与后天之精的关系,是相互依存,相互促进的。

2. 主水

主水是指它在调节体内水液平衡方面起着极为重要的作用。肾对体内水液的潴留、分布与排泄,主要是靠肾的气化作用。肾的气化正常,则开合有度。开,则代谢的水液得以排出,合,则机体需要的水液能在体内保留。在正常情况下,水液通过胃的受纳、脾的转输、肺的敷布、三焦的通调,清者运行于脏腑,浊者化为汗与尿排出体外,使体内水液代谢维持着相对的平衡。

3. 主纳气

呼吸虽是由肺所主,但吸入之气,必须下及于肾,由肾气为之摄纳,所以有"肺主呼气,肾主纳气"的说法。肾主纳气,对呼吸有重要意义。只有肾气充沛,摄纳正常,才能使肺的气道通畅,呼吸均匀。如果肾虚根本不固,吸入之气不能归纳于肾,就会出现动则气急、呼吸困难的病变。

4. 主骨、生髓

肾主藏精,而精能生髓,髓居于骨中,骨赖髓以充养。肾精充足,则骨髓的生化有源,骨骼得到髓的充分滋养而坚固有力。如果肾精虚少,骨髓的化源不足,不能营养骨骼,便会出现骨骼痿弱无力,甚至发育不良。如胯拽腰拖,肢体软弱无力,不能行动等症,常是由于肾精不足,而骨髓空虚所致。

5. 开窍于耳及二阴

耳的听觉功能,依赖于肾的精气充养。肾主藏精,肾的精气充足,听觉才能灵敏。如果肾精不足,则将出现听力减退、两耳下垂等症。老龄家畜之所以多见耳聋头低、精神衰退等症,往往是由于肾精衰少的缘故。

二阴,是指泌尿生殖道和肛门而言。尿液的排泄虽在膀胱,但仍有赖于肾的气化作用,故尿频、尿少、尿闭或遗尿等症,多由于肾阳不足所致。家畜的生殖机能,为肾所主。至于大便的排泄,也要受到肾的气化作用,才能顺利排泄,例如,肾阴亏损,可见大便秘结;肾阳虚衰,可见粪便不通;或肾气不固而久泄滑脱等,皆与肾的气化作用密切相关。

二、六腑

(一)胆

胆为六腑之一,又属奇恒之府。胆呈囊形,附于肝。胆与肝互为表里。胆的主要生理功能为贮存和排泄胆汁,主决断。

1. 贮存和排泄胆汁

胆汁生成于肝,味苦,呈黄绿色,贮存于胆,在消化食物过程中向小肠排泄,以助脾胃运化。由于胆汁来自肝脏,为清净之液。胆汁是由肝的精气所化生,胆汁向小肠排泄,亦赖于肝的疏泄功能所控制和调节。所以,胆汁的分泌,与肝的疏泄功能密切相关。若肝失疏泄,肝气郁结,则胆汁的排泄就不利,从而出现胸胁胀满疼痛,影响脾胃的运化功能,可见食欲不振、腹胀、便溏等症。若肝的升泄太过,肝气上逆或肝火上炎时,亦可引起胆汁上逆,除了可见胸胁胀满疼痛外,还可见呕吐。胆汁外溢于肌肤,可出现黄疸。反之,若因某些原因阻碍了胆汁的排泄,也可引起肝的疏泄功能障碍,而引起肝的病变。

2. 主决断

胆主决断,是指胆有判断事物作出决定的功能。由于肝胆相表里,肝与情志有关,而胆气之盛衰亦常涉及情志的变化。胆气盛则惊悸不宁;胆气不足则胆怯惊畏。如胆气壮,虽受到剧烈的精神刺激,亦不会致病,纵然发病,亦恢复较快。而胆气怯弱,稍受刺激,每易致病,且病势重而难愈。

(二)胃

胃,位于膈下,上接食道,后通小肠。胃的上口为贲门,下口为幽门。胃的主要生理功能是主受纳,主腐熟水谷,主通降。

1. 主受纳

胃主受纳,是指胃在消化道中具有接受和容纳饮食物的作用。饮食物的摄入,先经口腔,由牙齿和舌的咀嚼搅拌,会厌的吞咽,从食道进入胃中。饮食物入胃,须经胃的初步消化,有一定的停留时间,故称胃为"草谷之腑"。胃的受纳水谷,是机体营养之源。因此,胃的受纳功能强健,则机体气血的化源充足;反之,则化源匮乏。

2. 主腐熟水谷

胃受纳饮食物后,在胃中进行初步消化,变成食糜。故称为"腐熟水谷"。饮食物经胃的"腐熟"作用初步消化后,一部分水谷精微经胃的"游溢精气,上输于脾",脾"为胃行其津液"而输布至肺及全身;大部分食物则由胃的通降作用,输送到小肠,作进一步消化。

3. 主通降

"胃主通降"是指胃具有使食糜向下输送至小肠、大肠和促使粪便排泄等生理作用。经胃气腐熟后变为食糜,食糜由胃进入小肠,由小肠泌别清浊。凡属精微部分,统由脾转输诸脏腑组织,发挥其营养作用;糟粕部分下入大肠,形成粪便,由肛门排出体外。因此,任何原因影响了胃的通降作用,就会形成胃气的瘀滞,而致纳食减退、腹胀、便秘;甚则胃气上逆,而见嗳气、呕吐等症。

4. 脾与胃的关系

脾与胃同层中焦,互为表里。在功能上,胃主受纳,脾主运化,胃腐熟水谷,脾"行其津液",二者密切配合,共同完成水谷的消化吸收及输布,从而滋养周身。故称脾胃为"后天之本"。

脾气主升,胃气主降,升降相因,故脾胃为家畜气机升降之枢纽。脾主升清,将水谷之精微上输心肺,化生气血;胃主降浊,则水谷及其糟粕得以下行,便于消化吸收与排泄。脾升胃降,相辅相成,共同完成水谷的腐熟与运化。

(三)小肠

小肠前接胃,后接大肠。它的主要生理功能是受盛化物和泌别清浊。

1. 主受盛化物

小肠接受胃所传递的经胃初步消化的饮食物,并须在小肠内停留比较长的时间以利于进一步消化,故称其为"受盛之官"。"化物",即消化饮食物,精微由此而出,糟粕由此后输于大肠。小肠的"受盛化物"功能减弱,可出现结症、泄泻、腹痛等。

2. 主泌别清浊

泌别清浊,即泌清别浊之意。小肠的泌别清浊功能,主要体现在 3 个方面:一是将小肠消化后的饮食物,分为水谷精微和食物残渣两个部分;二是将水谷精微吸收,将食物残渣输送于大肠;三是小肠在吸收水谷精微的同时,也吸收了大量的水液,故又有"小肠主液"之谓。小肠将饮食物充分消化后,其精微物质由脾转输至全身,食物残渣下注于大肠,代谢后之水液渗入膀胱而为尿。可知,小肠泌别清浊之功能,与水液代谢有密切关系。

3. 心与小肠的关系

心与小肠相表里。在生理情况下,心火(阳)敷布于小肠,则小肠"受盛化物"、"泌别清浊"的功能才能正常进行。小肠功能的正常,又有助于心阳的正常活动。二者的关系在病理上表现得较为突出,例如,心火炽盛,下移于小肠,则影响小肠"泌别清浊"之功能,热邪熏蒸水液,引起排尿短赤、涩痛等"小肠实热"的病症。反之,小肠有热邪,亦可循经而上炎于心,出现烦躁不安、舌赤、口舌糜烂生疮等病症。

(四)大肠

1. 大肠的功能

大肠与小肠相连,大小肠交接处为阑门,大肠末端外口即肛门。

大肠的主要生理功能是主津和传导糟粕。大肠接受小肠下注的水谷残渣或浊物,再吸收其中多余的水分,故说"大肠主津"。水谷残渣失水形成粪便,经肛门排出。水谷由口入胃,经胃之受纳腐熟,脾之运化,小肠泌别清浊与化物,其精微物质由脾转输肺,在心肺的共同作用下布敷全身,其糟粕在大肠形成粪便,由肛门排出体外。这就是饮食物的消化、吸收、精微的布散及其糟粕排泄的整个过程。

大肠的传导失常,可致便秘或泄泻。机体的津液充盈,肺气的宣发肃降有节,胃气通降,则大肠的传导功能才能正常,粪便才能有规律地及时排出。如津液亏虚,则可致肠燥而便秘;肺胃之气上逆不降,则常可形成燥粪结于肠内而便结。

2. 肺与大肠的关系

肺与大肠相表里。肺气的肃降有助于大肠传导功能的发挥,大肠的传导功能正常,又有助于肺气的肃降。在病理方面,若肺气失于肃降,津液不能下达,可见便秘;肺气虚弱,气虚无力传导,可见大便秘结,称之为气虚便秘;若肺气虚弱,大肠不能固摄,又可见大便泄泻或失禁。若大肠实热内结,腑气不通,可引起肺气宣降失常而产生胸满烦乱、咳喘等症。

(五)膀胱

1. 膀胱的功能

膀胱位于下腹部,与肾相表里。膀胱的生理机能是贮尿和排尿。

在家畜之体的水液代谢过程中,水液通过肺、脾、肾、三焦、大肠、小肠诸脏腑的作用,通过代谢后,经肾的气化作用,生成尿液,下注膀胱,在肾和膀胱的气化作用下,排出体外。

若肾的气化功能失常,则膀胱气化不利,开合失权,可出现小便不利以及尿频、尿急、小便失禁等症。膀胱的这些病变,多与肾的气化功能有关,故临床治疗小便异常的病变,常以肾治疗。

2. 肾与膀胱的关系

肾与膀胱构成表里关系。在生理功能上,膀胱贮藏和排泄尿液,但膀胱的开合必须依赖肾的气化作用。肾气充足,气化作用正常,固摄有权,膀胱开合有度,尿液才能正常排泄,从而维持水液的正常代谢。在病理上,如果肾气不足,气化失常,固摄无权,膀胱开合失度,则可出现小便不利或失禁、遗尿、尿频等症。临床上见到小便排泄失常的病症,除膀胱本身的病变外,多与肾有关,例如,老龄畜的多尿、小便失禁等,多系肾气衰弱所致。

(六)三焦

三焦,为六腑之一,是上、中、下三焦的合称。三焦是"藏府之外,躯体之内,包罗诸藏,一腔之大府也"。三焦的主要生理功能一是主持诸气,总司全身的气机和气化;二是水谷运行之道路。

1. 主持诸气,总司全身的气机和气化

三焦是气升降出入的通道,亦是气化的场所。气运行于周身脏腑,是通过三焦的通道来实现的,故三焦有主持一身诸气,总司气机和气化的功能。

2. 为水谷运行之道路

三焦也是水谷出入的通道。水谷由上焦而入,在中焦化生精微,其精微由上焦宣布全身,其糟粕由下焦排出体外,皆以三焦为道路,此功能亦即所谓"上焦主化,下焦主出"。机体的水液代谢,是由肺、脾、肾、胃、肠和膀胱等脏腑共同协作完成的,但是必须以三焦为通道,水液才能正常地升降出入。

3. 上焦、中焦、下焦的部位划分及其各自的生理特点

(1)上焦。横膈以前为上焦,包括心肺及头面部。上焦的主要生理功能,一是受纳水谷;二是宣发布散精气于全身。

(2)中焦。中焦的部位,横膈以后到脐,一般指脾和胃两个脏腑。中焦的主要生理功能是腐熟水谷、蒸化精微、化生气血津液。

(3)下焦。下焦的部位一般指脐以后的部位和脏器,包括肝、肾、小肠、大肠、膀胱及公母畜生殖器官等。其主要生理功能是转化水谷糟粕,排泄二便。

从三焦与脏腑的功能活动而言,则上焦相当于心、肺的功能,中焦相当于脾胃的功能,下焦相当于肝、肾、大小肠和膀胱的功能,三焦反映了五脏六腑整体的功能。

第二节　营、卫、气、血、精、神、津液

畜体是一个具有复杂功能的整体。而这些复杂的生理功能如何维持各个功能体之间的协调以及如何适应外界自然环境的变化而得以保持生理上的平衡等，主要由营、卫、气、血、精、神、津液来完成的。

一、营和血

营又称营气，运行于脉管中是精气。营血的生成来源于饮食、源于脾胃、出于中焦，有生化血液营养全身的功能。营的运行从脾胃上注肺经，经过肺的气化作用，流行于脉中形成营血。

营的功能有：推动血液循环，营运全身。有营养作用，营气以血液为本，血液以营气为用，两者不可分割，营气行于脉中，贯通上下五脏六腑，四肢百骸以营养全身。

二、卫和气

卫又称卫气，是机体阳气的一部分，生于水谷、源于脾胃、出于上焦、行于脉外。不受经脉约束气行迅速，内行脏腑，外行肌表腠理，无所不到。

卫的功能：布散于体表，既能温养脏腑，又能温润肌肤，管理汗孔的启闭，调节体温的平衡，发挥卫处的作用。是一种推动机体生理活动的动力，是维持生命活动的物质基础。

气的生成来源：一是来源于父母所给的先天之气（原始动力），根源是肾；二是氧气，是通过呼吸而来；三是水谷之气，由饮食通过脾胃消化吸收而来，三者汇合在一起便是"真气"，有充养机体生命活动的功能。

真气是各种气的根本，由于气的分布部位不同，功能不同，聚于胸中，支持肺的呼吸及心的血液循环叫宗气，又叫作大气。分布于中焦部位的叫中气，产生于下焦的叫元气，分布于五脏六腑维持五脏六腑的功能活动的叫作五脏六腑之气。如：心气、肺气、脾气、肝气、肾气、胃气，运行于脉外，充于体表对机体起保卫作用的叫作卫气；运行于脉中，对机体具有营养功能的叫作营气。

三、营、卫、气、血相互间关系

营与血之间，卫与气之间以及营、卫、气、血之间，都有不可分割的密切关系。因此，在它们整体功能上营对卫来说，血对气来说是阴阳相随，内外贯通，始终不

断循环。

它们的作用：营主营养，卫主卫处，各有其责，但是卫的作用依仗营的营养内脏的功能得以实现，内脏得到了充足的营养，又保证了卫的卫处机能，它们是相互为用，相互依存的。气和血同样如此。血的生成，必依赖于气的生化作用，而血的运行，也必须依赖气的推动。但是，气必须有血的依附，否则不能发挥它的生化运行作用。

所谓"气为血之帅，血为气之母"。营、卫、气、血之间紧密相连不可分割，相互生化、相互为用的一个整体的关系。

四、精

精是构成形体和维持生命活动的基本物质，其中构成机体的部分叫生殖之精（先天之精），维持生命活动所必需的为水谷之精（后天之精）。先天之精是生殖的基本物质，功能是繁衍后代。后天之精由摄入的饮食所化生，是维持生命活动和机体代谢所必不可少。精藏于肾，通过肾气的作用，促进机体生长发育。

精是生命的基础，精足则生命力强，能适应外在环境的变化不易发病。精虚则生命力减弱，适应能力和抗病能力减退。

五、神

神是神态、知觉、运动等生命活动现象的主宰，由先天之精生成，并需后天饮食所化生的精气充养，才能维持和发挥它的功能，在机体居首要地位。凡神气旺盛，则体质强健，各脏腑器官旺盛而协调，反之则出现异常现象，所以，神和机体一时也不可分离。

健康的家畜，神气充足活泼，有病时，神气受到侵害，家畜表现出异常现象。如：目无光彩、精神倦怠、神志恍惚。所以有"得神者昌，失神者亡"的说法。由此可见，观察患畜的神气，可以判断病势的轻重、顺逆的情况。

六、精、气、神的关系

精、气、神三者是生命的根本，虽有不同特点，实际上是一个不可分割的整体，精为神之宅，有精则有神，精伤则神无所舍；精为气之母，精虚则气虚，气虚则体衰；精、气、神不可分离，精脱者死，失神者亦死，故精、气、神三者是生命活动的关键所在。

七、津液

津液是机体内一切正常的水液,由食物精微通过脾肺三焦等脏腑的共同作用所化生营养物质。

畜体对津液的需要量,在正常情况下,是始终保持一定程度的。津液的生长、分布、调节与转化,以至水分的排出等都有一定的程度。这种程度主要依靠脏腑的功能,随四时气候变化的规律来维持机体正常生理。如:天热时则多汗,天冷时则多尿。脾主运化津液水湿,肺主肃降以行水,肾主水,膀胱主藏津液,三焦主通调水道,都有管理全身水湿的功能,所以,机体维持津液的生成、分布、调节、转化、保持协调与脾肺、肾、膀胱、三焦都有关系。如这些脏腑功能失调,就会影响津液的输布与排湿而产生水肿、腹水、腹泻等症。

津和液的区别是同源异流,津,清液属阳,随卫气运行,液稠属阴,是循环脉随营血而周流。津能够布散于全身,湿润肌肉,充养皮肤。津经过卫阳的蒸发而出于肌表则为汗。液能柔濡润泽输注于筋骨关节,使关节屈伸滑利。渗入骨腔、脑腔,补充和营养脑髓,流及体表,能润泽皮毛,这就是根据津液分布部分的不同及其产生的功能区别为阳津、阴液。

八、津液和营气的关系

津液通过中焦的作用,转化为血液,同时,津液通过五脏的作用又可转化为汗、泪、涕、涎等液。总之,畜体内而五脏,外而肌肤,七窍关节全依靠津液为濡养以维持它们的正常状态。

九、津液与气血的关系

津液、气血都来源于水谷精微,它们不但是同源,而且是相互滋生、相互作用。所以在津液耗损以后,会使气血同时虚亏;而气血的亏虚,同样会引起津液的不足。如大泻耗损津液时,会出现气短、气少、心悸、四肢发冷、脉细等气血亏虚的症状。大量出血后,则会出现口渴、尿少、大便干燥等津液不足的现象。故有"夺血者无汗,夺汗者无血"的记载以及亡血不可发汗的禁忌。这就是汗为津液所化,津液不足,久病阴液耗损的病畜一般都不宜发汗,所以把亡血亡津液相提并论。

第三节 病因

疾病发生的原因:是由内因、外因、不内外因不同因素促成的,内因主要指正气的盛衰情况,它包括了体质精神状态和抗病能力。正气的相对不足是发病的根据。外因六淫(风寒暑湿燥火)、不内外因(饥饱劳役)都是外来致病的因素,是疾病发生的条件。

致病因素作用于机体是否能发病,则取决于机体正气的强弱,即外因通过内因而起作用。如畜体正气充足,防御机能强,可抵制病毒的侵袭不致发病,相反,则易发病。所谓"正气存内,邪不可干"就是这个道理。

一、六淫

六淫,风寒暑湿燥火,一般称为六气,六种病邪的合成。六气是常存在于天地之间,并且与岁序中的四时有着密切关系。六气的太过、不及或不应时而有,成了致病的邪气。六淫不但能影响人畜机体对气候变化的反映,并可以助长病原的繁殖,故实际上包括一些流行病和传染病的病因,六淫致病从口鼻或从肌肤侵犯畜体皆自外而入,而出现表的病症,故又称外感六淫。发病有较明显的季节性,如春季多风病,夏季多暑病,长夏多湿病,秋季多燥病,冬季多寒病。但是六气在四时岁序中并不是固定不变的,而且畜体感受病邪也不是单纯的,经常是两种或多种病邪同时侵袭,所以风有风寒、风温、风湿同时杂感。因此,所表现的疾病也是多种多样的。

1. 风

风为阳邪,发病症状有游走性和多变性,特点是善行而数变,临床有外风、内风之分。

外风,为外感风邪所致,其临床表现为发病急,身热畏寒,咳嗽流涕,关节疼痛,出现跛行,有时四肢轮流跛行或皮肤发炎,风疹作痒,毛发脱,舌苔薄白,脉浮等。

内风,一般有生风和血虚生风两种情况,其表现为精神异常沉郁或过度兴奋,抽搐震颤,口眼抖抽,角弓反张或狂奔乱走,猝然昏倒等。

2. 寒

寒属阴邪,易伤阳气而影响气血活动。特点是收缩拘急而疼痛,临床分外寒、内寒之不同。

外寒:由于寒邪侵袭肌肤,阳气不得宣通透泄,因寒邪伤表,症为发热轻,怕冷重,关节痛或全身痛,舌苔薄白,脉浮紧。寒又是多种发热疾病主要因素之一,临床所见的有些热性病,经常是由寒邪外来阳气不得宣泄所引起的。

内寒:多由阴胜其阳,阳虚气殇,脏腑功能衰退,临床表现耳鼻俱冷,口垂清涎,粪便清稀,肠鸣腹痛,草料迟细,畏寒肢冷,口色青黄,脉微等。

3. 暑

暑为阳邪,致病有季令性特点,为夏季致病之邪,暑邪又易耗气伤津,轻者表现为精神倦怠、汗多发热、口渴喜饮、四肢乏力、卧多立少等,重者高热昏倒、抽搐、唇舌红、脉洪等。

4. 湿

湿属阴邪,性质浑浊而黏腻,它能阻滞气的活动,障碍脾的运化,临床上有内湿、外湿之分。

外湿:指感受外界湿邪,气候潮湿,久卧湿地,涉水雨淋,是由外界潮湿之气侵入肌肤所致,临床表现为四肢困倦、关节疼痛、面目浮肿、舌苔白清、脉弛缓等症。

内湿:指体内水湿停滞,是由于脾肾阳虚,不能运化水湿所产生的病症。临床表现为食欲不振、腹泻、小便不利、四肢浮肿、舌苔黄腻等。

5. 燥

燥邪干燥收敛,最易耗伤津液,临床表现为口干舌燥、尿少、目赤便秘、皮肤干燥等。若影响到肺,则出现干咳、咽喉肿痛、口渴等热伤阴症状。

6. 火

火:温热暑热等均属火的病邪,其性属阳,病症表现为热性。有实火、虚火之分。

实火:多因风寒暑湿等邪侵入机体后转化而成,多见于急性热病,主要表现为高热、牙龈咽喉肿痛、口臭目赤、口渴躁狂、尿赤涩、呕血、粪便燥结、舌苔黄燥、脉象有力,皆属实火之类。

虚火:多因阴液亏损,多见于消耗性疾病,多有午后潮热、烦躁不安、粪便不实、舌干红无苔、脉细或虚脉等。

二、疫病

"疫"是含有传染的意义,"病"是天地间的一种不正之气,是一类强烈传染性的致病邪气,是外来致病因素之一,比六淫之气对畜体的健康危害更为严重,至于病气的成因,最主要的有以下两种。

一是由于气候的特殊变化,寒暑、疾风、久旱酷热、淫雨以及山岚瘴气等郁结而成。

二是由于环境卫生不良。如病死动物尸体不及时掩埋以及秽恶杂物处理不善,日久腐败,化为病气,被人畜吸收后,可以致病,并且互相传染形成瘟疫流行。

三、饥饱劳役

饥饱劳役,四种原因,虽然可以单独致病,但往往是两种或两种以上的因素同时具备而造成的,如时饥时饱,饥饱不均,就容易引起消化不良、停食、腹泻等,乘饥过劳过役,就可以致成劳症或各种虚损之症,若过饱后劳役过度,就容易引起肺坠、肚胀或胃破肠断等症。

四、外伤

外伤主要包括各种机械性创伤、烫火伤、金刀伤、枪弹伤、机械性外力打击伤、跌仆闪挫伤、虫兽咬伤等。

各种外伤性损伤的特点多见于皮肉筋骨损伤或造成体内脏腑的损伤,多有创伤和出血,或局部的瘀血肿痛。

虫兽咬伤指被毒蚊、狂犬等动物咬伤,其特点是体表局部有破伤外,往往伴有不同程度的全身中毒症状,如狂犬咬伤引起狂犬病。

第四节　四诊

各种家畜疾病的发生、发展和演变过程,就是畜体内正气(防卫机能)与邪气(致病因素)相争,盛衰消长相互转化的过程。在其相互转化过程中,不是正气胜过邪气就是邪气胜过正气。当邪气胜过正气时,就会产生疾病,并表现出多种异常现象,这种现象就叫症状,它就是疾病变化的具体表现。根据具体表现分析,找出致病因素,掌握病情判断预后,通过望、闻、问、切四个方面完成,在中医学就叫四诊。

中医诊断疾病,是以望诊、闻诊、问诊、切诊为依据,对错综复杂的病理变化进行全面的了解分析,既注意气候的变化,又要掌握家畜疾病正邪相争盛衰消长互相转化的情况,因为家畜疾病的形成和变化是复杂的,是因各个方面的因素决定的,把通过四诊所获得的病情,全面归纳和分析认真辨证。根据病位的表里、病症的寒热、病体的虚实,认真辨证综合归纳分析,做出正确的诊断,确定治疗法则,合理运用方药进行治疗。

一、望诊

望诊,就是用眼睛观察病畜各部位病变的方法。通过望诊对病畜的形态、口色、食欲、反刍、粪便、尿、精神状态等进行全面了解。经过归纳分析,联系五脏六腑,对病畜疾病的急、慢,病势的轻重及预后做出正确判断。

(一)健康状态

精力充沛,体格健壮,食欲旺盛,眼明耳聪,呼吸平顺,反应灵敏,四肢轻健,活动灵活,皮毛光润紧密富有弹性,鼻镜湿润有汗珠,呈腹式呼吸。用舌采食再进行咀嚼吞咽,饱后不久进行反刍,每小时有 20 余次嗳气。休息时多呈半倒状卧于地,站立时耳扇尾摆,状态安闲,不时用舌舔皮毛,两耳、角微热,粪便松软,落地成饼状,尿色淡透明,口色呈淡红色。

呼吸每分钟 10～30 次;脉搏每分钟 75 次;体温 37.5～39℃。

吃饱后 30 min 开始反刍,每昼夜反刍 4～8 次,每次反刍时间 40～50 min。

每个食团咀嚼 40～60 次;瘤胃蠕动每分钟 1～2 次。

(二)奶牛病态

精神沉郁,有时兴奋,食欲、反刍减少或停止。双耳不扇动,行走迟缓,双目无神,休息时多立少卧,或时卧时起或久卧不起。

1. 热症

鼻镜干燥无汗,反刍停止,粪便干、硬、小,双眼生眵,毛焦无光,气促喘粗,耳背血管暴起。

2. 寒症

鼻镜汗不成珠,浑身颤抖,鼻流清涕,眼流清泪,头低眼闭,多卧立少,鼻腔、角、耳冰凉,耳背血管隐缩。

病牛站立时四肢叉开、行动缓慢,左侧腹部胀满,左腰窝部位升高,有时高出脊背,气粗喘促,反刍停止,多为气胀。若病牛不时起卧,嗳气酸臭,头低背弓,鼻干气促,腹满为瘤胃积食(宿草不转)。若病牛粪便干硬而小,如算珠状,精神不振,草料迟细,鼻镜干燥、龟裂,双肷陷下,多为百叶干(瓣胃阻塞)。

若病牛站立不愿行动,前肢肩胛部位尽力向外展,肩胛肌肉颤抖,前肢喜站高处,胸前颌下水肿,多为创伤性心包炎。若病牛两前肢交叉站立,不时倒脚,束步难行,多为肺气把搏,又名胸搏痛。

若病牛四肢关节肿胀,卧多立少,行走艰辛,多为风湿症。

若病牛喘息气粗,张口伸舌,重者气如抽锯,多为咽喉肿胀。

若病牛精神沉郁,卧地不起,舌伸在口腔外面软绵无力,吸气短呼气长,舌不穿鼻,鼻腔周围有分泌物,多属危症。

母牛产后,两后肢交替踏地,后躯摇摆,重者卧地不起,头向一侧弯曲、抵于一侧胸部,四肢肌肉发抖,耳鼻俱凉,倒数第三节尾骨软绵无张力,多为生产瘫痪。

若病牛步态不稳,有时出现轻瘫厌食,倒地后四肢平伸,前后划动,头尽量向后背,有明显的神经症状,耳竖立,眼珠震颤,全身肌肉发抖,磨牙,多为低镁症(青草抽搐症)。

病牛草料难咽,口内泡沫未清或流涎中带有血液,多为异物刺伤口腔或者舌疮。

若患漏蹄,行步时小心落地;若患肢敢抬不敢落地者为蹄下痛;若踏而不敢抬起者为膝上痛;患肢既不敢提起而落地时又不敢踏者为中部疼痛。

3. 产后母牛

犊牛尿血者,多为饮水太急太过。若母牛尾根部高高隆起,尾毛直立,臀部肌肉塌陷,阴唇水肿,为卵泡囊肿。

若乳房忽然肿大,病变部位呈青紫色,紫色病变随时间不断扩大,病变部位有捻发音、冰凉,从乳房中挤出凉气、凉血水,多为坏疽型乳房炎。

4. 皮毛

健康奶牛皮毛光泽细密平顺,富有一定弹性。

若背毛粗乱,毛焦欣吊,到夏季冬毛不退,多为脾胃虚弱、营养不良。

若皮肤瘙痒,多为肺风毛躁或疥癣。

若两肩胛上的背毛向后时乍时顺,多为百叶干。

5. 呼吸

在正常情况下,各种家畜呼吸状态是胸腹部微有起伏,吸气与呼气是协调的。

若病牛张口伸舌,喘促气粗,吃草时咳嗽,水草难咽多为咽喉肿胀。

若病牛呼吸时胸部起伏明显加快加深,多为腹部内有病,见于腹部疼痛疾病,如牛气胀瘤胃积食。

若病牛吸气长呼气短,则为气血相接元气仍足,预后良好。若吸气短呼气长,多为预后不良。

6. 饮食与咀嚼

健康的家畜饮食欲旺盛,患病后饮食欲发生变化,饮食欲减少病轻,饮食废绝者病重。若吃草不吃料者多为料伤;若喜食干草、干料,多为伤水;见水急饮,多为脏腑有热、百叶干、肠炎。

饮水量减少或不饮,多为寒症,脾胃有寒或伤水;若有时吃有时不吃,多为消化不良,见于脾胃虚弱或瘤胃积食;若水草难咽,食物含在口内,多为咽喉肿胀;若长时间不食,为严重症状多预后不良。

7. 咀嚼与反刍

牛是多胃家畜,按牛的生理特点,采食咀嚼粗放,草料多囫囵吞下。休息时将食团返回口中进行咀嚼,这种生理现象称为反刍。在反刍过程中,时间、次数以及反刍所持续的时间是相对稳定的。

如反刍延迟或反刍次数减少或空反刍(口内无食物),多为脾胃疾病。多见于消化不良、食积或脾胃虚弱。

若反刍停止,为疾病严重的表现。多见于热症及胃肠疾病。经治疗反刍恢复,预后良好。若一直不反刍多预后不良。

8. 粪便

健康牛的粪便松软,落地成饼状,尿为淡黄色而透明。患病后若排粪量少,干小如算珠状色黑,多属肠胃燥热,伤阴,多见于百叶干。

若排粪酸臭带有脓血含有气泡,多为胃肠有湿热,见于肠炎。

若粪便干而量少,呈暗黑色,粪表面有黏液带血,排粪弓腰举尾,不敢努责,多见于创伤性网胃炎。

若粪便呈松溜油状,发黑发黏,多见于真胃溃疡。

若先便后血(血色呈暗红色称远血),里急后重,先排出的血不多,粪便排完时含血量增多,多见于血痢。

若先血后便(血色鲜红称近血),多见于急性肠炎。

9. 尿液

尿清长白,多为寒症;

尿短色赤,多为热症;

尿频数而清白者,为肾虚;

母牛产后尿中带有紫黑色块状物或紫黑色血液,为子宫瘀血。如有带下味酸臭,多为子宫炎。

10. 口色

牛口色的观察包括唇、舌、排齿、口角和卧蚕。

牛以舌采食,因而不易形成马那样的舌苔,即使患病停止采食,也难以形成厚腻的舌苔。对牛的舌色望诊一般是观察牛舌的腹面。

健康牛的口色往往以牛的背毛颜色有关。白色牛和黄色牛的口色均为淡红色;赤红色被毛牛的口色微红;黑色牛和青色牛的舌腹表面呈清白色、清红色。

口色部位的划分与五脏配合的关系为:舌尖属上焦,查心、肺、胸中之病;舌中部属中焦,查脾、胃腹部之病;舌根属下焦,查肾小腹二阴之病;肝胆病从舌两侧边缘诊察。

排齿属肾:齿和龈与肾和胃肠相关联,排齿润泽光亮,肾水足津液内充;排齿干燥,是胃有积热和阴亏;排齿干燥无光,色如枯骨,是肾阴已涸。

龈色发白为血虚,龈色暗紫多属邪热伤胃;龈肿为胃火热病。

　　唇色应脾胃:口色焦干为脾胃积热;口色干而红,症状轻;口色干而黑,病况重。唇色黄,为脾胃有湿热;唇色微青,脾胃寒湿;唇色淡白,脾胃虚寒;唇色青,为寒极伤脾胃;口张而不合者,为脾绝。

　　舌诊除观察舌质、舌色外,还要诊察舌的冷热、厚薄与润滑和干燥情况:寒症牛舌表现舌体薄白,舌的温度较低,舌色黯淡无光泽;热症时舌体肿胀,后坚无津液,舌色赤红或深紫;虚寒时舌淡白光润;虚热时舌鲜红光润。

　　牛舌望诊干燥,用手摸光滑而润,为脾胃伤热实症;牛舌望诊湿润,用手摸却干燥,为伤肾气虚之症;舌卷缩为病危,多以死亡而告终。

　　寒、热、虚、实症的口色分别为:寒症时舌底面发青,血管细小,口内流涎,舌体滑利。胃寒冷痛,冷肠泄泻,外感风寒,内伤阴冷,病牛舌色多白;热症时口角、舌底及卧蚕赤红,舌下血管粗大。舌尖发红,为心火上炎;舌两边色红,为肝胆火;舌中心干红,为胃炎,胃阴已伤;虚症时口色淡白或苍白,舌伸缩无力,舌底发白如绵,暗而无色;实症时舌体肿胀干燥,津液短少,舌底多发青或红紫。

二、闻诊

　　闻诊是用听觉和嗅觉诊断家畜疾病的一种方法,通过听声音、嗅气味来分辨声音与气味的性质,再结合其他诊断获得的症状,进行综合归纳分析,对疾病做出正确的判断。

(一)声音

　　听诊的范围很广,如呼吸声、喘息声、咳嗽声及胃肠的蠕动音。各种声音的发生与脏腑有密切的关系。一般来讲,呼吸与咳嗽声应肺,嗳气音应脾胃,腹鸣音应胃肠。

1. 喘

　　实喘:实喘是肺感受外邪,肺气盛,正邪相搏于肺气所致。病畜体质强壮,表现气促喘粗,精神不安,鼻镜干燥龟裂,喘严重时腰肋扩张扇动不停。

　　虚喘:虚喘病畜体质较弱,精神短少,体瘦毛焦,声低气短,呼多吸少。病严重时,口张鼻乍,呼细弱而无力,不能接续,行走艰辛,四肢发凉。

2. 咳嗽

　　咳嗽多发于肺,是由外感所致。由于疾病过程不同,咳嗽声音的强弱发作时也不相同。

　　咳嗽弱而气短,多为劳伤所致,属虚;咳声宏大,多为外感所致,属实。大声咳为肺气盛病轻;摆头连咳,鼻流清涕多属肺热;连声咳而鼻流涎沫、伸头缩颈,多为草噎。

3. 嗳气

反刍家畜在健康状况下,采食与咀嚼时,胃气上逆而发生嗳气,是特有的生理现象。但发病的情况下,食欲与嗳气随之发生变化,牛的嗳气次数增加而且声音粗大,嗳气恶臭多为消化不良;嗳气次数增加、声音增强,嗳气无恶臭为采食易发酵饲料过多而鼓气;嗳气停止为病重的表现。嗳气恶臭多为脾胃虚弱。

4. 胃蠕动音

胃蠕动音是草料在被消化过程中发生的一种声音,有一定的规律性,根据胃蠕动音的变化诊断疾病。

瘤胃蠕动量大或蠕动消失,多为瘤胃积食;瘤胃蠕动音初期强,以后转弱,最后消失,叩诊瘤胃区域呈鼓响者,多为瘤胃鼓气。

5. 磨齿

磨齿是牛在发生疾病过程中牙齿频频嚼动发出的一种声音,劳动过度或患慢性脾胃疾病发生此症,如牛瓣胃阻塞时。

(二)气味

口腔气味:在疾病发生过程中,口腔气味有变化。气味臭、口腔温度高兼有上颚肿胀,为胃热,多见于百叶干;气味酸臭,舌有黄腻苔,多为胃内积滞,见于瘤胃积食;气味腐臭,咀嚼痛苦不敢用力,多为口腔、舌、齿龈疾病,见于口疮、舌疮、齿龈溃烂。

(三)呕吐

草料含在口腔不能咽下而吐出,多为口腔、咽喉及牙齿有疾病,见于舌疮、口腔溃烂、咽喉肿痛。

由胃内吐出的草料形色发生变化,有酸臭味,多见于翻胃吐草、食滞等。

(四)粪便

健康牛的粪便无恶臭味,但在疾病发生过程中粪便的气味颜色和形态发生变化。如粪便不成形,粪便中带有未消化的草节和料渣多为脾胃虚弱;粪便清稀有酸味,见于冷肠泄泻;粪便酸臭稀薄如水,色黄赤带有黏液和血液,见于牛的肠炎、血痢和冬痢;粪便发黑发黏酸臭者,多见于牛的真胃溃疡;粪便干硬而小如算珠者,多见于百叶干;粪便干小,表面带有血液,见于创伤性网胃炎。

三、问诊

问诊就是询问畜主了解病畜病史的一种诊察方式,详细询问病畜的各种情况。了解家畜在什么情况下发病,病后所表现的各种症状,把所获得的真实的病历资料加以归纳分析,为临床诊断提供充分的依据。

(1)询问病畜的来源,是自繁自养的还是新购入的,来自何处?

(2)询问病畜的发病时间、病程,了解疾病的发生、发展和转变,了解病是前期、中期或后期,是急性病还是慢性病。如久病而病情转变缓慢者,多为内伤,病在里属虚症。如发病突然、群体发病,应考虑传染病或急性中毒等。

(一)饲养方面

应从饲料的种类、品质及配制、饲养方面询问。如突然改变饲料或长期单纯饲喂品质不好的粗硬干草,饲喂后饮水不足,易患瘤胃积食或百叶干。如空肠饮水太过,喂冰冻草料,易患冷痛,冷肠泄泻。饲喂大量的豆科牧草或霜露未干时放牧易患气胀,采食未经粉碎的根茎、块饲料如山药、萝卜或块大的饼类饲料易患草噎。

(二)管理方面

(1)从棚舍保暖、防暑、通风、阳光、饲槽及畜体卫生管理方面询问。如没有棚舍饲养在露天中或棚舍不保温,气候突变易患风寒症、风寒感冒及冷痛。棚舍通风不好,舍内泥泞潮湿易患风湿症及蹄病。饲槽、饮水槽长期不清洁易患胃肠病。畜体长期不刷拭、不消毒易患皮肤寄生虫病及疥癣病。

(2)繁育情况。对母畜的配种、胎次、怀孕时间及产犊情况必须做详细询问,了解母畜的孕期,对于处方用药有重要意义,孕畜禁用攻下药。

母牛年龄小配种过早,常因骨盆发育不全胎儿不易生出。分娩时母牛腹痛阵缩超过 4 h 不见尿膜、羊膜破裂或尿膜已破 2 h 阳膜已破 1 h,仍未见犊牛双腿或阴门露出犊牛腿后,胎儿头不能分娩出多为难产。

母牛产后 12 h 不见胎衣脱落为胎衣不下。若母牛产后发情正常但屡配不孕,多为子宫内膜炎。若母牛长期不发情多为卵巢静止、萎缩、卵巢硬肿。若发情交替出现 10 余天发情一次多为卵巢囊肿。

犊牛出生后,子宫内遗留的恶露没有及时排出或排出量少,为恶露不下,多为气滞血瘀所致。

母牛生产超过两周,恶露仍未干净为恶露不绝。体虚产后气血虚损,气虚不能摄血,恶露清稀不实。瘀血内阻新血不能归经,恶露色暗或有血块。血热内郁迫血忘行,恶露鲜红或深红有臭味。

(三)疫病免疫情况

了解何时进行防疫免疫、防疫结果、免疫效价,注射何种疫苗、注射时间、范围、方法、防疫补免情况。

(四)发病现状

询问临床表现,包括饮食、草料、大小便,了解病因、分析病理、判断预后,是诊断治疗疾病的主要依据。

四、切诊

切诊指用手指、手掌或手背等在家畜体表和体内的某些部位进行切、按、触、叩,诊察了解疾病的内在变化和体表的反应。切诊分为切脉和触诊,重点介绍触诊。

触诊就是通过医者用身体部位直接接触病患部,以感知病牛的身体特征的方法。

(一)温度

健康牛的体温,通常有一定的变动范围,一昼夜内略有差异,一般是上午低、下午高,上下午相差在 1℃ 以内,正常变动受到年龄、气候、季节、早晚、妊娠分娩等内外因素的影响,在炎热夏季午后到傍晚,体温可增高 2℃ 以上,单独见到体温升高不一定就是发热。

(二)角

健康牛的角是温和的,若角发热多为热症,其角发凉者则多为寒症。若热症见角冷者表示病重,寒症见角温者则生。

(三)耳

健康牛的耳、耳根部温热,其耳尖较耳根部凉一些,病牛若耳尖、耳根均热为热症;如牛的肺热,若耳尖、耳根均凉者多为寒症,见牛的冷痛与寒泻。耳尖冷、耳根热病势尚轻,耳尖、耳根冷者表示气血败绝多属危症。

(四)口

健康牛的口腔,用手触摸温和而湿润,舌灵活自如有力,表示气血旺盛。如口舌温度较手温还低时,多属寒症。若口腔冰手则是寒极,其病势严重。口热多属热症,若热而干燥为里热,津液干枯阴虚火旺,见于久病不愈,表示病势严重。

(五)鼻

健康牛的鼻头是温和的,呼出的气体触手不热不凉。鼻镜湿润汗珠大小一样,分布均匀,布满鼻镜。鼻中隔温和、鼻镜汗不成珠,而且发凉多为寒虚症。鼻镜干燥龟裂,呼出的气体热,多为热症。

(六)躯体和四肢

躯体和四肢发热,直热到蹄部,触摸烫手,表示里热炽盛。躯体四肢冷热不均多为阴虚或风湿病。四肢下部冷,风湿病初期,若冷到膝上部为风湿病后期。

1. 头颈部位

面部:牛头面、颈部突肿起,两眼肿胀睁不开。触摸患病部位发热发硬瘙痒,见于风疹。

咽喉:正常牛的咽喉,用手触摸没有任何病态反应。触则咳或因痛而拒绝按压者,多为咽喉肿痛,若吐草吐料,食不下咽,触诊喉部有疼感,多为咽喉肿;若在咽喉喉部食道内有硬物,停滞不动,多为草噎。

2. 胸部

牛站立时,两肋部位尽量向外展,触诊肘部有疼感,食欲减少,颌下胸前出现水肿,多为创伤性心包炎,预后不良。

3. 腹部

牛左侧腹部肷窝处膨胀,轻轻叩诊即发鼓响音,为瘤胃胀气,左腹肷窝触诊发硬或按下部位凹陷长时间不起来,瘤胃蠕动音小,或无蠕动,为瘤胃积食。若牛常有程度不同的腹痛,触诊右腹部真胃区病牛有痛感,多见于牛真胃炎。若牛瘤胃常有液体,伴有间歇性气胀,但是气体不多,触诊真胃区域有痛感,真胃区发硬,多见真胃阻塞。若牛产后乳房突然肿起,乳房有青紫病灶,触之有捻发音,挤出发凉气体与发凉血水,体温升高 41℃ 以上,多见于坏阻性乳房炎。

4. 尾

健康牛尾端骨节连接紧凑,若牛尾尖倒数第三节松弛无张力、易弯曲,见于生产瘫痪。

(七)直肠检查

从直肠内检查子宫颈卵泡变化,做好适时配种。确诊是否妊娠、孕期长短、胎儿死亡与存活。检查子宫疾病、消化道疾病等。

(八)阴道触诊

阴道触诊,多用于难产胎衣不下。阴道内左右两侧肌肉松弛,多见于阴道脱。

第五节　六症

在长期与家畜作斗争的实践中,通过望、闻、问、切四诊的诊断方法,把家畜的正常表现与发生疾病后的各种复杂症状综合归纳分析为六症的基本类型,表、里、寒、热、虚、实是临床常见的六类不同的症候。六症是根据畜体内的阴阳偏盛偏衰、不平衡状态来区分的。按六症这个法则,找出病的特殊规律分析疾病的性质轻重,疾位的深浅以及预后的好坏,所以六症是诊疗家畜疾病的主要依据。但是六症不是孤立的,家畜是一个统一的整体,因为畜体是由五脏六腑、四肢百骸、毛发、筋骨和血脉,通过营卫气血经络及肌体各部位的互相联系贯通而构成的一个统一的整体,保持相对平衡的协调。

在疾病的发展过程中,往往出现复杂的病变,寒热交错,虚实异见,病既可由表入里,亦可由里出表。随着病因症状的变化以及病情的发展,综合辨证与分析,适用综合治疗措施标本兼治达到治疗的目的。

一、表、里

表和里是辨别疾病内外,病势的深浅和病情的轻重,以内外来分,家畜的体毛、经络为外属表,脏腑为内属里。如:外感温热病,邪在卫分属表,病势较浅较轻,若传入气分和营血属里,病势较重较深。

(一)表症

表症是病在体表,风寒暑湿、邪气侵入皮肤经络或从口鼻侵入肺内,患畜表现精神不振,鼻流清涕,咳嗽,被毛粗乱,四肢疼痛、筋挛骨疼、舌苔薄白。分为表寒、表热、表虚、表实。

1. 表寒

发热恶寒,无汗,骨节疼痛,舌苔薄白,鼻流清涕。

2. 表热

发热恶风,有汗或无汗口渴,舌尖红,舌苔薄白或微黄。

3. 表虚

发热自汗,四肢无力,精神倦怠,口色淡红。

4. 表实

发热无汗,口干舌燥,身痛口色红。

(二)里症

外感病邪传入里,病及脏腑。内脏病变多由于饲养管理不善、冷热不均,饲喂过饱草料霉烂变质等。患畜表现腹胀、腹痛,大便干燥或泄泻,食欲减退或废绝,口渴喜饮,鼻乍喘粗,小便短赤等。里症分为里寒、里热、里虚、里实。

1. 里寒

家畜脏腑的寒症。多因阳气衰弱,外寒传入所致。表现症状:四肢、口鼻、耳、角发凉喜温,大便泄泻,腹痛肠鸣,小便清长,背毛逆立,舌质淡白,口腔津液滑利。

2. 里热

里热指家畜的肺胃实热和胃肠实热,表现症状:高热气喘,口干喜饮,口色红,舌苔黄,大便干燥,小便短赤。

3. 里虚

里虚指家畜气血不足和机能衰退的征候,患畜表现:头低耳聋、四肢无力、动则虚喘,呼吸浅弱,大便泄泻,不食完谷不化,子宫脱、脱肛。

4. 里实

外感化热入里。

患畜脏腑机能障碍引起,患畜表现:肚腹胀满,大便不通,腹痛起卧。口臭苔黄,口色发红,鼻镜干燥,喘粗气促。

二、寒、热

寒热:是阴阳偏盛偏衰的具体表现,阳盛则热,阴盛则寒。

(一)寒症

寒邪引起,阳气不足,阴气过盛而致。畜体机能与正常代谢活动衰退,抵抗力减弱出现寒症。患畜表现:肢体发凉、精神委顿、肚腹疼痛、大便溏泻、小便清长、舌苔白滑,由于病位不同,分为表寒与里寒。

1. 表寒

寒都在表,多由外邪风寒湿侵入引起,病在皮肤肌肉之间。表现:口鼻、耳、角俱冷,四肢疼痛,鼻流清涕,口色青黄。

2. 里寒

多因久渴失饮,空肠饮水太过,食入冰冻草料,久卧湿地,阴雨浇淋或外感风寒,寒邪侵入内脏。

患畜表现:精神倦怠,耳耷头低,毛焦欣吊,口、鼻、耳、角俱冷,口流清涎,翻胃吐草,浑身颤抖,肚腹疼痛,肠鸣泄泻,舌津滑利,口色青黄。

(二)热症

由热血引起,致阳气亢盛,多见于感染性疾病,以及患畜机能代谢活动过度亢盛所发生的疾病,是阳盛阴衰的表现。由于管理不当,夏季暴晒,拥挤在闷热舍内,热气熏蒸饮水不足,热毒传入脏腑造成。患畜表现:精神倦怠,四肢无力,喘粗气热、大便干燥、小便短赤、口色赤红、口内干燥、舌苔黄燥、鼻镜干燥无汗、耳角俱热、喜饮冷水。热症分为虚热与实热。

1. 虚热

家畜由于气血不足,外感风寒所致。表现:精神倦怠,鼻流清涕、行走无力,容易出汗,耳耷头低,口色淡红。

2. 实热

外邪侵入体内,化热入里所致。患畜表现:高热,口干渴喜饮,呼吸急促,咽喉肿痛,口干舌燥,口色赤红,大便干燥,小便短赤。

三、虚、实

虚症与实症时根据患畜体质的强弱,正气与邪气的盛衰来区分的,邪气盛则实,精气夺则虚,实指邪气过盛,虚指正气不足。

(一)虚症

虚症是指机体正气不足,抗邪能力降低,生理机能减退,真气不守,卫气散乱,多因病久不愈、饲养管理不当、草料质量不好、产前产后护理不当而发病。患畜表现:精神不振、头低耳聋、行走无力、自行盗汗、草料迟细、舌嫩无苔、心跳无力、动则虚喘。虚症又分为气虚和血虚。

1. 气虚

四肢无力,被毛粗乱,精神不振,耳聋头低,自汗叫声低微,气短而促,食欲不旺,消化不良,口色淡白无光,多属营养不良或久病后期,脱肛、子宫脱。

2. 血虚

体质消瘦,背毛干燥无光,精神沉郁,心跳无力,卧多立少,血色苍白,多见于产后失血,便血,外伤性出血,血液寄生虫病。气血有密切关系,血需要气才能运行,气需要血才能发挥作用,有血为气之母,气为血之帅之说,血虚往往兼有气虚,气虚亦可导致血虚。

(二)实症

实症是指病邪亢盛,正气与邪气对抗的反应,机体内部机能障碍引起的。气血郁结、水饮食积,多因饲养管理不当,突然变换草料或偷吃大量精料饮水不足而发病。患畜表象:腹胀疼痛,大便秘结,食欲减退或废绝,口色赤红,黏膜红赤,舌苔黄燥,气促喘粗。

第六节　脏腑疾病的辨证

脏腑包括五脏六腑、奇恒之府;五脏指心、肝、脾、肺、肾。六腑指胃、胆、大肠、小肠、膀胱、三焦。此外还有经络,它是心的外卫,功能和病变上与心是一致的。

五脏的主要功能是贮藏精气,为机体生理最重要的器官;六腑的主要功能是传化水谷、通行水道以维持饮食的新陈代谢。

一、心病的辨证

心主神明、血脉、汗,开窍于舌,有关神志、血液、舌以及异常出汗与心病有关。心与小肠相表里,故心经有些会影响小肠引起尿赤或尿血。

心的疾病多属虚症、热症、属实症少,寒症更少。

(一)心虚症

由心气不足和心血不足引起,表现为:心悸善惊,心跳加快,呼吸急促,甚至猝然昏倒。在临床上一般分为心阴虚与心阳虚。

1. 心阴虚

即心阴不足,阴虚生内热,所以兼有潮热。口干,尿短赤,舌质淡红,苔少,舌臭,干赤,脉细数,多见于贫血。

2. 心阴虚

即心气不足,是心气虚的重症。阳虚生外寒,表现怕冷出汗,四肢厥冷,虚弱无力,气短,舌质淡,舌苔白,脉细弱,多见于心力衰竭或休克等。

(二)心实症

外邪入心即为心实症。湿邪、暑邪、疾瘀都能入心,常见的有心火亢盛和疾迷心窍。

(1)心火亢盛,烦躁不安,口渴喜饮,口舌糜烂,尿短赤尿血,舌质红绛脉洪数。

(2)疾迷心窍,指疾上拢心神,表现:神志失常,惊恐不安,狂奔乱走,浑身出汗,气促喘粗,舌质哄苔、黄腻,脉迟数。

二、小肠病的辨证

小肠的生理功能是消化吸收,因此小肠病就会使粪尿发生变化,小肠病多为实热症,虚寒症较少。

1. 小肠虚寒

小肠虚寒指寒邪伤于小肠或小肠功能低下的病变,临床表现:多见脾虚的症候,腹痛、不断起卧、肠鸣泄泻、尿频、舌淡苔白、脉缓弱。

2. 小肠实热

小肠实热指邪热蕴于小肠的病变,表现:尿赤涩,利痛或尿血,口舌生疮,烦躁口渴,咽喉肿痛,舌尖舌边质红,舌苔黄厚。

三、肝病的辨证

肝的生理功能是主藏气血、主疏泄、在体合筋、开窍于目、其华在爪。开窍于目,故有些出血病性情失常,筋和蹄病、眼病都与肝病有关。肝病以虚症、实症、热症为多,寒症较少。

(一)肝虚症

主要是肝血不足、肝阴不足或肾阴不足(水不涵木)所引起。由于肝阴不足则肝阳偏亢,可出现精神痴呆,头低耳聋或头眩。肝血不足则目失所养,故有目干、夜盲、视力减退;筋失营养则有四肢麻木震颤、角弓反张、阴囊上缩等症。蹄甲因肝血不足表现甲薄而软,色枯无光,蹄甲变形,舌质红,少津,苔少。

(二)肝实症

多由肝气郁结所引起,表现为善怒易惊,食欲减退,嗳气,腹痛,腹泻等症。肝郁能化风成为肝风内动,可出现猝然昏倒,精神昏迷,抽搐,吐涎,颈项强直,四肢挛急,角弓反张,舌质红,苔黄。

(三)肝热症

肝热症是由肝气过盛所引起,表现神昏,口干,目赤肿痛,烦躁不安,惊恐不驯或尿血,舌质红。

(四)肝寒症

肝阳不足,临床表现四肢不温,腹部疼痛,阴囊收缩,脉沉细,舌苔白。

四、胆病的辨证

胆的生理功能是贮藏胆汁,胆与肝相表里,故胆病与肝病有密切关系,有很多症状两者共有。临床上胆实热较为常见,虚寒症不多见。

(一)胆湿热症

由肝胆火热引起,症状为:目赤肿痛、口干耳聋、头低无神、寒热黄疸、脉紧有力。

(二)胆虚寒症

由气血不足引起,症状为:烦躁不安,胆小易惊,时常嗳气,脉弦细。

五、脾脏的辨证

脾的生理功能是统血,主运化、四肢肌肉,开窍于口。因此,脾病时可出现一系列消化系统疾病和水肿疾病等症。有时气血不足或慢性出血以及四肢肌柔,口唇也常和脾病有关。脾与胃共同完成消化水谷的任务,两者关系极为密切,故一方有病即互相影响。在治疗时也要同时兼顾。脾证有虚症、实症、寒症、热症,在临床上都很常见。

(一)脾虚症

泛指脾气虚弱或脾阴不足。症状为:食欲减退,消化不良,腹胀,粪便稀薄,日渐消疲,倦怠无力,膀胱子宫脱久泻不止,四肢浮肿,舌淡苔白滑。

(二)脾实症

主要是由于气郁及湿邪所引起。脾气郁结则腹部胀满而痛,食欲不振或废绝。寒湿困脾则身重懒动,粪便稀,尿少,舌苔白腻,脉细。湿热内蕴,则粪便溏泻,尿短赤,并有发热现象,舌苔黄腻,脉数。

(三)脾寒症

多由脾阳不足,不能运化湿所致。症状为:腹胀满,呕吐,食欲不振,粪便清稀或久泻水痢,四肢厥冷或四肢浮肿等症。舌淡苔白,脉虚缓。

(四)脾热症

脾热症指脾受热邪由于胃火旺盛而引起。临床上多为湿热症,发生黄疸,赤痢,便秘,小便短黄,唇舌糜烂或热泻等症。

六、胃的辨证

胃的生理功能是纳水谷和腐熟水谷,胃气以下降为顺,与脾为表里,若胃的功能失常就会影响食欲,并由于食欲减少出现许多症状。

胃病和脾病常常是相继发生,同时存在,不过多是胃病在先而脾病在后,据临床所见,胃病的初期实症最多,寒症热症多见。

(一)胃实症

由于过饱过劳影响消化,食物积滞胃中所致,常见腹部胀满,饮食减少或废绝,嗳气酸臭,兼有腹痛、腹泻等,舌苔黄,脉滑。

(二)胃热症

胃热症主要是由于胃火旺盛,胃阴不足引起。症状表现:口渴,饮水多,口腔糜烂,齿龈肿胀或出血。胃热下移大肠则便秘,常有饥饿现象或食入即吐,舌赤、苔黄、少津,脉数。

(三)胃寒症

胃寒症主要是胃阴不足,主要症状是食欲减少,口吐清涎或冷涎,喜热饮,四肢不温,拉稀,舌苔白润,脉沉迟。

(四)胃虚症

胃虚症指胃气虚筋。表现食欲不振,消化能力减退,腹部胀满,甚至食入反吐,粪便稀薄,舌淡苔白,脉虚。

七、肺病的辨证

肺居胸中,主气,司呼吸,主宣发肃降,通调水道,外合皮毛,开窍于鼻。肺之经脉下络大肠,与大肠相表里。肺的病变,主要是肺气宣降失常,表现为肺主气司呼吸功能的障碍和卫外功能的失职,以及水液代谢的部分病变。肺的病变有虚实之分,虚症有气虚和阴虚,实症多由六淫等外邪侵袭和痰湿阻肺所致。肺病常见的病位症状有:咳嗽,气喘,胸闷或痛,咯血等。

(一)肺热症

热邪犯肺,肺受热邪所出现的肺热症,临床表现为:发热烦渴,槽口肿胀,咳嗽,鼻液黄稠或带血,气促喘粗,粪便干燥,尿短赤,舌干质红,舌苔黄燥,脉数。

(二)肺实症

即肺经邪实,可因风寒,痰热、痰温、痰火等多种病因所致。肺气郁结表现为呼吸困难,气急或喘,由风寒风热外邪引起,表现咳嗽声重,鼻液黄稠量多等;由于水饮停痰引起的表现为气喘鼻液清稀,喉中痰鸣,小便不利等。

(三)肺虚症

指肺气虚筋或肺阴虚。

(1)肺气虚表现为呼吸微筋,少气,气息不足(气短),咳嗽无力,鼻液清稀,血汗,畏风怕冷,易患感冒,舌质淡,苔薄白脉虚筋。

(2)肺阴虚易出现燥火病变,表现为干咳少痰,潮热盗汗,咽喉疼痛,口鼻干燥,午后体温升高,皮肤干燥,鬃毛易脱,舌质红,脉细数。

(四)肺寒症

由于寒饮阻肺引起,表现精神倦怠,口吐白沫(肺寒吐沫)口鼻俱寒,舌苔白清,脉沉。

八、大肠病的辨证

大肠的主要功能是传导糟粕,有关粪便异常的疾病多与大肠有关,大肠病以实症、热症为多,虚症、寒症较少。

(一)大肠实症

多由燥粪、食滞、湿热引起,表现为腹部胀满,大便干燥或有黏液,甚者粪便难下,烦躁口渴,舌苔干黄,脉沉有力。湿热及食滞较重者,表现腹痛,里急后重,下痢赤白等。

(二)大肠热症

其热邪多由肺胃传来,热邪结于大肠引起的病变,表现粪便秘结腐臭或有时便血,尿短赤,舌苔黄燥,脉数。

(三)大肠虚症

即大肠气虚多为脾阳虚,中气下陷所致,主要症状表现为久痢下泻,滑泻不禁,完谷不化,晚肛肘冷,舌苔白清,脉细弱。

（四）大肠寒症

多以脾肾阳虚有关,过食冷冻草料,饮冷水为主要原因,表现为:肠鸣泣泻粪及稀薄食欲减少,肢冷尿清长舌苔白滑,脉治迟。

九、肾病的辨证

肾附腰部,腰为肾之腑多与膀胱为表里,主要调节水液的代谢,在体合首,主藏精、生髓,上通于脏,开窍于耳,为发育生殖之源,故称为后天之本。

肾包括肾阴、肾阳(命门之火)两部分,根据两者的生理、病理变化来看,肾就属虚症,而无实症,可分为肾阴虚与肾阳虚。肾有热即为虚热,有肾阴虚而生热。肾之寒亦为虚寒。有肾阳虚所致,故肾病就可分为肾阴虚和肾阳虚。

（一）肾阴虚症（真阴不足）

即肾水不足。临床表现精神沉郁,两目无光,口干咽喉疼痛,饮水尿多,四肢无力,被毛干燥无光,易于脱落,滑精难系,如阴虚而命火上炎。影响到肺有潮热多汗,尿黄量少,大便干燥,舌红津少,脉细数。

（二）肾阳虚

肾主一身阳气,肾阳衰微,则一身之阳气皆虚。故肾阳亦称"元阳"是命门火的体现。肾阳不足则表现为身寒怕冷、肢体不温,性欲减退,滑精,卧多立少喘粗气短。尿少,气短疾,涎稀薄起沫造成肺寒比沫之论,舌质淡苔薄白。脉沉无力等。

十、膀胱病的辨证

膀胱的生理功能是贮存尿液、排尿,故有病表现在小便发生,分为实热症和虚寒症。

（一）膀胱实热症

多为湿热下注所致,表现尿色黄赤或浑浊不清,尿短涩或尿时有轻痛出现,有时排出血和矿石。下腹部肿有疼痛,舌质苔黄,脉数。

（二）膀胱虚寒症

由于肾阳虚或肾气不固而引起,表现小便频数,尿色青白或小便淋漓不禁,甚至出现浮肿,此证常见于老弱患畜,舌质淡,舌薄白,脉沉无力。

第七节　中兽医治疗方法

中兽医治疗方法有汗、吐、下、和、温、清、补、消八种,亦称八法,是中兽医处方用药的基本方法。

一、中兽医治疗方法

(一)汗法

汗法是用辛散轻扬的一类药物组成方剂,发行解肌,平泻腠理,逐邪处方,解出表邪,使用与外感初期有寒、有热的表征。表征有表寒、表热之分,所以汗法又分为辛温解表,辛凉解表两大类。

1. 辛温解表

药味辛温,发汗力强,宜用于怕冷重,发热轻,身痛无汗而喘或风湿在表的肌体疼痛,舌苔白,脉浮紧的外感风寒表实征。用药麻黄汤(麻黄、桂枝、杏仁、甘草)为代表方剂。

2. 辛凉解表

药味辛凉,发汗力弱,宜用于怕冷轻,发热重,发热无汗,头痛,口渴,咳嗽,咽痛,舌尖红苔白,脉浮沉的风热表征。用药:银翘散(金银花、连翘、卜荷、竹叶、牛蒡子、桔梗、荆芥、淡豆豉、芦根、生甘草)为代表方剂。

汗法易伤津液,失水出血,津液亏损者禁用,需用发汗解表时配合滋阴药使用。痛热由表入里者不可用汗法。

(二)吐法

吐法用具有催吐作用的药物促使呕吐达到祛邪的一种方法,适用于胃内有毒害物质需要经口中吐出的病情。用药:瓜蒂、藜芦、明矾。

由于生理的特殊性,吐法适用于猪,骡马、牛不宜使用。

(三)下法

下法使用有泻下或润下作用的药物,以通导大便,排出积滞荡涤突热的一种方法,使用于里实征。根据所攻逐的病邪和使用的药物不同,分为寒下法、温下法、润下法和逐水法四种。

1. 寒下法

使用寒性而又泻下作用的药物治疗里热症。

(1)用于大便燥结,饮食积滞,口色红,舌苔黄腻,脉沉,用药大承气汤(大黄、芒硝、厚朴、枳实)为代表方剂。

(2)用于湿热痢疾,积滞腹痛,下痢,舌红苔黄腻,用药黄连、木香、枳壳、香附、槟榔。

2. 温下法

使用温性泻下药或温热性药和寒性泻下药同用以治疗寒性积滞里实征。宜用于寒实积聚腹痛便秘,恶寒肢冷舌苔腻,脉沉弦而紧。用药大黄附子汤(大黄、附子、细辛)为代表方剂。

3. 润下法

润下法分为三种治疗方法。

(1)使用有润滑作用的药物,治疗热性病过程中津液耗损的便秘,常用药有火麻仁、蜂蜜等。

(2)使用滋润增液的药物治疗津液干燥的大便秘结,用药增液汤(元参、麦冬、生地)为代表方剂。

(3)把增补津液药与寒下药同用,治疗热解津液亏损的大便秘结。用药津液承气汤(元参、麦冬、生地、大黄、芒硝)为代表方剂。

4. 逐水法

治疗水肿实症的方法。使用泻水作用峻烈的逐水药(用药为十枣汤:大枣、甘遂、大戟、芫花为代表方剂)。体弱家畜禁用。

(四)和法

和法是利用药物的疏通调和的作用,和解表里,调和肝、脾、胃以达到解除病邪、增强抗病能力、恢复健康的方法。和法宜用于病在半表半里症,寒热往来胸胁苦满,咽喉干燥,舌苔薄白等一类症状的疾病。

用药:小柴胡汤(柴胡、黄芪、党参、甘草、半下、生姜、大枣)为代表方剂。

凡热性症邪在表或已入里有燥渴都不能使用和法。

(五)温法

温法是使用温药和热性药物祛除寒邪和补益阳气的一种方法,具有补阳祛寒的作用,宜用于寒邪在里,机能衰退,畏寒颤抖,精神倦怠,耳鼻口,四肢俱冷,冷痛起卧,肠鸣泄泻,脉迟细无力等症。根据寒邪的轻重、病症的缓急选择用药,温法分为四阳救逆和温中祛寒。

(1)四阳救逆,治疗阳气虚衰,表现症状:四肢冰凉,耳鼻口气俱凉,大便清稀,腹中冷痛,喜热饮,舌苔淡白。

用药:四逆汤(附子、干姜、炙甘草)为代表方剂。

(2)温中祛寒,用于治疗脾胃阳虚,出现胃寒症的方法。用于脾胃虚寒症。表现食欲减少,腹痛,大便清稀,呕吐清水,舌淡苔白,脉沉细。

用药:理中汤(党参、白术、干姜、炙甘草)为代表方剂。

(六)清法

清法使用寒凉性质的药物,清除火热症,具有清热泻火,凉血祛暑,生津解毒的作用。在热邪未除里热炽盛的疾病均可使用,由于热性症,病因和症状复杂,所以清法又分为辛凉清气、气血两清、清热凉血、清热解毒和清热祛暑5种。

1. 辛凉清气

采用辛寒药物,清气分热,清热生津,用于发热,热盛于里,气津两种,大汗大便较少,舌苔黄燥,脉洪大有力或滑数。

用药:白虎汤(生石膏、知母、生甘草、粳米)为代表方剂。

2. 气血两清

用于高热口渴,大便秘结,小便断翅,舌质红,苔燥干黄,脉症。

用药:生石膏、生地、麦冬、元参、连翘等药。

3. 清热凉血

分热邪,清热解毒,凉血散瘀,适用于热入血分症,用于吐血、呕血、便血、尿血等症。

用药:犀角地黄汤(犀角、生地、芍药、牡丹枝)为代表方剂。

4. 清热解毒

毒是火热极盛所致,称为热毒或火毒。使用清热解毒药物泻火解毒治疗热盛症。用于口燥咽干,败血症,脓毒表症。痢疾等属于火毒热盛者,外科用于痈肿疔毒。

用药:黄连解毒汤(黄连、黄芪、黄柏、枝子)为代表方剂。

5. 清热祛暑

是用清热药解除感受暑热的一种方法,用于发热恶寒腹痛吐泻,舌苔白腻,夏季感冒,肠胃炎,细菌性痢疾。

用药:香薷饮为代表方剂。

清法不宜久用,苦寒清热损伤脾胃而影响消化。大病后体虚及产后发热都须慎用清法。

(七)补法

补法是以补阳药物为主,滋补气血不足,辅助机能的恢复,而肃清余邪的一种方法。适用于一切虚症和需要扶正祛邪的疾病。

补法应根据病情的缓急决定是峻补或缓补,一般来说,气血暴脱病症,虚垂危,宜用峻补。若元气一虚,但病情缓和宜用缓补。由于病气虚、血虚、阴虚、阳虚的不同补法分为补气、补血、补阴、补阳四类。气血阴阳相互依存,各种补法也往往配合使用。

1. 补气

补气是治疗气虚的方法,一般用于气虚,因气旺可以生血。

(1)脾气虚。表现:四肢倦怠无力,食欲不振,消疲,大便稀薄,子宫脱,肛脱,阴道脱,舌淡苔白,脉运缓。

用药:补中益气汤(黄芪、当归、党参、白术、陈皮、升麻、柴胡、甘草)为代表方剂。

(2)肾气虚。表现小便清,次频或小便不禁,行走艰辛,肾虚,舌淡苔薄的脉。

用药:大补元(熟地、党参、山药、杜仲、酸枣仁、枸杞子、山茱萸、白术、附子、甘草)为代表方剂。

2. 补血

补血是治疗血虚的方法,用于口色苍白,肌肉消瘦,行走无力,母畜不发情或流产等血虚滞症。

用药:四物汤(熟地、白芍、当归)为代表方剂。

气血双虚,为因失血过多,饮食不振,日渐消疲,四肢倦怠,口色苍白,舌质淡白,赤白带下以及寄生虫所致的贫血症。

用药:八珍汤(党参、当归、熟地、白芍、白术、茯苓、川芎、炙甘草)为代表方剂。

3. 补阴

补阴是治疗阴虚的方法。

(1)肺阴虚。表现:咳嗽气逆,痰中带血,午后潮热,夜间盗汗,口干咽燥,舌红少苔,脉细数。

用药:金汤(百合、生地、熟地、玄参、贝母、桔梗、麦冬、白芍、生甘草)为代表方剂。

(2)肾阴虚。表现:骨蒸潮热,腰膝酸软,口干舌燥,咽喉疼痛,功能性子宫出血,舌红少苔,脉细数。

用药:六味地黄丸(熟地、山茱萸、山药、茯苓、牡丹皮)为代表方剂。

消化不良,脾虚便稀者不宜使用。

4. 补阳

补阳是治疗阳虚症的一种方法,补阳主要补肾阳。由于肾阳虚四肢厥冷,麻木不仁,行走无力,大便泄泻,小便频数,阳痿垂萎不收,命门火衰,肾虚不育等症。

用药:右归丸(熟地、山药、山茱萸、当归、枸杞子、杜仲、肉桂、附子)为代表方剂。

补阳药为湿燥,阴虚火旺者忌用。

(八)消法

消法是消除食积与气滞,恢复脾胃消化功能的一种方法。消法可分为两种方法:

1. 消食异滞

由于食积不化，肚腹胀感，食欲反刍减少，或兼有伤食泄泻，舌苔厚腻而黄，脉滑等症状。

用药：保和丸（神曲、麦芽、山楂、茯苓、陈皮、莱菔子）为代表方剂。

2. 消补兼施

消益药与补脾胃药同用，适用于脾胃虚弱，食欲反刍减少，腹胀，大便清稀，舌苔黄腻，脉弱无力等症。

用药：健脾丸（党参、白术、茯苓、木香、黄连、神曲、麦芽、山楂、砂仁、肉豆蔻、山药）为代表方剂。

凡属纯虚症均当慎用，另外，积滞兼有热象的，以消而虚清；虚有寒象的，宜消而虚温。总之，应随着错综复杂的病情灵活化裁。

二、八法的配合应用

实践证明，疾病的发生发展是变化多端错综复杂的，单纯采用某一种方法治疗就会顾此失彼，使病情进一步恶化。因此，根据疾病的变化发展，灵活运用八法配合使用解决问题。

（一）消补并用

消补并用把消益药与补益药配合使用，如《脾胃论》中"枳术丸"（白术、枳实），功能健脾消积，适用于脾胃虚弱，消化不良，食积等症。虚则补之，积则消之。方中白术为主药，健脾去湿，助脾胃，健运治其本；枳实下气化滞为辅药，二药合用共造补脾行气消积之效。方中白术倍于枳实，以补为主，补重于消，组成消补兼施的方剂。

（二）温补并用

温补并用把温中药与补虚药配合使用，如《伤寒论》中"小健中汤"（桂枝、炙甘草、大枣、炒白芍、生姜、饴糖），功能：温中补虚，和理缓急。主治：虚寒腹痛，宜用于老弱家畜腹内寒痛，产后腹中寒痛，肠鸣泄泻，恶寒喜暖，食欲不振，体瘦毛焦，口色淡，脉沉无力等症。寒者热之，虚则补之，故采用温中补虚，调和阴阳，饴糖干温入脾为补药。益脾气，补脾阴，既温中又补虚，又和理倦急。桂枝辛温助阳，白芍苦寒微酸，宜阴血，缓急止痛。二药一温一寒，助阳益阴，调和营卫。生姜益卫阳，大枣补阴，调和脾胃，甘草补中益气，为佐药，上药温中补阴，调和阴阳，是中气健运，阴阳互生的方剂。

（三）清下并用

清热药与泻下药组成的方剂，如"和剂局方"，大黄、芒硝、甘草、枝子、薄荷、黄芩、连翘、竹叶。本方为中上三焦所设。黄芩、枝子、薄荷、连翘、竹叶清热于上。大黄、芒硝、甘草即调味承气汤，泻热于中，和而用之，能使上焦邪热，上清下泻。宜用于中上焦积热，口舌生疮，咽喉肿痛，鼻出血，便秘，尿短赤。

（四）攻补并用

攻补并用是攻补兼施的一种方法，如《伤寒论》中"黄龙汤"，大黄、芒硝、枳实、厚朴、甘草、当归、党参、桔梗、生姜、大枣、大黄、芒硝、枳实、厚朴（大承气汤），峻下热结。当归、党参、大枣生气补血，甘草调和诸药。功能：泄热通便，补气养血。主治：里热实症，气血双虚症。宜用于患畜久病体虚，食欲反刍减少，肚腹胀泻，烦渴，大便不通，小便黄，舌质红，苔黄燥等症，为攻补兼施的方剂。

三、正治与反治

正治又称逆治，反治又称从治，是两种相对的治疗法则。正治是常用的一种方法，只有在特殊情况下才有反治。

正治是一般常规的治疗方法，针对病情而采用与疾病性质相对的方法和药物来治疗。例如，寒症用热药，热病用凉药，实症用攻法，虚症用补法等都属于正治。实际上，八法及八法的配合运用皆属于正治的范围。

反治是一种应变的治疗方法，在疾病严重或病理反应复杂的情况下就不能反映出它的真实的病理状态；相反，出现一种复杂而紊乱的假象，这种异常的病理反应单靠正治法是不易收效的，使用反治方法才能收效。反治法是从本不从标的治疗原则。

例如，因食滞而发生的泄泻，是由于宿食停滞而泄泻，是因为宿食伤了脾胃，所以不食而下痢不止。由于病原在于积食，在治疗上不能因为出现下痢而止痢。相反，应尽快排出胃内停滞的食积，投入大承气汤排除食积，脾胃功能恢复，下痢症状自然消除。

四、急则治标，缓则治本

疾病的发生过程是复杂的，治疗必须抓住其主要矛盾，治其根本。但是在一定条件下标症也可能成为主要矛盾，这时必须采用急则治标、缓则治本的方法。

例如，患畜因前胃弛缓，食入不易消化或易于膨胀的饲料，滞留于胃不能及时消化后送，由于腐败发酵而产生大量气体，前胃弛缓是本，瘤胃气胀是标，如果气胀严重，患畜可窒息死亡，成为主要矛盾，就必须先排气治标，如气体已排出，而食积未消化排出就继续治疗前胃弛缓，这就是急则治标、缓则治本。

五、标本同治

标本同治就是标本兼顾，如腹泻患者饮食不进是正气虚（本），腹泻不止是邪气盛（标），这是标本俱急，治疗需以扶助正气药与清化湿热药同时并用，这就是标本同治。

不过标本同治也有区别，如正气不太虚，邪气还盛，扶助正气的药可以少用些，清化湿热药可多用些。如果正气太虚，邪气稍衰，扶助正气药必须重用，清化湿热药可以少用些。

第八节　阴阳学说在兽医学上的应用

阴阳是代表一切事物互相对立而又统一的两个概念。任何相互对立而又统一的概念都可以用阴阳来代表。从自然界来说，天为阳，地为阴；春夏为阳，秋冬为阴；晴为阳，雨为阴；火为阳，水为阴；热为阳，寒为阴。从畜体来说，外为阳，内为阴；上为阳，下为阴；背为阳，腹为阴；腑为阳，脏为阴；气为阳，血为阴。

阴阳学说贯穿于中兽医理论概念体系中，各项理论都离不开阴阳，畜体的生理过程、病理变化以及诊断治疗、药物运用等，一般是运用阴阳对立和统一以及消长和转化的理论作为指导思想。

一、生理

畜体的部位和腑脏都具有阴阳对立统一性。在其全部生命活动，生、老、病、死以及疾病的各种变化中也都是阴阳对立统一的运动过程。如阴阳是构成整个形体的物质基础，而阴阳又是维持生命的机能动力。精和气，一阴一阳缺一不可，它的相互作用阳化气阴成形。它的相互关系称为"阴在内阳之，阳在外阴之也"，阴精和阳气的关系，既是对立又是相互依存的，阴精赖于阳气才能生化，而阳气赖于阴精才能发挥作用，因而把这种既对立而又统一的关系称为"独阴不去"，"独阳不长"。

由于机体的每一个组织和脏器的功能不同，又都有其特殊性，如，心有心阳和心阴，肾也有肾阳和肾阴，心阳和肾阳都属阳，但功能却不同，心阳推动血液循环，肾阳则推动水液的代谢以及具有生殖机能。由此可见，五脏都有阴阳两个方面，但各有其特殊性。

二、病理

阴阳对立统一的规律被破坏时,形成阴阳的盛衰,而会引起病理变化,从机体的病理变化看,阳盛则表现机能亢进,津液消耗弄热性症状,阴盛则表现为机能衰退,出现一系列寒性症状,所以说,阴盛则阳衰,阳盛则阴衰,阳盛则热,阴盛则寒。

由于每个脏器不同的生理特点,因为病理现象也各有不同,如,心阳虚则出现血液运行无力或阻滞的现象,出现舌色清白,耳鼻四肢俱凉,畏寒,脉细无力弄虚寒征。肾阳虚则出现水肿,生殖机能减退弄证,这就是阴阳在病理上的特殊性。

此外,由于阴阳的相互转化,在一定条件下,阴症有时能转成阳症,阳症也可以转化成阴症。如老弱病畜,生理机能衰退,属于虚征,正是由于机能障碍,因而夏炎形成气,血疾食瘀滞的实征,这就是虚征转化为实征。

三、诊断

中兽医主要靠"望、闻、问、切"四法诊断疾病,以八证来讲,表和里、寒和热、虚和实都是对立的,可以归纳为阴阳两个方面,"表、热、实"都属阳,而"里、寒、热"都属阴。在疾病发展过程中,体温升高,烦躁不安,身舌赤脉搏浮表属阳症,体温不上升而下降,口鼻角,舌淡身凉,安静喜卧,脉沉细为阴症。因而有察色诊脉,先别阴阳的学说。

四、治疗

机体各方面,阴阳保持平衡者是健康的,反之,由于各种因素肢体内阴阳失去平衡,就会出现病态。治疗就是针对病变的阴阳盛衰的情况制定治疗法则,使阴阳平衡而恢复健康。如,因阳热太过而阴液耗损的用寒-阴药,以治其热。阴寒太盛而致阳气不足,则用湿热阳药,以治其寒。这就是热者寒之,寒者热之的治疗原则,又如,阳虚不能治阴,而形成阴盛,则需阳以消阴;而阴虚不能潜阳,而形成阳的。则必须阴以潜阳,这就是阳症治阴,阴症治阳的道理。治疗的根本原则是:有余者泻之,不足者补之。纠正阴阳偏盛偏衰的病理现象,恢复正常生理状态。

五、药物

中药的药理作用以四气五味为依据,四气即"寒、热、温、凉",五味即"酸、苦、甘、辛、咸",辛、甘为阳,酸、苦、咸为阴,正确运用药物的阴阳性质,改善恢复由于阴阳失调引起的病理现象,达到治疗目的。表1.1为疾病阴阳征象表,表1.2为药物阴阳归属表。

表 1.1 疾病阴阳征象表

症候 阴阳	舌色	口涎	体温	脉搏	呼吸	精神	步态	粪	尿	四肢
阳	舌质红, 舌苔黄, 厚	黏稠,有 臭味,量 少	上升	脉厚数, 有力或洪 大有力	粗大 而快	烦躁 不安	轻快	干燥、 浑浊, 恶臭	尿浊 短赤	温暖
阴	舌白无苔 而润滑	清稀,无 臭味,量 多	不上升反 而不降	脉沉细, 无力	低微 而慢	安静 喜卧	迟钝	稀软, 清稀, 无味	尿清 量少	厥冷

表 1.2 药物阴阳归属表

区别	四气	五味
阳	温热	辛甘
阴	寒凉	酸苦咸

第二章　常用中兽药及配伍

第一节　奶牛常用中草药

一、解表药

解表药通过发汗,解除表邪,主要使用于外感表症(感冒流感),外感病的咳喘以及风湿病。

(一)辛温解表药

辛温解表药性味辛温,发汗力强,具有解表散寒,宣肺止咳,清热除烦,祛风去湿,理气和中的作用,适用于怕冷不渴,寒象突出的表征。

1. 荆芥

药性:味辛性温,入肺、肝经。

功能:解表祛风,炒炭止血。

主治:外感发热,咽喉肿痛,透瘀止痒。

(1)荆芥有发汗解表的作用,配合苏叶、防风用于辛温解表。配合双花、桑叶、薄荷用于辛凉解表。荆芥配合解表药用于风寒风热的表症。

(2)透瘀止痒,双花、党参、天麻、川芎、防风、荆芥、白芷、藁木、薄荷、地骨皮、苦参用于皮炎。

(3)荆芥清血分热,有理血、止血作用。配合地榆、槐花用于治疗便血。配合枝子、白茅根治疗衄血。

(4)荆芥祛血中之风,为风病、血病、疮病、产后常用药。

常用量:50～75 g。

2. 防风

药性:味辛甘性温,入肝脾、膀胱经。

功能:发汗解表,祛风胜湿。

主治:外感风寒,肢节疼痛,破伤风。

防风味辛性温,配合荆芥,苏叶用于风寒感冒表征。

防风祛筋骨中风湿,配合羌活、独活、当归、伸筋草、薏苡仁治疗风湿性关节炎。

防风祛风解痉,配合羌活、天南星、天麻、蜈蚣、僵蚕治疗破伤风。

常用量:50～100 g

3. 细辛

药性:辛温,入心、肺、肾经。

功能:解表散寒,祛风止痛。

主治:外感风寒,肢节疼痛。

(1)解表散寒。用于外感风寒,发热恶寒,鼻塞身疼等症,常与羌活、防风、白芷、川芎等同用,如九味羌活汤。

(2)温肺化饮。用于因风寒束肺所致的咳嗽气喘,痰多清稀等症,常与干姜、五味子、桂枝、麻黄、半夏等同用,如小青龙汤。

(3)祛风止痛。用于风湿痹痛,常与羌活、桂枝、川乌、草乌等同用;用于风火牙疼,常与石膏、黄柏、白芷等配伍。

此外,细辛尚可通鼻窍,常与白芷、辛夷等同用。

常用量:10～25 g。

4. 桂枝

药性:味辛甘性温,入心、肺、膀胱经。

功能:风寒表征,风湿痹痛,咳嗽气逆。

桂枝味辛性温,解表散寒,配合麻黄治疗无汗的风寒感冒,配合白芍治疗有汗的风寒感冒,有协调营卫、解肌止汗的作用。

桂枝温经祛风寒,通络活血。配合赤芍、伸筋草、苏木、红花治疗关节难伸、肢体疼痛。

配合当归、川芎、红花、桃仁、香附、赤芍治疗血瘀、腹痛、肿块。

配合羌活、独活、防风、附子治疗风湿性关节炎。

桂枝通利关节,为上肢病的引经药。

常用量:50～75 g。

5. 生姜

药性:味辛性温,入脾、胃、肺经。

功能:祛风散寒,健胃止吐。

主治:翻胃吐草,胃寒流涎,腹痛泄泻。

生姜味辛性温,用于解表发汗,发散风寒。

生姜发散风寒并能止吐,益智仁、桂皮、陈皮、生姜、半夏、厚朴、木香、细辛、砂仁、白术、甘草用于牛胃寒流涎。

生姜与大枣合用益脾胃元气、温中祛湿。生姜、红糖、大枣、白酒合用对腹痛泄泻有疗效。

常用量:50～150 g。

6. 白芷

药性:味辛温,入肺、肾、大肠经。

功能:祛风解表,活血止痛,散寒祛湿。

主治:风寒感冒,清疮脓肿。

(1)白芷:排疮脓肿,祛腐生肌。双花、知母、赤芍、当归、防风、白芷、红花、天花粉、乳香、没药、陈皮用于疮疡痈肿。

(2)祛湿止泻:白芷气味芳香性燥,燥可胜湿,对脾胃湿盛所致的久泻,白术、苍术、泽泻、茯苓、柯子、猪苓、肉豆蔻、小茴香、白芷合用。

白芷辛温发散,用于风寒感冒及各种头痛。

常用量:30～50 g。

(二)辛凉解表药

辛凉解表药性味辛凉,发汗力弱,但有退热作用,具有疏散风寒,清热解毒,解肌透疹,散风去湿作用,适用于发热口渴,以及风热所致的咳嗽,疮疡初起的风热表症。

1. 菊花

药性:味甘苦性寒。

功能:散风热、清肝明目。

主治:风热感冒、目赤肿痛、疮疡肿毒。

(1)疏散风热,用于治疗风热感冒、头痛、眼睛红肿。

桑菊饮:桑叶、菊花、杏仁、连翘、薄荷、桔梗、甘草、苇根,疏散风热、宣肺止渴,临床上用于流行性感冒、急性支气管炎。

(2)清热解毒,双花、连翘、蒲公英、地丁、菊花用于治疗创疡肿毒。

常用量:50～75 g。

2. 薄荷

药性:味辛性凉。

功能:清热解表。

主治:风热感冒、目赤、咽喉肿痛。

(1)辛凉解表,临床上用于风热感冒、目赤、咽喉肿痛。

(2)发散风热,用于风热引发的风疹。

(3)清肝明目,用于肝郁化热目赤肿痛。薄荷疏风散热,偏入气分,辛凉而解表。

常用量：50～75 g。

3. 升麻

药性：味甘苦，性平微寒无毒。入脾、胃、大肠、肺经。

功能：升阳、发表，解毒透疹。

主治：气虚脱肛、子宫脱、脾虚久痢、咽喉肿痛。

升麻发散阳明风邪，升胃中清气，引甘温之药上升。补卫气、升元气。临床用于脾胃气虚引起的子宫脱、阴道脱、脱肛、久痢，凡属脾胃虚弱、消化不良泄泻，用补中益气汤：黄芪、党参、白术、当归、陈皮、升麻、柴胡、甘草。

调补脾胃，升阳益气；口舌生疮，黄连、升麻为末装袋含口中；升麻气味俱薄，浮而升为脾胃引经药。

常用量：50～75 g。

4. 柴胡

药性：味甘，性平无毒，入肝、胆、三焦经。

功能：和解表里，疏肝，升阳。

主治：寒热往来，气虚脱肛，子宫脱。

(1)发表和里，使外感之郁由半表半里出表而解，用于寒热往来。

(2)升举阳气，引清气上升，用于清阳下陷所致的脾胃虚弱、久痢、脱肛、子宫脱。

补中益气汤：黄芪、党参、白术、当归、陈皮、升麻、柴胡、甘草用于因气虚下陷引起的脱肛、子宫脱、久痢等症。

柴胡配合黄芩清肝胆气分结热。配合黄连清心经血分郁热。配合当归、白芍调经和血。

常用量：50～75 g。

5. 牛蒡子

药性：味辛苦性平，无毒。

功能：清热解毒，散风除热。

主治：风热感冒、疮疡肿毒、风热咳嗽。

(1)散风除热，对风寒感冒及瘟病初期的表征、流行性感冒、发热无汗、口渴、咽喉疼痛。

银翘汤：双花、连翘、桔梗、薄荷、竹叶、牛蒡子、荆芥、甘草。

(2)通利关节作用，用于腰膝气滞疼痛。

常用量：50～75 g。

二、理血药

理血药是调理血液疾病的药物,以疏通血脉、补血、止血、凉血为主要功能。

(一)行血药

行血药具有疏通血脉、消散瘀血、止痛的作用,适用于产后瘀血,腹痛,少腹瘀血,恶露不下,卵巢囊肿或硬肿,附件炎以及跌打损伤,创伤性瘀血肿痛及风湿痹痛。行血药分为:温化祛瘀,破瘀消滞,祛瘀消肿等。

(1)温化祛瘀:活血祛瘀,温经止痛,用于因寒而至的瘀血,如金匮药温经汤(茱萸、芍药、桂枝、牡丹枝、生姜、风下、麦冬)。温经散寒,养血祛瘀,用于虚寒,瘀血阻滞,久不怀孕,子宫出血,防止附件炎等。

(2)破瘀消结(散瘀、逐瘀、通瘀、破结)治疗腹中瘀血积块,用于产后瘀血不尽,恶露不下,卵巢囊肿或硬肿(当归、红花、桃仁、丹皮、元胡、香附、五灵脂等)。

(3)祛瘀消肿:是治疗外伤瘀血,如跌打损伤、腰痛或内伤、气血阻滞疼痛,用此方法祛瘀活血,宜通气滞,瘀去气行而痛除肿消(当归、红花、没药、桃仁等)。

(二)止血药

止血药,治疗出血症,常用于尿血、便血以及各种创伤性出血。止血分为:清热止血、补气止血、祛瘀止血等。

(1)清热止血:因血热忘形而出血症,如胃热吐血症是血色鲜红、口干咽燥、舌红、脉洪数。如良方"四生丸":生荷叶、生艾叶、生柏叶、生地。

(2)补气止血(补气摄血):是治疗气虚而出血日久不止。如子宫出血,血色暗淡而稀薄,精神萎靡,四肢清冷,舌淡苔白,脉细软。用黄芪、党参、白术、熟地、甘草等。

(3)祛瘀止血,如产后恶露日久不绝,颜色发黑有块,腹胀腹痛。用当归、益母草、赤芍、桃仁、蒲黄、五灵脂等。

1. 地榆

药性:味苦酸,性寒,入肝、大肠经。

功能:凉血止血、止痛。

主治:大便出血,外用痈肿疮疡及烫伤。

地榆清热、凉血、止血,用于各种出血症。

(1)大便出血:白头翁、地榆、黄连、黄柏、秦皮、槐花。

(2)小便出血:生地、猪芩、泽泻、木通、黄柏、大蓟、小蓟。

(3)地榆性寒凉血,用于痈肿疮疡及烫伤,消肿止痛。大黄、地榆等份,为细末,用香油调敷患处。

常用量:50～100 g。

2. 槐花

药性:味苦性微寒,入肝、大肠经。

功能:清热、凉血、止血。

主治:大便下血,赤血痢疾,各种热性出血症。

大便出血:白头翁、黄连、秦皮、地榆、黄柏、木香、槐花共用。

槐花味苦性寒,无实火者孕畜禁用。

常用量:50～100 g。

3. 侧柏叶

药性:味苦涩性寒。

功能:清热、凉血、止血。

主治:大小便血、衄血。用于各种热性出血。

(1)大便出血:白头翁、黄连、木香、白芍、甘草、秦皮、地榆、侧柏叶、黄柏共用。

(2)小便出血:生地、知母、黄柏、小蓟、侧柏叶共用。

(3)衄血:生地、白茅根、藕节、大蓟、小蓟共用。侧柏叶性寒,久服影响脾胃,造成饮食减退。

常用量:50～100 g。

4. 棕榈炭

药性:味苦涩性平,入肝、肺、大肠经。

功能:收敛止血。

主治:赤血痢、衄血。

(1)收敛止血,对赤血痢、衄血、尿血均有收敛止血作用。

(2)棕榈炭苦涩收敛止血,偏于下部出血。血症初期瘀滞未清者不宜使用。

常用量:50～100 g。

三、清热药

清热药味苦性寒,清除火热症。具有清热解毒,泻火凉血,祛暑生津,去湿止痢的作用。清热药味苦性寒,久用损伤脾胃,影响消化,不宜久服。用于各种热症,疮癀病毒,湿热性痢疾,热性出血等里热症。

根据药的性能分为:清热解毒、清营凉血、清热燥湿、清热解暑。

(一)清热解毒药

清热解毒药具有清热解毒,疏风散邪,活血止痛,消肿溃脓等功效。适用于败血症、脓毒血症、痢疾肠炎、疮癀病毒、乳房肿硬作痛、红肿微热、口燥咽干、烦躁发热、舌质红绛及各种感染性疾病。

1. **金银花**

药性：味甘、性寒。入心、肝、胃经。

功能：清热解毒。

主治：热感初起、解毒止痢、疮疡肿毒。

(1)双花解表清热，散上焦风热。双花、连翘、桔梗、杏仁、薄荷、荆芥、牛蒡子、甘草、竹叶用于发热口渴、咽喉肿痛。

(2)清热解毒，双花清热解毒对血分毒热所致的痈肿疮疡、红肿热痛、化脓溃烂，凡血分毒热所致的疮症均可用。

(3)清热止痢，对热毒引起中焦所致的里急后重、腹痛下痢脓血。黄连、双花、白芍、木香、赤芍、白头翁、马齿苋、甘草合用。

常用量：50～100 g。

2. **连翘**

药性：味苦性微寒，入心、三焦、大肠经。

功能：清热解毒散瘀消肿，排脓止痈。

主治：热症初起，疮黄肿毒。

(1)清心经火热，心经有火，下移小肠而致的尿赤尿痛、淋浊不消。生地、滑石、猪苓、泽泻、木通、连翘合用。

(2)心火上炎、咽喉肿痛，口舌生疮、目赤红肿，双花、连翘、生地、石膏、元参、赤芍、黄芩合用。

(3)因毒热结聚的各种疮毒，连翘清热散瘀、解毒排肿。双花、连翘、红花、桃仁、赤芍、蒲公英、地丁等合用。

(4)清温散热，连翘清散上焦心肺热经，双花、连翘、荆芥、芦荟、薄荷、竹叶、牛蒡子、桔梗合用。连翘清热解毒，消肿散结，消肿排脓止痛，为"疮家圣药"。

常用量：50～100 g。

3. **大青叶**

药性：味苦性大寒。

功能：清热、解毒、凉血。

大青叶，味苦性寒，常用于瘟毒、瘟疫所致的高热，咽喉肿痛，口舌生疮，头痛，牙痛，发热出疹，腮腺炎、吐血、衄血等。

双花、连翘、大青叶、丹皮、生地、黄芩、薄荷、荆芥合用，大青叶性大寒，脾胃虚寒者忌用。

常用量：50～100 g。

4. 紫花地丁

药性:味苦辛性寒。

功能:清热解毒,凉血消肿。

主治:血热雍滞,疔毒疮肿。

双花、连翘、大青叶、黄芩、赤芍、紫花地丁、当参、生地、丹皮合用,用于瘟毒、细菌感染所致的高热。双花、紫花地丁、当归治疗恶疮、无名肿毒。

紫花地丁凉血解毒,用于治疗疔毒。

常用量:50～150 g。

5. 蒲公英

药性:味苦性寒,入肾、肺、胃经。

功能:清热解毒,消肿散结,外科用于治疗乳房炎、疔疮、疖肿、红肿不散。

(1)蒲公英、地丁、瓜蒌、红花、连翘、赤芍、双花、白芷、穿山甲、皂刺对急性乳房炎有很好的疗效。

(2)内科多用于治疗热痢、腮腺炎,双花、连翘、蒲公英、黄芩、青叶、元参、赤芍合用。

常用量:50～150 g。

(二)清营凉血药

清营凉血药具有清热解毒、凉血散瘀、凉血救阴作用,适用于热性病、热入血分、迫血忘行、吐血、便血等症。

1. 生地

药性:味甘、性寒。入心、肝、肺经。

功能:清热、凉血、生津。

主治:肺胃火热、口舌生疮、咽喉肿痛、便血、尿血、吐血、衄血等出血症。

(1)犀角地黄汤:犀角、生地、丹皮、白芍,清热解毒、凉血散瘀。用于便血、尿血、吐血、衄血等热性症的出血。

(2)咽喉肿痛,双花、生地、连翘、知母、丹皮、赤芍、党参、橘皮、麦冬合用。

生地性寒,脾胃虚寒者不用。

常用量:50～150 g。

2. 元参

药性:味苦性微寒无毒,入肾经。

功能:滋阴降火解毒。

(1)用于火热上炎引起的咽喉肿痛、口渴烦热。麦冬、生地、天花粉、桔梗、双花、黄芩、元参同用。

（2）用于胃阴不足出现的大便秘结,生地、麦冬、火麻仁、大黄、瓜蒌、莱菔子同用。

（3）元参滋阴降火、凉血解毒,用于热毒炽盛而致的血斑、烦躁不安。石膏、知母、元参、赤芍、生地、丹皮同用。

元参反黎芦。

常用量:50～75 g。

（三）清热燥湿药

清热燥湿药具有清热解毒、清肠止痢、和中止痛、养阴排脓功效。适用于湿热泄泻,下痢脓血,里急后重,腹痛,细菌性痢疾,舌红苔黄腻,口渴喜饮等症。

1. 黄连

药性:味苦,性寒。入心、肝、胆、胃、大肠经。

功效:清热燥湿,泻火解毒,腹痛下痢,泻肝火明目,疮家圣药。

主治:疮疡肿毒、口舌生疮、湿热下痢、大便下血、明目。

（1）用于心胃火热所致的口舌生疮、目赤牙痛、尿赤便秘,黄连、黄芩、生地、石膏、竹叶、大黄合用,治疗热毒瘀积而生的疮疡肿毒。黄连、双花、连翘、黄芩、枝子、赤芍、黄柏、地下合用。

（2）清肝明目,肝经火热、眼睛红肿、视物不清,急性结膜炎,黄连煮汤洗眼睛。

（3）胃肠湿热积滞发生的肠炎、腹痛、里急后重、下痢脓血、舌苔黄腻,白头翁、黄连、黄柏、秦皮、木香、白芍、甘草合用。

（4）清中热湿热,配木香用于痢疾,配干姜用于腹痛下痢,配大蒜用于大便下血。

常用量:50～75 g。

2. 黄柏

药性:性苦,味寒。入肾、膀胱、大肠经。

功效:清热燥湿,泻火解毒,清虚热。

主治湿热下痢。

（1）《伤寒论》白头翁汤:白头翁、黄柏、黄连、秦皮。清热解毒,凉血止痢。用于腹痛,里急后重,大便脓血,舌红苔黄的热痢症。

（2）用于湿热下注造成的血尿。

（3）便血、尿血用黄柏炭。清热燥湿用生黄柏。

常用量:50～75 g。

3. 秦皮

药性:味苦性寒,入肝、胆经。

功能:清热燥湿、清肝明目。

主治:湿热下痢,眼睛红肿。

(1)清热燥湿,用于湿热型痢疾,大便脓血、恶臭、里急后重、舌苔黄腻、口干多饮。白头翁、黄连、黄柏、秦皮、木香、白芍、甘草、地榆同用。

(2)清肝明目,肝经有热上攻于眼睛所致的两目赤红、肿痛、眼睛生膜。黄连、秦皮煮水冲洗。

秦皮治痢疾偏于清热涩肠。

常用量:50～100 g。

(四)清热解暑药

清热解暑药具有清暑化湿,清暑止渴,止血作用。适用于暑热伤肺、夏日外感于寒、内伤于湿、夏日感受暑邪等症。

藿香

药性:味辛性微温,无毒,入脾、肺经。

功能:芳香化湿,健胃止呕,解毒。

主治:前胃弛缓,呕吐腹泻,感冒。

藿香芳香之气健脾胃,增进食欲。脾胃止吐之要药。

解表和中,理气化湿。用于感冒、内伤湿滞、恶寒发热、腹痛呕吐、肠鸣泄泻、舌苔白腻。藿香、艾叶、茯苓、白术、白芷、半夏、厚朴、陈皮、大腹皮、桔梗、甘草共用。

常用量:50～100 g。

四、温中药

温中药药性辛温大热,具有温中祛寒,止痛降逆,止呕,四阳救逆,温肺止咳的功效。适用于肚腹冷痛,肠鸣泄泻,四肢、口、鼻、耳发凉,口津滑利里寒症以及虚脱症。

1. 小茴香

药性:味辛性温,入脾、胃、肝、肾经。

功能:散寒止痛暖脾胃。

主治:翻胃吐草、肚腹胀满、寒伤腰胯。

小茴香行气开胃,对胃中寒气停滞疼痛、气逆呕吐可用吴茱萸、木香、茯苓、生姜、小茴香、陈皮、半夏合用。

对寒凝气滞导致的食欲不振、消化不良、胃蠕动弛缓可用神曲、麦芽、山楂、砂仁、木香、陈皮、小茴香合用。

小茴香入下焦温经,散寒少腹逐瘀汤:当归、川芎、肉桂、小茴香、元胡、没药、干姜、赤芍、蒲黄、五灵脂合用,活血祛瘀温经止痛,用于产后恶露不行、瘀血及子宫炎症。

常用量:50～100 g。

2. 艾叶

药性:苦而辛,生温,熟热,入脾、肝、肾经。

功能:温中散寒,调经安胎。

主治:寒性腹痛,宫寒不孕。

(1)艾叶有温中祛寒、温暖子宫、调经安胎的作用。对腹中冷痛,小腹寒瘀,子宫寒冷久不孕可当归、肉桂、吴茱萸、艾叶、小茴、炒白芍、干姜、香附共用。

(2)艾叶炒炭主要用于止血,对子宫出血、腹中寒冷疼痛、胎动不安应当归、白芍、熟地、艾叶炭、益母草、桑寄生、川断、棕榈炭共用。

常用量:50～75 g

五、芳香化湿药

芳香化湿药药味辛温,具有燥湿、健脾、行气、止呕、消食降逆、清热利湿、芳香化浊、和中功效。适用于湿浊内阻、脾为湿困、运化失职所致的肚腹胀痛、草料迟细、大便溏泻、呕吐、流涎、舌苔白滑、口腻、多涎等症。药用:藿香、厚朴、砂仁、白扁豆、陈皮、半夏等。

1. 藿香

见清热解暑药。

2. 苍术

药性:味苦性温,入脾、胃、肾、大肠、小肠经。

功能:燥湿健脾,祛风湿。

主治:前胃弛缓,泄泻,风湿痹症。

(1)除湿,上、中、下三焦皆可用。

(2)祛湿暖胃,平胃散:苍术、厚朴、陈皮、生姜、大枣、甘草共用,燥湿健脾行气和胃,主治因寒湿困脾所致的草料少细前胃弛缓。

(3)脾湿水泻,腹痛加剧,完谷不化:苍术、白芍、黄芩、桂枝、甘草同用。

常用量:50～75 g。

3. 厚朴

药性:味苦辛性温,入脾、胃、肺、大肠经。

功能:燥湿健脾,消胀平喘。

主治:前胃弛缓、翻胃吐草、腹胀泄泻、咳喘。

(1)对脾胃虚弱,受寒湿侵袭所致中焦运化功能失调,寒湿停滞引起的腹胀呕吐可用藿香、茯苓、木香、陈皮、半夏、干姜、厚朴合用。

(2)外感寒邪入里化热,热结胃肠饮食停止,大便干燥可用大承气汤(厚朴、枳实、大黄、芒硝合用)。

(3)厚朴行气平喘,对胸部满闷,气逆咳喘,可用苏子降气汤(苏子、陈皮、半夏、肉桂、前胡、厚朴、甘草、当归合用)。

(4)厚朴生用偏于下气。厚朴用姜汁炒偏于止吐。

常用量:50~75 g。

4. 草豆蔻

药性:味辛性燥,入肝、脾经。

功能:燥湿健脾,理气消食止呕。

主治:胃寒草,翻胃吐草,腹痛泄泻。

(1)草豆蔻辛温芳香,除寒燥湿,开瘀化食。对脾胃寒湿停滞引起的翻胃吐草、腹胀泄泻、食滞不食可用藿香、陈皮、木香、草豆蔻、砂仁、厚朴、苏梗、茯苓、旋复花合用。

(2)草豆蔻辛散滞气,温化寒湿,对因寒湿停于中焦,使胃气气滞产生的胃部疼痛、上腹部胀满可用高良姜、香附、砂仁、草豆蔻、乌药、槟榔合用。

(3)草豆蔻燥湿破气开郁,温中调气化湿。

常用量:50~75 g

六、理气药

理气药具有调理气、行气解郁、疏通气机、宽中顺气、行气止痛、降气止呕、破气散结功效。治疗气滞、气逆、气虚,用于肚腹胀泻,食欲不振,翻胃吐草,便秘等症状。理气药多属香燥,津液毁损者、久病气虚者慎用。对气滞气逆而言,分为输郁理气、和胃理气,降逆下气。

(1)输郁理气,用于胸闷,两肋小腹胀痛。

(2)和胃理气,用于气与痰湿阻滞,腹部胀闷,口吐酸水。

(3)降逆下气(顺气),用于肺胃之气上逆。肺气上逆,喘急,胃虚寒而气上逆,易致翻胃吐草。

1. 陈皮

药性:味辛苦性温,入脾、肺经。

功能:理气健脾、燥湿化痰。

　　主治:肚腹胀满、食欲不振、吐草、泄泻、咳嗽。

　　(1)陈皮理气开胃,中焦气滞、食欲不振、消化不良可用党参、白术、茯苓、陈皮、神曲、麦芽、山楂、厚朴、枳实、大黄、甘草共用。

　　(2)祛痰止咳,由于中焦湿痰或外感风寒导致肺气不利的咳嗽、食欲不振可用麻黄、杏仁、桔梗、陈皮、半夏、茯苓、苏子、炒莱菔子共用。

　　(3)消胀止痛,由于肺胃气滞导致的胸腹胀痛、呕吐可用陈皮、半夏、枳壳、苏子共用。

　　(4)陈皮辛能散、苦能燥能泻、温能补能和,和补药则补、和泻药则泻、和升药则升、和降药则降,为脾肺气分之药。

　　常用量:50～75 g。

2. 枳实

　　药性:味苦酸,性微温,入脾、胃二经。

　　功能:行气破积,消痞止疼。

　　主治:食积腹痛、呕吐、便秘。

　　破泻胃肠结气,用于胃部胀满、食滞不消,肠胃气结、大便不畅,可用枳实、枳壳、木香、莱菔子、大黄、槟榔片、神曲、山楂、麦芽同用。

　　下气导滞,通利大便,用于胃肠积滞所致大便秘结不通。如大承气汤(厚朴、枳实、大黄、芒硝)。

　　枳实配合白术、厚朴除瘤胃积食;配合大黄芒硝泻肠中结粪。

　　枳实,破气导滞,孕畜慎用。

　　常用量:50～100 g。

3. 枳壳

　　药性:味苦酸,性微寒,无毒,入脾、胃二经。

　　功能:行气除胀,开胃健脾。

　　主治:脾胃气结,积食腹痛。

　　理气消胀,开胸宽肠,配合桔梗宽肠消胀;配合槟榔宽胸下气;枳壳偏于理气消胀,枳实偏于破气消积;枳实枳壳同用,使胃肠蠕动规律化。

　　常用量:50～100 g。

4. 木香

　　药性:味辛苦性温,入脾、胃、肺经。

　　功能:健脾和胃,行气止痛。

　　主治:前胃弛缓、翻胃吐草、泻痢。

　　(1)行肠胃的滞气,肠胃气滞引起的前胃弛缓、消化不良、草料少细可用高良姜、香附、木香、砂仁、枳壳、青皮、藿香、草豆蔻、槟榔合用。

(2)芳香化湿,对肠胃气滞、湿郁不化所致的腹痛泻症可用藿香、木香、益智仁、桂皮、陈皮、半夏、黄连炒煨同用。

(3)配黄连名为香连丸,是治疗痢疾的常用方。

(4)芳香化湿,行肠滞气、除里急后重。黄连燥湿清热,除湿解毒,止大便脓血,对肠胃湿热积滞所致的痢疾效果很好。临床上治疗各种痢疾以香连丸随症加减。湿重者加苍术、茯苓、车前子、薏苡仁。热重者加白头翁、黄柏、秦皮。腹痛大便脓血多加白芍、甘草、当归。

(5)理气生用,治泄泻炒用。

常用量:50～75 g。

5. 香附

药性:味辛微苦,性平,入三焦、肝经。

功能:行瘀止痛调经,疏肝理气。

主治:食积不消、产后腹痛。

(1)香附行气通滞、行气止痛。胃气滞,胃胀腹痛,积食不消、胸部胀满时可用香附、高良姜、神曲、麦芽、山楂、枳壳、砂仁、木香、大黄共用。

(2)香附为行气药,又能入血分,为血中气药。无论胎前、产后皆可配合使用,为产科要药。

(3)与党参、白术同用可助其益气;与熟地、当归同用补血;与木香同用,和中异滞,行肠胃滞气;与三棱、莪术同用消散积块;与艾叶同用,暖子宫活气血;与黄连、枝子同用,降火清热。

香附味辛兴平,通十二经气分,兼入血分。

常用量:50～75 g。

6. 青皮

药性:味苦辛、性温。入肝、胆经。

功能:破气散结、舒肝止痛。

主治:食滞腹胀、腹痛。

青皮味苦辛性温,破气消滞,舒郁降逆。由于肝气郁结所致的胸腹胀满、气逆不食、肚胀、气滞疼痛,可青皮、枳壳、香附、厚朴、陈皮、槟榔共用。

青皮破气,气虚者慎用。

常用量:30～50 g。

7. 乌药

药性:味辛性温,入脾、胃、肾、肝经。

功能:理气止痛、温肾散寒。

主治:宿食不转、翻胃吐草、气滞腹痛、小便频数。

(1)乌药味辛性温,行气宽胀,温散肝肾冷气,是常用的温性行气药,温肾缩小便。

(2)对于因寒邪侵犯脾胃,中焦寒冷,气行不畅而消化不良、翻胃吐草,可高良姜、香附、陈皮、半夏、乌药、神曲、生姜、麦芽、山楂、吴茱萸共用。

常用量:50～75 g。

七、利水渗湿药

利水渗湿药具有通利小便,渗除水湿的功效。适用于水湿停畜体内、小便不利、水肿、尿血等症。津液亏虚者禁用。

1. 猪苓

药性:味甘、淡,性平,归肾、膀胱经。

功能:利尿渗湿。

主治:水泻、小便不利,水肿。

猪苓主要功能为利水渗湿,各种水肿、小便不利、水泻皆可使用。猪苓、茯苓、白术、泽泻治水泻尿少。猪苓、白术、苍术、厚朴、砂仁、陈皮治水停中焦脾胃造成的食欲不振。猪苓、木通、黄柏、滑石、萹蓄治热淋小便疼痛不利。

常用量:50～100 g。

2. 泽泻

药性:味甘咸,性寒。归肾、膀胱经。

功能:利水除湿清热。

主治:小便不利水肿,湿热泄泻。

五苓散:猪苓、泽泻、茯苓、白术、桔梗,健脾祛湿,用于水肿、小便不利、泄泻以及急性肠炎。

常用量:50～100 g。

3. 车前子

药性:味甘性寒,入肾、肝、肺、小肠经。

功能:清热利水止泻明目。

主治:湿热泻痢、小便不通、目赤肿痛、发热咳嗽。

(1)利尿消肿,配合利尿药治疗各种水肿。

(2)甘寒能利湿清热。用于湿热下注热结于膀胱、小肠所致的尿频涩痛、淋漓不畅;配合其他药物治疗尿道炎、膀胱炎。瞿麦、车前子、萹蓄、滑石、栀子、大黄、黄柏、甘草合用。

(3)甘寒清热明目,用于肝火上升所致的目赤肿痛,急性眼疾。

(4)利尿,水湿从小便排出,治疗因湿盛引起的水泻可用党参、白术、茯苓、扁豆、苍术、薏苡仁、猪苓、车前子、泽泻、赤石脂、干姜共用。

常用量:50～150 g。

4. 茵陈

见清热燥湿药。

5. 茯苓

药性:味甘淡性平。入心、脾、胃、肺、肾经。

功能:健脾补中,利尿渗湿。

主治:脾虚泄泻、水肿小便不利。

(1)茯苓味甘益脾,助脾运化水湿而达到健脾的作用。茯苓白术散:党参、白术、甘草、茯苓、山药、莲子、薏苡仁、砂仁、陈皮合用,补气健脾和胃渗湿,用于脾虚泄泻。

(2)茯苓淡渗利湿,能利尿消水,凡脏腑出现水湿停留的症状可用。猪苓、茯苓、泽泻、白术、车前子、冬瓜皮合用,用于小便不利水肿。茯苓淡渗利湿、益脾安神,多用于补益剂中。

常用量:50～75 g。

八、收涩药

收涩药药味辛酸,色性温平。具有涩肠止泻,益肾固精,收敛止血,缩小便,敛肺降气的功效。适用于脾虚久泻,久咳喘息,小便频数,肾虚阳痿,大肠下血等症。

1. 诃子

药性:味苦酸涩,性平。入大肠、胃经。

功能:止泻涩肠、敛肺降气。

主治:冷肠泄泻,有收敛大肠作用,针对久泻久痢可用吴茱萸、木香、白术、茯苓、桂枝、补骨脂、五味子、赤石脂、诃子同用。

大便下血可用地榆、白头翁、黄连、木香、槐花、生地、诃子、黄柏同用。

诃子,敛肺气止咳,对久咳不愈,诃子、乌梅、五味子、麦冬同用。

常用量:50～75 g。

2. 山茱萸

药性:味酸、苦、涩。性微温,入肝、肾经。

功能:补肝肾,固脱、止汗、涩精。

主治:阳痿,腰膝疼痛,小便频数,自汗。

山茱萸,是常用的滋补强壮药。临床用于牲畜的腰膝疼痛、身体虚弱等症;

胃酸苦涩,能收敛,有止汗、固脱功效,凡正气不足、汗出不止者可用人参、黄芪、麦冬、五味子、麻黄根、防风、浮小麦同用。

肾虚而小便频数,腰膝无力的可用桑螵蛸、益智仁、乌药、熟地、山药、五味子、山茱萸同用。

固精缩小便,下焦有热、小便不利者不宜使用。

常用量:50～100 g。

3. 赤石脂

药性:味甘酸涩、性温,入胃、大肠经。

功能:收敛止泻、止血。

主治:久泻、便血、子宫出血。外用疮不收口。

(1)收敛固肠,常用于久泻久痢不止,大肠虚寒、滑脱不禁,甚至因久泻而脱肛,多用于下焦不固之证。

(2)胃肠虚寒、腹中疼痛、下痢脓血、久泻不止可用党参、白术、茯苓、山药、诃子、干姜、禹余粮、赤石脂、车前子、苍术、桂皮同用。

(3)对慢性痢疾、子宫出血、大便带血、胃肠出血,有很好的治疗效果。

(4)疮疡溃疡、溃不收口可用轻粉、黄丹、血竭、煅石膏、乳香、没药、赤石脂、龙骨同用。使疮疡生肌收口。

赤石脂,偏入血分,大肠有实热者禁用。孕畜慎用。

常用量:50～100 g。

4. 禹余粮

药性:味甘咸涩,性微温,入大肠、胃经。

功能:止泻止血。

主治:下痢不止,子宫出血,便血。

涩固下元药,用于久痢久泻,子宫出血,大便下血病症。

常用量:50～150 g。

5. 海螵蛸

药性:味咸涩性微温,入肝、肾经。

功能:通血脉活经络,补肝肾血,驱寒温止血。

主治:胃肠溃疡,金疮出血。

海螵蛸通血脉、活经络、祛寒湿。临床用于腹痛,多用于胃肠溃疡。海螵蛸外用治疗疮疡出血。

常用量:50～100 g。

6. 莲子

药性:味甘涩性平,入心、脾、肾经。

功能:补气、益气、益精血。

主治:脾虚泻症。

莲子味甘、性温、无毒,补中、养神、益气力,主五脏不足,益十二经脉血气。补心肾,厚肠胃,固精气,强筋骨,除寒湿止脾泻久痢。

补中益气、和胃渗湿,用于脾胃气虚挟湿之症;用于肌体瘦弱、食欲不振、脾虚泻。

参苓白术散:党参、白术、茯苓、莲子、炒扁豆、山药、陈皮、砂仁、木香、甘草共用。常用量:50～150 g。

九、补气药

补气药(益气)是治疗虚症的药物,适用于脾气虚、肺气虚、肾气虚。脾气虚则表现食欲不振,大便稀薄,久泻,脱肛,子宫脱,舌淡苔薄白。肺气虚表现:动则虚,喘自汗,舌淡苔薄白,脉虚弱无力。肾气虚表现:小便清而次数多,不孕,舌淡苔薄白,脉细弱。

1. 党参

药性:味甘性平,入脾、胃经。

功能:补中益气。

主治:脾胃虚弱,消化不良,肠鸣泄泻。

(1)补气健脾。用于脾胃之不足,消化不良、食欲不振、脾虚泄泻。

参苓白术散:党参、白术、茯苓、莲子、炒扁豆、山药、陈皮、砂仁、木香、甘草共用。

(2)益气补血,用于气血两虚症候。党参益气可以促进补血,健脾可以帮助生血。

党参补气又能健脾补气,益气生津,脾肺俱补。

常用量:50～100 g。

2. 山药

药性:味甘平,性温无毒。入肺、脾经。

功能:健脾止泻,益肾固精,益肺气,治带下。

主治:脾虚泄泻。

补脾胃常用于脾胃虚弱,草料迟细,大便虚泻,体质瘦弱。

　　资生丸:党参、白术、茯苓、白扁豆、山药、莲子、陈皮、砂仁、藿香、薏苡仁用于脾虚泄泻、消瘦乏力。

　　补中益气:山药有补脾益肺作用。

　　强筋骨、益肾气,临床上用于肾虚不实。

　　多用于脾肾两虚,湿邪下注于下焦的带下症。山药补脾胃化湿、固肾气、止带下。完带汤:党参、白术、炒山药、苍术、白芍、炒车前子、陈皮、柴胡、甘草用于白带症。

　　寒重者多为白带,湿重者多为黄带。

　　补脾肾益肺气止带下用炒山药,强筋骨、益肾气用生山药。

　　常用量:50～100 g。

3. 白术

　　药性:味甘苦、性温,入脾、胃经。

　　功能:健脾燥湿,安胎、补气、利水。

　　主治:脾虚泄泻,胎动不安,脾虚水肿。

　　(1)白术健脾燥湿,助脾胃运化。

　　六君子汤:党参、白术、茯苓、陈皮、半夏、甘草,用于脾胃不健、食欲不振、呕吐、泄泻或腹部胀满。

　　(2)益气生血,中焦脾胃,白术健脾益气补中焦,中焦建运气血自旺。

　　(3)胎儿需要充足的血液养胎,血液来源于中焦脾胃。脾胃运化正常,气血旺盛,肝肾气血充足胎儿自安。党参、白术、当归、川芎、白芍、熟地、川断、黄芩、砂仁、甘草,补气健脾养血安胎,适用于妊娠气血双虚。

　　(4)白术生用益气生血,白术炒用健脾燥湿,焦白术用于助消化,土炒白术用于补脾健胃且止泻。脾胃阴虚者慎用。

　　常用量:50～100 g。

4. 甘草

　　药性:味甘、性平、无毒,入十二指肠经。

　　功能:补脾益气,清热解毒,缓急止痛,润肺止咳。

　　(1)补脾益气。因饲养不良或久病造成的脾胃虚弱、食欲减退、消化不良、泄泻,临床以四君子汤加减(党参、白术、茯苓、甘草、陈皮、木香、砂仁、莲子、扁豆同用,健脾益气)。

　　(2)缓急止疼。甘草味甘,有缓急的作用。如"甘草芍药汤"调肝和脾、缓急止痛,临床多用于消化道痉挛性疼痛。《伤寒论》中"黄芩汤":黄芩、白芍、大枣、甘草,清热止痢、和中止痛,用于腹疼下痢或痢疾。

（3）清热解毒。甘草生用有清热解毒功效，对急性乳房炎，红肿热痛可双花、连翘、牛蒡子、赤芍、丹参、蒲公英、地丁、薄荷、丹皮、甘草同用。

（4）润肺止咳。甘草蜜炙，用于肺热所致的咽喉肿痛咳嗽。

（5）调和药性。甘草气薄味厚，可升可降，药性和缓，与补药同用使补药作用持久而不骤；与泻药同用，缓解泻药，泻而不速；与热药同用缓其热；与寒药同用缓其寒。甘草调和众药，有国老之称，补中益气用蜜炙甘草，清热解毒用生甘草。

常用量：50～75 g。

十、补血药

补血药是治疗血虚症的药物。适用于体质瘦弱，口色苍白，血虚、午后潮热等血虚症。

补血和血：用于产后失血，体质衰弱，血虚发热，舌质淡脉等症。

气血双补：用于失血过多，食欲不振，消瘦等。

1. 当归

药性：味甘辛、性温、入心、肝、脾经。

功能：补血活血，调经止痛，润肠通便。

主治：血虚，跌扑损伤，血滞疼痛，疮疡肿痛，肠燥便秘。

当归是治疗血分症最常用的药物。

（1）补血。当归常用于失血后血虚。气血不足，产后失血太多。如四物汤（当归、熟地、川芎、白芍）是最常用的补血药。

（2）活血。当归辛温，活血通络、散瘀消肿。当归、红花、川芎、桃仁、元胡、香附、没药、苏木、伸筋草、杜仲、川断、乳香用于产后截瘫。

当归、双花、连翘、红花、皂贰、赤芍、白芷、黄药子、白药子用于疮黄即起。

（3）活血祛瘀、温络止痛。当归调理冲任、带三脉，为产科常用药。小腹逐瘀汤：小茴香、干姜、元胡、没药、当归、川芎、肉桂、赤芍、五灵脂、蒲黄用于母牛产后恶露不尽腹痛。

（4）润肠通便。久病、产后失血、津液不足，因血虚肠燥大便秘结。当归养血润肠通便。当归、熟地、火麻仁、郁李仁、大黄、香附、枳壳、番茄叶、二丑治疗大便燥结。

（5）当归配合黄芪、党参生血补气；配合牛膝、大黄破下部瘀血；配合川芎、红花、苏木、桔梗活上部瘀血。配合桑枝、桂枝、丝瓜络，通达四肢活血通络。

当归头止血，当归尾破血，当归身和血，当归全身补血又活血。

常用量：50～100 g。

2. 熟地

药性：味甘、微苦、微温，入心、肝、肾经。

功能：滋阴补血。

主治：血虚劳损、产后虚症、五劳七伤。

补血生精，滋肾养肝，是常用的补血药。

四物汤：当归、熟地、白芍、川芎，是常用的补血方，用于各种贫血症。

六味地黄丸：熟地、山药、山茱萸、茯苓、泽泻、丹皮，用于肝肾阴虚、腰膝酸软、舌燥喉痛、潮热骨蒸。

熟地配白芍能养肝，配柏子仁养心，配龙眼能养脾，配麻黄则通血脉，配当归则补血。

常用量：50～100 g。

3. 白芍

药性：味苦酸、性微寒，入肝经。

功能：滋阴养血，缓急止痛、柔肝，除痢疾后重。

主治：胸痛泻痢，赤血痢疾，产后腹痛，四肢拘挛。

(1)止痛，对腹中疼痛效果最好。《伤寒论》中"芍药甘草汤"：白芍、甘草，调肝和脾、缓急止痛用于腹中疼痛。

(2)脾虚肝旺所致的肠鸣腹痛、大便泄泻、泄必腹痛、舌苔薄白可用白术、白芍、陈皮、防风、甘草、升麻共用。

(3)缓急止痛用酒炒白芍；安脾止泻用土炒白芍；产后血瘀恶露不尽者禁用。

常用量：50～100 g。

十一、补阳药

补阳药是治疗阳虚症药物。具有壮阳益精，强筋骨，补精髓的功效。适用于阳痿，腰膝软弱，冷痛，小便频数以及肾气不足，气喘，肾阳虚不孕等症。

1. 淫羊藿

药性：味辛甘、性温，入肝、肾经。

功能：补肾壮阳，强筋壮骨，祛风湿。

主治：阳痿、催情、风寒湿痹。

(1)补肾阳，兴奋性机能。临床用于肾阳虚不发情。

催情散：淫羊藿、阳起石、益母草、当归、川芎、熟地、枸杞子、菟丝子、丹参，治疗母牛不发情。

(2)淫羊藿性温，祛风寒、补肝肾、壮筋骨。因风寒湿所致的关节疼痛，腿软无力,腰膝疼痛可用淫羊藿、当归、川芎、独活、川断、肉桂、威灵仙共用。

常用量:50～150 g。

2. 杜仲

药性:味甘辛、性温,入肝、肾经。

功能:补肝肾、强筋骨、安胎。

主治:腰膝无力,胎动不安。

杜仲是常用补肾、强筋骨、安胎药物,用于肝肾虚弱,肾阳不足,命门火衰,腰腿无力、肢冷。

右归饮:熟地、山药、杜仲、肉桂、山茱萸、枸杞子、附子、甘草。

因肾虚胎动,可白术、熟地、白芍、当归、川断、杜仲、桑寄生共用。

杜仲补肝肾之气,肝肾气足而胎自安。

常用量:40～50 g。

3. 续断

药性:味苦辛、性温,入肝、肾经。

功能:补肝肾,续筋骨,安胎,通血脉。

主治:腰膝疼痛,筋骨损伤,胎动不安。

(1)因肾虚而致的腰痛腿软、行走无力或卧地不起可用当归、熟地、附子、杜仲、牛膝、防风、续断共用,补肝肾壮筋骨止痛。

(2)跌打损伤、筋骨折断、外伤肿痛可用当归、川芎、红花、桃仁、乳香、没药、牛膝、续断、苏木共用,有消肿止痛、接续筋骨,促进组织再生之效。

(3)胎动不安可用白术、杜仲、续断共用。

常用量:50～100 g。

4. 益智仁

药性:味辛、性温,入脾、胃、肾经。

功能:温暖脾胃,燥湿止泻。

主治:翻胃吐草,脾虚泄泻。

(1)用于饲养失调、久渴失饮,饮冷水太过以致外感风寒内伤阴冷、脾胃衰弱不能容纳导致的翻胃吐草。

(2)暖胃益智仁散:白术、肉桂、砂仁、陈皮、藿香、益智仁、干姜、神曲、麦芽、山楂、草豆蔻、内金合用。

(3)脾胃虚寒,腹中冷痛,腹泻。益智仁补脾阳燥脾食,温中散寒。

(4)党参、白术、茯苓、猪苓、泽泻、苍术、厚朴、益智仁、小茴香、车前子合用。

常用量:50～150 g。

5. 补骨脂

药性:味辛苦、性大温,入骨经。

功能:补肾壮阳,暖脾胃,止泻。

主治:阳痿早泄,腰胯疼痛,虚冷清泻。

(1)凡因肾阳虚所致的性机能减退,腰胯疼痛,下腹虚冷可用阳起石、补骨脂、杜仲、附子、川断、熟地合用。

(2)中焦脾胃虚导致的消化不良、食欲不振、慢性腹泻可用白术、党参、茯苓、大枣、生姜、补骨脂、肉豆蔻、甘草合用。

(3)脾肾两虚的五更泻用四神丸:五味子、吴茱萸、补骨脂、肉豆蔻合用。

补骨脂补肾暖脾固肠止泻,便秘孕畜慎用。

常用量:50～100 g。

6. 巴戟天

药性:味辛甘、性微温,入肾经。

功能:补肾阳、强筋骨、祛风湿。

主治:腰胯疼痛、风湿痹痛、阳痿滑精。

(1)因风湿引起腰胯疼痛或腿弱无力可用独活、附子、防风、木瓜、牛膝、当归、巴戟天、桑寄生、肉桂、党参、川断合用。

(2)肾阳机能衰退,早泄阳痿可用淫阳藿、熟地、山药、枸杞子、巴戟天合用。

(3)肝肾虚寒引起的小腹冷痛、腰酸腿痛可用吴茱萸、葫芦巴、补骨脂、巴戟天、小茴香、川断合用。

巴戟天补肾阳、入肾经气分。

常用量:50～100 g。

十二、补阴药

补阴药是治疗阴虚的药,具有滋阴清热、降火、增液、润燥作用。适用于阴虚液亏清症,虚热,午后潮热,舌红,肠燥便秘,口干舌燥,干咳等症。补阴药味甘寒,凡脾肾阳虚,中气不足,畏寒泄泻等不宜使用。

沙参

药性:味甘苦、性寒。

功能:养阴清肺,清虚热止咳。

主治:肺阴不足,虚火咳嗽。

因养阴清肺,肺阴不足而生虚热,干咳咽喉疼痛可用生地、沙参、知母、麦冬、贝母、天冬、生甘草合用。

因风热犯肺,津液受损,见于急性咽喉红肿、口鼻干燥可用生地、知母、石膏、玄参、桑叶、双花、连翘、麦冬、沙参合用。

生津解热,因高热病后津液不足或久病胃阴不足、口干舌燥、食欲不振可用生地、麦冬、天花粉、玄参、白芍、沙参合用。

沙参补阴制阳,补五脏之阴,风寒感冒咳嗽、肺寒者不用。

常用量:50～100 g。

第二节　中草药配伍原则

一、君臣佐使

君臣佐使(又称主辅佐使)方剂是根据病情及治则为依据,按照一定的规则与结构由不同药味配合而成,这就是君臣佐使的配合。

君(主)药是方剂中治疗主症,起主要作用的药物,按照需要可用一味或几味。

臣(辅)药是协助主药加强治疗作用的药物。

佐药是协助主药治疗虚症或抑制主药毒性和峻烈的性味或是反佐的药物。

使药是方剂中的引经药,引导各药直达疾病的所在或有调和诸药的作用。

如麻黄汤,治疗恶寒、发热、头痛、骨节疼痛、无汗而喘、苔薄白、外感风寒表实症。其中,麻黄为主药,发汗解表,桂枝为臣药助麻黄解表,杏仁为佐药,助麻黄平喘,甘草为使药,调和诸药。

由于每味药在方剂中的作用不同,用量有区别,一般来讲,主药用量大些,其他药味用量较小,但是若主药有毒,用量可小于辅药与佐药。

二、配伍禁忌

(一)十八反

十八反是中药配伍禁忌的一类。两种药物同用发生剧烈的副作用叫相反。历来,文献中记载有十八种药物相反,即:

甘草反:大戟、芫花、甘遂、海藻。

乌头反:贝母、瓜蒌、半夏、白蔹、白芨。

藜芦反:人参、丹参、沙参、玄参、细辛、芍药。

十八反歌诀：

本草言明十八反，半蒌贝蔹芨攻乌。

藻戟遂芫俱战草，诸参辛药反藜芦。

（二）十九畏

十九畏是中药配伍禁忌的一类，两种药物同用，一种药受到另一种药的抑制，减其毒性或功效或完全丧失功效叫相畏，即：

硫黄畏朴硝，水银畏砒霜，狼毒畏密陀僧，巴豆畏牵牛，丁香畏郁金，牙硝畏京三菱，川乌草乌畏犀角，人参畏五灵脂，肉桂畏赤石脂。

十九畏歌诀：

硫黄原是火中精，朴硝一见便相争。

水银莫与砒霜见，狼毒最怕密陀僧。

巴豆性热最为上，偏与牵牛不顺情。

丁香莫与郁金见，牙硝难合京三棱。

川乌草乌不顺犀，人参最怕五灵脂。

官桂善能调冷气，若逢石脂便相欺。

（三）妊娠药忌

动物妊娠期间，能引起流产损害母子的药物一般不得使用，叫妊娠药忌。禁用药物多为毒性较大或药性较烈，大致分为以下几类：植物类、动物类、矿物药类、毒虫类。

植物类如：红花、桃仁、牡丹皮、附子、通草、京三棱、藜芦、巴豆、牵牛、半夏、大戟、芫花、甘遂等。

动物类如：刺猬皮、牛黄、麝香、龟板、鳖甲等。

矿物药类如：代绪石、水银、砒石、雄黄、雌黄等。

毒虫类如：水蛭、芫菁、斑蝥、蜈蚣等。

妊娠禁忌歌：

蝱斑水蛭及虻虫，乌头附子配天雄，

野葛水银异巴豆，牛膝薏苡与蜈蚣，

三棱芫花代赭麝，大戟蝉蜕黄雌雄，

牙硝芸硝牡丹桂，槐花牵牛皂角同，

半夏南星与通草，瞿麦干姜桃仁通，

硇砂干漆鳖爪甲，地胆茅根都不中。

第三节　剂型与剂量

剂型是指方剂制作成的形式。它与方药的性质、病情的需要、制剂的使用方法和动物采食特性等有关。关于方药的性质,《神农本草经》中说:"药性有宜丸者,宜散者,宜水煮者,宜渍者,宜膏煎者,亦有一物兼宜者,亦有不可入汤酒者,并随药性,不得违越。"关于病情的需要,如病急者宜汤,病缓者宜丸;疮疡湿者宜贴,干枯者宜涂膏等。关于使用方法,如灌服宜用散剂或汤剂,直肠给药宜用汤剂或栓剂等。关于动物采食特性,如禽类可用药砂,鱼类多用药饵等。现将常用剂型分述如下。

一、常用剂型

(一)散剂

动物最常用的一种剂型。是一味或多味中药混合制成的粉末状制剂。有内服散剂和外用散剂之分。内服散剂常用开水调成糊状,或加水稍煎,候温灌服;也可混在饲料中喂服。内服散剂在胃肠中能较快地被吸收。常用的内服散剂如消黄散、清肺散、平胃散、郁金散、千金散、桂心散等。外用散剂一般应研成细末或极细末,多用于疮面或患部的掺撒、敷贴,或用于点眼、吹鼻等。如桃花散、生肌散、雄黄散、拨云散、吹鼻散、青黛散、冰硼散等。

(二)汤剂

汤剂又称煎剂。一味或多味药物的饮片加水煎煮后,去渣而得的液体制剂。包括内服汤剂和外用汤剂。内服汤剂容易被吸收,发挥药效快,适用于急病或重病。如白虎汤、通肠芍药汤、补中益气汤、麻杏甘石汤等。当经口灌服困难时,某些内服汤剂也可采用保留灌肠的方法投药。外用汤剂可用于洗治疮疡、洗敷肿痛等,如防风汤等。

(三)丸剂

中药粉末或其提取物,加适量辅料制成的球形制剂,有蜜丸、水丸、糊丸、浓缩丸等多种。蜜丸是以蜂蜜为辅料制成;水丸的辅料为水或黄酒、醋、稀药汁、糖液等;糊丸的辅料为米糊或面糊;浓缩丸是由中药提取物加适当辅料制成。很多内服方剂都可做成丸剂,如马价丸、六味地黄丸、生子丸、枳术丸、四神丸等。丸剂大多吸收缓慢,作用持久,且易于保存,常用于治疗慢性疾病。但在兽医临床上,因动物不能主动吞咽丸药,故给药时需用投丸器,或用水化开灌服。

（四）片剂

一味或多味中药，经加工或提炼后，与辅料混合压制成的一种圆片状制剂，与丸剂近似。制成片剂后，更便于运输、贮藏和应用。许多内服方剂均可制成片剂。

（五）丹剂

丹剂古代多指含有水银、硫磺等中药，经过加热升炼而成的剂量小、作用大的一类制剂，如升丹、降丹、樟丹等，大多有剧毒，一般只作外用。但今人有时将某些贵重或功效特殊的方剂也称为丹，如紫雪丹、无失丹、活络丹等。因此，丹剂没有固定的制剂形态，大多为细粉末状散剂，也有的制成丸剂或锭剂的形式。

（六）膏剂

中药（或中药粉末）加水、油或其他辅料，调制或煎熬而成的制剂。有内服膏剂和外用药膏两类。内服膏剂又分流浸膏、浸膏和煎膏剂。外用药膏又分软膏药和硬膏药。流浸膏是用适当溶媒浸出中药材的有效成分后，除去部分溶媒而制成的流体制剂。浸膏是浸出中药材有效成分后，除去所有溶媒而制成的半固体或固体制剂。煎膏又称膏滋，是中药材加水煎煮，去渣浓缩后，加蜂蜜或糖制成的半流体制剂。外用的软膏药是用适宜的基质与药物均匀混合调制成的一种半固体制剂，多用于局部涂布。硬膏药又称膏药，是以铅肥皂为基质，混入或溶入药料，然后涂布于布、纸、狗皮等裱褙材料上制成的制剂，也称薄贴。

（七）锭剂

中药粉末或提取物加适当黏合剂制成的一种固体制剂。如内服的保健锭，外用腐脱肿瘤的砒枣锭等。

（八）条剂

条剂又称纸捻，是桑皮纸粘药末后制成条状，或先将桑皮纸卷成条状再粘药末而制成的条捻状制剂，常用于瘘管、肿瘤等，以脱腐生新。

（九）饼剂

一味或数味中药研细末，加赋形剂制成的一种饼状制剂。如豆蔻止泻饼。

（十）酒剂

酒剂又称药酒，是用酒浸泡药材制成的液体制剂。由于酒有活血通经、驱散寒邪之效，故酒剂多用于治疗跌打损伤及风湿痹痛等症。

（十一）颗粒剂（冲剂）

中药经过提取、浓缩为浸膏后，加适当的辅料或药材细粉制成的颗粒状制剂。使用时多用水冲服，故又称冲剂。凡单剂量颗粒压制成块状的称块状冲剂。其特点是体积小，使用方便，作用迅速，容易贮存。

(十二)注射剂

中药经提取、配制、灌封、灭菌等步骤制成的液体或粉末状制剂,供直接或加注射用水溶解后注射用。注射剂具有剂量准确、作用迅速、给药方便、药物不受消化液和食物的影响,能直接进入动物体组织等优点。是一种兽医临床上受欢迎的剂型。但在目前,许多中药注射剂存在有提取困难、稳定性差等缺点,故其制备和应用均受到一定限制。

(十三)合剂(口服液)

中药用水或其他溶剂,采用适当方法提取,经浓缩制成的内服液体制剂。它是在传统汤剂基础上发展起来的一种新剂型,也可以说是制药厂生产的汤剂。与传统汤剂比较,它质量稳定,使用方便。

(十四)其他

除了上述剂型之外,还有胶剂、曲剂、霜剂、茶剂、糖浆剂、露剂、油剂、灸剂、气雾剂、熏烟剂、膜剂、栓剂、灌注剂、海绵剂、胶囊剂,以及用于禽类的药砂,用于鱼类的药饵等。两种或两种以上的剂型合在一起(如散剂和汤剂混合),有时也称为合剂。

二、用法与剂量

(一)用法

根据用药的目的、病患的性质和部位及制剂的作用特点等的不同,方剂的用法和给药途径多种多样。大体上可分为经口给药和非经口给药两大类。

经口给药又称内服、口服、灌服(流体状制剂)或投服(丸剂、片剂等)以及舐服等。药物作用于胃肠道或经胃肠吸收后发挥治疗作用。用导管经口或鼻插入食道或胃投灌药物也属于经口给药。

非经口给药是指除经口给药之外的各种给药方式,如注射和注入、敷撒喷涂、吸入、包埋纳置(如卡耳、肛门或阴道纳栓)、药浴、点眼、吹鼻、灌肠、笼舍熏蒸、鱼虾类水体用药等。

随着我国规模化和集约化畜牧业的发展,对动物的群体用药越来越多地被采用。所谓群体用药,就是为了防治群发性疫病,或为了提高动物的生产性能,所采用的批量集体用药。有些动物(如鸡、鱼、蜂、蚕),或群体数量很大,或个体很小,难以逐个给药,也只好采用群体用药法。中药方剂的群体用药,目前较普遍的是饲料添加剂。即将药物拌入饲料中或溶解于饮水中给动物服用。此外,在动物所处的环境(如动物房舍空间、养鱼水体)中施药,使环境中的每个动物都能接触到药物,也是一种群体给药方法。

(二)剂量

即给药量。包括一次量、一日量、饮饲添加量、疗程总剂量等。

一次量是指一次投给动物的药量,要求当时全量投给或在一定时间内用完。这是最基本的剂量。

一日量是指一天之内的用药量。一般一日量可以是一次量,也可以是数次量的总和。

饮饲添加量有两种计算方法。一是按饲料计算,即在饲料中添加一定比例,拌匀投喂即可;二是按动物的个体数量或活体重计算用药剂量,然后将药物均匀拌混在饲料中投喂,并要求在一定时间内采食完。疗程总剂量是指一个疗程之内一次或若干次用药剂量的总和。疗程的长短与动物的病情和方剂的性质密切相关。有些方剂,如峻泻剂、驱虫和杀虫剂、涌吐剂、外用的蚀瘤脱腐剂等往往一个疗程只用一次。因这些方剂药性峻猛,重复给予会产生毒副作用。

有些方剂在较短的疗程内可给药几次或连用几天,但不宜久服,如解表剂、清热剂、消导剂、固涩剂等,过多服用会损伤正气或致病邪滞留。有些方剂,如补养剂,疗程可长一些,但也要根据病情适可而止;或分几个疗程给予,疗程之间间隔一至数日。有些方剂,如调理保健剂和促生长剂则可长期给药甚至终身给药。

由于动物种类不同,体型大小差异很大,故剂量大小非常悬殊。

第三章　奶牛常用中草药方剂

第一节　调理保健剂

调理保健剂是以扶正祛邪、健脾开胃药物为主组成,具有调整机体、壮膘催肥、增重增产和避瘟逐疫等作用,用于保健防病和促进生产的方剂。

在调理保健剂中,有些方剂的用法是混入饲料中喂给的。如令牛马壮方就是"共为末,每次一两,入料内。药完自壮。"类似这样的方剂,可以说是古老的饲料添加剂。中药方剂或天然产物作为饲料添加剂的应用与研究,日益受到国内外的重视。从古到今中兽医方剂中发掘这方面的资料,对于丰富和发展我国饲料添加剂将会很有裨益。

一、茵陈散《蕃牧纂验方》

组成:茵陈、甘草、黄连、防风各等份(各 40 g)。

用法:为末,开水冲调,候温灌服(原方为粗末,每用药一两,浆水一碗,细擦生姜一两,蜜二两,同煎三五沸,放冷灌之)。

功能与主治:清热祛湿,疏肝扶脾。湿热所伤,草料减少,口眼发黄,精神短慢。历代被用作春季调理之剂。

主证:精神倦怠,食欲减少,口眼黏膜发黄。

本方为四时调理剂之首方。在春夏之季于未病之先,或刚开始出现上述症状时,灌服此方,能收到一定的预防调理效果。

二、消黄散《蕃牧纂验方》

组成:知母、贝母、黄药子、大黄、白药子、黄芩、郁金、甘草各等份(各 20 g)。

用法:为末,开水冲调,候凉灌服(原方为粗末,每用药一两,新水半升,蜜二两,调灌)。

功能与主治:清热解毒,泻火散壅。主治马火热内壅,气促喘粗,或生黄肿。历代被用作夏季调理之剂。

主证:患畜口色赤红,脉象洪数,精神正常,不影响食欲和使役,局部表现肿胀明显,部位不定,大小不一,按压或硬或软,均有疼痛反应,病势发展较快,刺破后流出黄水。

本方名消黄散,即有消散黄肿之意。这里所说的黄,是指火热壅滞于肌表或脏腑所引起的各种病症,如体表黄肿、脑黄、肺黄、肠黄等。夏季适当灌服本方,能调整畜体阴阳,以增强耐受暑热的能力。对火热壅盛之证,可防患于未然,或止于病初。

三、壮膘散《奇方类编》

组成:牛骨灰 200 g、醪糟 1 500 g、麦芽 1 500 g、黄豆 1 500 g。

用法:为末,每次 30 g,混饲料内喂服。

功能:开胃进食,补养壮膘。主治牛、马体瘦,草少。

主证:食欲不振,身体消瘦。

本方适用于营养不良、体质瘦弱的动物。不仅可用于马、牛,也可用于其他家畜,凡脾胃虚弱、消化不良、食欲不振、骨软症等均可酌情加减应用。

第二节　清热剂

清热剂是以寒凉药为主组成,具有清热泻火、凉血解毒等作用,用于治疗里热症的方剂。在八法中属于"清法"。《素问·至真要大论》中"热者寒之,温者清之"及《神农本草经》"疗热以寒药"等就是这类方剂的立法原则。

清热剂中的药味大多苦寒,容易败胃伤脾。如果使用不当,往往影响脾胃运化,甚至损伤机体的阳气。故在清热剂中常佐以健脾理气之品。热为阳邪,易伤阴津,清热剂又多为苦燥之品,使用时注意护阴存津。

一、白虎汤《伤寒论》

组成:知母 45 g、生石膏 250 g、炙甘草 15 g、粳米 300 g。

用法:先煎石膏,再下余药,至米熟汤成,去渣候温灌服,或为末冲服。

功能与主治:清热生津。主治阳明经证或气分实热症。

主证:患畜身热,不恶寒反恶热,口干,舌红,苔黄燥,脉象洪大,有时出汗。

本方是清法的代表方剂、基础方、常用方,清热力强,应以身大热,汗大出,口大渴,脉洪大为证治要点。感染性疾病,如大叶性肺炎、流行性乙型脑炎、流行性感冒、牙龈炎等具有气分热盛,或阳明经证者,均可以此为基础立方。对于一些病情复杂,原因难明的发热之症,倘有自虎汤见证,给予本方治疗,常可获顿挫热势,祛邪护津之效。

二、犀角地黄汤《备急千金要方》

组成：犀角 10 g（或水牛角 100 g）、生地 150 g、芍药 60 g、牡丹皮 45 g。

用法：水牛角镑片先煎，后下余药，煎汤去渣灌服，或为末，开水冲调，候温灌服。

功能与主治：清热解毒，凉血散瘀。主治温热病之血分证或热入血分。

主证：证见发热躁狂，吐衄便血，发斑，舌绛而干，脉细数。

本方为治疗热入血分的代表方剂。凡温热病热入血分而呈现发热、舌绛、发斑、或衄血、尿血、便血等症状者，可酌情加减应用。兼有鼻衄者，加茅根、侧柏叶以凉血止血；便血者，加地榆、槐花以清肠止血；尿血者，加茅根、小蓟以通淋止血；心火盛者，加黄连、栀子以清心泻火。

三、黄连解毒汤《肘后方》

组成：黄连 45 g、黄芩、黄柏各 30 g、栀子（四十枚）45 g。

用法：水煎去渣，候温灌服，或为末，开水冲调，候温灌服。

功能与主治：清热解毒。主治三焦火毒热盛证。

主证：患畜表现大热，或热甚发斑，或热病吐血，衄血；或疮黄疔毒，小便黄赤，舌红苔黄，脉数有力。

本方为清热解毒的常用方和基础方，适用于火热壅盛于三焦诸证。凡急性热性病、败血症、脓毒败血症、痢疾、肠炎、肺炎等属于火毒炽盛者，均可酌情加减应用。疮黄疔毒多由热毒内蕴、气血瘀滞而成；且"诸痛疮疡，皆属于心。"本方解热毒而泻心火，故亦可用于疮黄疔毒，既可内服，又可外敷。兼有便秘者，加大黄、芒硝以泻下焦实热；瘀热发黄者，加茵陈、大黄，以清热祛湿退黄；若小便短赤不利，加滑石、车前子、金钱草等利尿通淋；患有痢疾且表现为里急后重者，加槟榔、白芍、木香等行气止痛；如果为疔疮肿毒，则加蒲公英、金银花、连翘等增强清热解毒，消肿散结的作用。

四、消黄散《元亨疗马集》

组成：知母、黄药子、白药子、栀子、黄芩、大黄、甘草、贝母、连翘、黄连、郁金、芒硝各等份（各 25 g）。

用法：为末，开水冲调，候温灌服（原方为末，每服二两，蜜一两，鸡蛋清一双，浆水同调灌之）。

功能与主治:清热泻火,凉血解毒。主治火热壅盛,气促喘粗,疮黄肿毒。

主证:大热,气促喘粗,口舌生疮,粪干尿赤,肌肉生疮。

本方凡属火热内实,疮黄肿毒,肺热气喘等,均可酌情应用。临床上可用于加减治疗奶牛乳房炎。

五、公英散《中兽医治疗学》

组成:蒲公英 30 g、金银花 24 g、连翘 18 g、丝瓜络 10 g、通草 12 g、木芙蓉 15 g、穿山甲 12 g,《兽药典》中以浙贝易穿山甲。

用法:为末,分两次拌饲内喂或水调灌服。

功能与主治:清热解毒,通络消肿。主治猪乳痈初起。

主证:猪乳房发红肿胀、疼痛拒按,兼有发热症状。

为治疗乳痈的良好方剂。凡急性乳腺炎红肿热痛者,可酌情应用本方。

六、泻心汤《活兽慈舟》

组成:黄连 30 g、大黄 45 g、石膏 200 g、黄芩、芍药各 45 g,竹茹 15 g,灯心草 10 g,车前子 60 g。

用法:为末,开水冲调,候凉灌服,或煎汤灌服。

功能与主治:清热解毒,泻心火。主治牛心火舌疮。

主证:患畜舌肿胀疼痛,或木硬难卷,或溃烂生疮。

本方所治木舌、舌黄、舌癣、舌疮、舌烂等病,应属心经热盛,火毒上炎于舌所致。凡各种舌炎,火毒炽盛者均可酌情应用。应用时若竹茹改为竹叶,上清下导,更为合适。

七、清肺散《元亨疗马集》

组成:板蓝根 90 g,甜葶苈 60 g,贝母、桔梗各 30 g,甘草 25 g。

用法:为末,开水冲调,候凉灌服(原方为末,每服两半,蜜一两,糯米粥一碗,酥油一两,小便半盏,同和灌之)。

功能与主治:清肺平喘。主治马肺热喘。

主证:气促喘粗,或有咳嗽,呼气热,口色红,脉洪数。

《牛经大全》中的白矾散(白矾、贝母、黄连、白芷、郁金、黄芩、大黄、甘草、葶苈子、蜂蜜、猪油为引,主治牛肺热气喘),与本方大同小异。据报道,用白矾散加减治疗牛、马气滞肺胀症 29 例,疗效确实(《中兽医科技资料选辑》,第一集)。

八、苇茎汤《备急千金要方》

组成：苇茎 500 g、薏苡仁 120 g、冬瓜仁 120 g、桃仁(30 枚)60 g。

用法：煎汤去渣，候温灌服或苇茎煎汤，其他药为末，用汤冲服药末。

功能与主治：清肺化痰，逐瘀排脓。主治肺痈。

主证：身有微热，咳嗽痰多，鼻脓腥臭，或带血丝，呼吸喘促，舌红苔黄，脉滑数。

本方从唐代至今，一直作为治疗肺痈(肺脓疡)的常用方。以胸痛，咳嗽，吐腥臭痰或吐脓血，舌红苔黄，脉数为证治要点。历代医家对本方评价很高。《金匮要略心典》说："此方具下热结通瘀之力，而重不伤峻，缓不伤懈，可以补桔梗汤、桔梗白散两方之偏，亦良法也。"其中的桔梗汤由桔梗、甘草二味组成；桔梗白散由桔梗、巴豆、贝母三味组成；均见于《伤寒论》。本方亦可用于治疗支气管炎、大叶性肺炎、胸膜炎等。临证时，苇茎多以芦根代替。苇茎汤加味治疗牛肺部感染。

九、白头翁汤《伤寒论》

组成：白头翁 60 g、黄柏 45 g、黄连 30 g、秦皮 45 g。

用法：煎汤去渣，候温灌服或为末，开水冲调，候温灌服。

功能与主治：清热解毒，凉血止痢。主治痢疾。

主证：患畜表现泻痢如脓血，赤多白少，排粪黏滞不爽，里急后重，腹痛，舌红苔黄，脉数。

本方为治疗热毒血痢之常用方。现在常用于治疗细菌性痢疾和阿米巴痢疾。若外有表邪，恶寒发热者，加葛根、连翘、银花以透表解热；里急后重较甚，加木香、槟榔、枳壳以调气；脓血多者，加赤芍、丹皮、地榆以凉血、和血；夹有食滞者，加焦山楂、枳实以消食导滞。治疗犊牛慢性腹泻有良好疗效。

十、通肠芍药汤《牛经备要医方》

组成：大黄 30 g，槟榔 25 g，山楂 45 g，枳实 18 g，赤芍药 30 g，木香 18 g，黄芩 30 g，黄连 10 g，玄明粉 30 g。

用法：煎汤去渣，候温灌服，或为末，开水冲调，候温灌服。

功能与主治：清热泻火，导滞止痢。主治牛热毒痢疾。

主证：患畜排便不畅，下痢赤白，鼻镜干，口色红，脉数。

原方治"牛患痢疾。由于痧秽暑毒内伏五脏，至夏末秋初而发。其症欲泻不泻，点滴难出，一日或十余次，或数十次。所下之物，其色赤白，或如粉红色。其牛水草不食,肚腹硬满"。

十一、龙胆泻肝汤《医方集解》

组成:龙胆草 30 g、柴胡 30 g、泽泻 60 g、车前子 45 g、木通 30 g、生地黄 45 g、当归尾 25 g、栀子 30 g、黄芩 45 g、甘草 15 g。

用法:煎汤去渣,候温灌服或为末,开水冲调,候温灌服。

功能与主治:泻肝胆实火,清肝经湿热。主治肝火上炎或湿热下注。

主证:患畜目赤肿痛、耳肿、耳聋;或尿水淋浊、阴肿、带下等症状。

适用于肝胆实火上炎或湿热下注所致的各种病症。凡急性结膜炎、急性黄疸型肝炎、急性胆囊炎、泌尿生殖系统炎症、急性肾盂肾炎、急性膀胱炎、尿道炎、外阴炎、睾丸炎、腹股沟淋巴腺炎、急性盆腔炎、带状疱疹等属于肝胆实火或湿热者,均可加减应用。主治目赤肿痛,淋浊,带下。

十二、香薷散《元亨疗马集》

组成:香薷、黄芩、黄连、甘草、柴胡、当归、连翘、天花粉、山栀子各等份(各 25 g)。

用法:为末,开水冲调,候温灌服(原方为末,每服二两,浆水半升,童便半盏同调,草饱灌之)。

功能与主治:清热解暑。主治中暑或伤暑。

主证:患畜表现身热,喜阴凉,精神倦怠,或头低眼闭,行立如痴,卧多立少,口色鲜红,脉象洪数。

奶牛中暑,可选用《牛经备要医方》中的清暑香薷饮(藿香、滑石、陈皮、香薷、青蒿子、佩兰叶、杏仁、知母,生石膏,水煎去渣,候凉灌服)。此方与香薷散比较,于清热解暑之中,兼能化湿利气,药性偏于辛散。《抱犊集》中的清暑散(香薷、扁豆、麦冬、薄荷、木通、牙皂、藿香、茵陈、白菊、金银花、茯苓、甘草、人参叶)亦可用于牛中暑。除清热解暑之外,并有通窍醒神作用。

第三节　解表剂

解表剂是以解表药为主组成,具有发汗、解表、透疹等作用,用以解除表症的方剂。在八法中属于"汗法"。《素问》中说:"其在皮者,汗而发之","因其轻而扬之";《三农纪》中说:"中风者散之,感寒者表之"等,就是这类方剂的立法原则。如果失时不治,或治不得法,病邪不从外解,转而深入,必变生他证。故《素问·阴阳应象大论》说:"善治者,治皮毛,其次治肌肤,其次治筋脉,其次治六腑,其次治五脏,治五脏者,半死半生也。"由此可知,汗法居八法之首,有其深意。

解表剂中药物多为辛散轻扬之品,不宜久煎,以免药性耗散,降低疗效。解表发汗应适可而止,因为"血汗同源","津血同源",汗出过多则耗津伤液,损伤阳气。患畜服药后宜就暖圈,避风寒,必要时可覆盖棉被,以助药效。解表剂只适用于表症,若表邪未尽,又见里症,可以先解表,后攻里,或表里双解。对于邪已入里,或麻疹已透,疮疡已溃,虚症水肿,吐泻失水,失血等均不宜使用。

一、麻黄汤《伤寒论》

组成:麻黄去节 45 g、桂枝 30 g、杏仁(去皮尖 70 个)45 g、炙甘草 15 g。

用法:为末,开水冲调或加水煎,去渣,候温灌服。

功能与主治:发汗解表,宣肺平喘。主治外感风寒表实症。

主证:证见恶寒发热,精神短少,弓腰,无汗而喘,舌苔薄白,脉浮紧。

本方主要适用于外感风寒表实症。现代临床上多用于治疗感冒、支气管炎、流感、支气管哮喘等病属于风寒表实症者。

二、桂枝汤《伤寒论》

组成:桂枝 45 g、芍药 45 g、炙甘草 30 g、生姜 45 g、大枣(12 枚)20 g。

用法:为末,开水冲调,候温灌服,或适当加大剂量水煎,去渣,候温灌服。

功能与主治:解肌发表,调和营卫。主治外感风寒表虚症。

主证:证见发热,汗出恶风,舌苔薄白,脉浮缓。

本方为治疗外感风寒表虚症的基础方,又是调和营卫、调和阴阳治法的代表方。临床应用以恶风,发热,汗出,脉浮缓为辨证要点。凡感冒、流感(尤其体质虚弱者)、产后及病后的低热、心脏病、肾炎、原因不明的自汗盗汗(植物神经功能紊乱)及妊娠呕吐、多形红斑、冻疮、荨麻疹等症属营卫不和者均可用本方加减治疗。

三、荆防败毒散《中华人民共和国兽药典》

组成:荆芥 45 g、防风 30 g、羌活 25 g、独活 25 g、柴胡 30 g、前胡 25 g、枳壳 30 g、茯苓 45 g、桔梗 30 g、川芎 25 g、甘草 15 g、薄荷 15 g。

用法:为末,开水冲调,候温灌服或煎汤服。

功能与主治:辛温解表,疏风祛湿。主治外感风寒挟湿证。

主证:患畜表现恶寒颤抖,皮紧肉硬,牵行懒动,发热无汗,流清涕,舌苔薄白,脉浮。

本方用于外感风寒挟湿证。治疗奶牛外感风寒挟湿证具良好效果。

四、桑菊饮《温病条辨》

组成：桑叶 40 g、菊花 30 g、杏仁 30 g、桔梗 30 g、连翘 30 g、薄荷 15 g、甘草 15 g、苇根 30 g。

用法：为末，开水冲调，候温灌服或煎汤灌服。

功能与主治：疏散风热，宣肺止咳。主治风温初起或风热咳嗽。

主证：证见咳嗽，身热不甚，口微渴，脉浮数。

本方用于治疗风温初起，患畜咳嗽较重或以咳嗽为主证的病症。凡感冒、咽喉炎、急性支气管炎等初起而见有风热表症者，均可使用本方加减治疗。治牛风热咳嗽、牛流行热。

五、发汗散《牛经大全》

组成：升麻 20 g、当归 30 g、川芎 30 g、葛根 20 g、麻黄 25 g、芍药 20 g、人参 30 g、紫荆皮 15 g、香附 15 g。

用法：为末，开水冲调，候温灌服或煎汤灌服。

功能与主治：发散风寒，补气和血。主治牛体虚外感风寒症。

主证：恶寒发热，身颤肢冷，鼻流清涕，咳嗽，体质瘦弱，倦怠无力，脉浮。

本方乃为牛体素虚复感风寒症而设。对于牛体虚内伤，气血不足之风寒感冒者，可用本方加减使用。

第四节　泻下剂

泻下剂是以泻下药为主组成，具有通导大便，排出胃肠积滞，荡涤实热，攻逐水饮等作用，用以治疗里实症的方剂。

泻下剂大多药性峻猛，凡孕畜、产后、老弱病畜以及伤津亡血者，均应慎用，必要时，可考虑攻补兼施，或先攻后补。对于表症未解，里实未成者，不宜使用泻下剂。如表症未解而里实已盛，宜先解表，后治里，或表里双解。又因泻下剂易伤胃气，故应得效即止，切勿过投。正如《活兽慈舟》中说："此下行凉药，不可太多，多则误事。如大便已通，则药即止，随后用药扶助壮益，须量病情，务观虚实，则无不效耳。"

一、大承气汤《伤寒论》

组成:大黄 60 g、厚朴 30 g、枳实 30 g、芒硝 250 g。

用法:水煎(大黄后下)去渣,加芒硝溶化,候温灌服或研末冲服。

功能与主治:峻下热结。主治阳明腑实症、热结胃肠。

主证:粪便秘结,肚腹胀满,二便不通,口干舌燥,苔厚脉沉。

本方适用于阳明腑实症,患畜主要表现为实热便秘。如《猪经大全》中治"猪瘟疫火热内实"的处方(生大黄四两,芒硝三合、小枳实五合、厚朴一两,四味共煎)即为本方。凡急性胃扩张、便秘、瘤胃积食、胃肠积滞、瓣胃阻塞,以及急性菌痢、胃肠炎初期,泻而不畅、腹痛、里急后重者,均可酌情选用本方加减治疗。

二、猪膏散《元亨疗马集》

组成:滑石 60 g、牵牛子 30 g、粉甘草 25 g、川大黄 60 g、官桂 15 g、甘遂 25 g、大戟 25 g、续随子 30 g、白芷 10 g、地榆皮 60 g、猪脂 250 g。

用法:前 10 味药为末,开水冲服,或稍煎,加猪脂、蜂蜜适量,候温灌服。

功能与主治:峻逐滑泻,润下通便。主治牛百叶干。

主证:身瘦毛枯,食欲、反刍停止,腹缩粪紧,鼻镜无汗,口色淡红,脉象沉涩等。

本方除治疗牛瓣胃阻塞(百叶干)外,对瘤胃积食、便秘等症也有较好的效果。张金生等用猪膏散加减治牛真胃积沙 22 例,治愈率达 80% 以上。具体为猪板油 500 g,榆白皮 200 g,大黄 60 g,牵牛、黄芩、滑石各 30 g,续随子 25 g,大戟、甘遂各 20 g,白芷、桂皮各 15 g,甘草 10 g,蜂蜜 100 g。用法:上药为末,用开水 2 kg 冲烫,温后加猪油、蜂蜜灌服后,牵牛慢步行走 1 h,禁喂草料(《福建畜牧兽医》2000 年,第 3 期)。

三、当归苁蓉汤《中兽医治疗学》

组成:全当归(麻油炒)120～250 g、肉苁蓉(黄酒浸蒸)90～120 g、番泻叶 30～60 g、广木香 10～15 g、川厚朴 20～30 g、炒枳壳 30～60 g、醋香附 30～60 g、瞿麦 12～18 g、通草丝 10～15 g、炒神曲 60 g、麻油 250 g。

用法:为末,开水冲服,或文火煎汤,入麻油,候温灌服。

功能与主治:润燥滑肠,理气,通便。主治老弱、久病、体虚患畜之便秘。

主证:肠燥便秘,粪干难下。

治疗黄牛真胃阻塞 124 例,治愈 107 例,治愈率 86.3%,治疗时间 4～10 天,平均 7 天,有较好效果。

四、大戟散《元亨疗马集》

组成:大戟 25 g、滑石 60 g、牵牛子 45 g、甘遂 25 g、黄芪 45 g、巴豆霜 5 g、大黄 60 g、芒硝 100 g、猪脂 150 g。

用法:前 8 味药为末,开水冲服,或煎汤去渣,加猪脂,候温灌服。

功能与主治:逐水峻下。主治牛水草肚胀。

主证:宿草不转,肚腹胀满,二便不通等。

本方适用于湿滞互结、小便不利、大便难下的水肿胀满之症。凡牛瘤胃积食、牛前胃弛缓、牛羊瘤胃臌胀、瓣胃阻塞等疾患属于实症者,均可酌情使用本方加减治疗。但本方药性峻猛,应用时必须严加注意,年老、体弱、胎前产后患畜一般禁用。

第五节　消导剂

消导剂是以消导药为主组成,具有消食导滞、消痞化积作用,用以治疗草料停滞,食积不消等病症的方剂。本类方剂依据《内经·至真要大论》"坚者削之"、"结者散之"、"留者攻之"的原则立法,属于"八法"中的"消"法范畴。《医学心悟》中云:"消者,去其壅也。脏腑、经(原文为筋)络、肌肉之间,本无此物而忽有之,必为消散,乃得其平。"由此可知,消法的应用范围比较广泛,凡由气、血、痰、食等壅滞而成的积滞痞块,均可用之。但本节仅介绍消食导滞方面的方剂,余者可参看理气、理血、祛湿、化痰等节。

食滞每致气机不畅,又可化热生痰,故使用本类方剂时常须配伍行气、清热,化痰等药物。

一、健脾丸《证治准绳》

组成:党参 30 g、白术 30 g、茯苓 30 g、炙甘草 15 g、山药 30 g、神曲 30 g、麦芽 25 g、山楂 25 g、砂仁 20 g、木香 20 g、陈皮 25 g、肉豆蔻 25 g、黄连 25 g。

用法:共为末,水泛为丸,或煎汤去渣,候温灌服。

功能与主治:健脾益气,消积化滞。主治脾虚泄泻兼有食积之症。

主证:草料迟细,体瘦毛焦,倦怠肯卧,肚腹虚胀,粪稀,口色淡黄,舌苔白,脉缓弱。

凡慢性消化不良性便溏又兼食积者,均可应用。

二、消积散《中华人民共和国兽药典》二部(1990 年版)

组成:炒山楂 15 g、麦芽 30 g、神曲 15 g、炒莱菔子 15 g、大黄 10 g、玄明粉 15 g。

用法:为末,开水冲调,候温灌服。

功能与主治:消积导滞,下气消胀。主治猪伤食积滞。

主证:不食,肚腹胀满,嗳气酸臭,腹痛起卧,粪干或泄泻,矢气酸臭,口色深红而燥,苔厚腻,脉滑实。

本方适用于因喂饮过多所致伤食积滞。证见精神不振,食欲减少或停止,腹部胀满,立卧不安,呼吸加快,有时呕吐、嗳气并带有酸臭味,重者肚腹疼痛。牛、羊等消化不良,料伤不食或少食者也可选用本方加减治疗。

三、曲蘖散《元亨疗马集》

组成:神曲 60 g、麦蘖 45 g、山楂 45 g、甘草 15 g、厚朴 25 g、枳壳 25 g、陈皮 25 g、青皮 25 g、苍术 25 g。

用法:为末,入麻油 60 mL,生萝卜(捣烂)一个,开水冲调,或煎汤去渣,候温灌服。

功能与主治:消食导滞,化谷宽肠。

主证:精神倦怠,闭眼头低,拘行束步,四足如攒,口色鲜红,脉洪大。

本方治疗料伤证,患畜表现食欲减少或废绝,肚腹胀满,嗳气酸臭,舌红苔厚,拘行束步,四足如攒。治疗牛原发性前胃弛缓、牛瘤胃积食等。

四、枳术丸《脾胃论》

组成:麸炒枳实 30 g、白术 60 g。

用法:共为末,糊丸,或煎汤去渣,候温灌服。

功能与主治:健脾消痞。主治脾虚气滞,饮食停聚之证。

主证:草料迟细,体瘦毛焦,倦怠肯卧,肚腹虚胀,粪稀,口色淡黄,舌苔白,脉缓弱。

本方适用于治疗脾胃虚弱,饮食停滞之证。凡消化不良、草料停滞、慢性胃肠炎等证,见有肚腹痞满,不思饮食者,均可用本方加减治疗。临床上可用于治疗牛瘤胃臌胀。

五、保和丸《丹溪心法》

组成：山楂 180 g、神曲 60 g、半夏 90 g、茯苓 90 g、陈皮 30 g、连翘 30 g、萝卜籽 30 g。

用法：共为末，水泛为丸，或煎汤去渣，候温灌服。

功能与主治：消食和胃。主治食滞。

主证：不食，肚腹胀满，嗳气酸臭，甚至呕吐，粪干或泄泻，矢气酸臭，口色深红而燥，苔厚腻，脉滑实。

本方为治疗一切食积的基础方。由于消食化积作用平和，故适用于食积轻症。凡急、慢性胃肠炎，伴有肚腹胀满，食欲减退，嗳气酸臭，舌苔厚腻，脉滑等临床症状者可用本方加减治疗。主治牛食积下泄证。

第六节　和解剂

和解剂是以疏畅、调和的药物为主组成，具有和解少阳、调和脏腑等作用，适用于治疗少阳病、肝脾不和等病症的方剂。本类方剂属于"八法"中的"和"法的范畴。其立法依据正如《伤寒明理论》中说："伤寒邪在表者，必渍形以为汗；邪气在里者，必荡涤以为例。其于不外不内，半表半里，既非发汗之所宜，又非吐下之所对，是当和解则可矣。小柴胡为和解表里之剂也。"程钟龄亦云："伤寒在表者可汗，在里者可下，其在半表半里者，唯有和之一法焉。"

和解剂主要适用于邪在少阳，肝脾不和等病症；凡邪在肌表，未入少阳，或表邪已入里者，均不宜使用和解剂。因病邪在表，误用和解剂，则可引邪入里，如病邪已入里化热，误用本品，则病邪非但不解，反而延误病情。

一、小柴胡汤《伤寒论》

组成：柴胡 45 g、黄芩 45 g、人参 45 g、炙甘草 30 g、生姜（切）45 g、大枣 12 枚、半夏（洗）45 g。

用法：水煎去渣，或研末开水冲调，候温灌服。

功能与主治：和解少阳，和胃降逆。主治少阳病，肝脾不和。

主证：寒热往来，饥不饮食，口津少，反胃呕吐，脉弦虚。

临床应用：感冒、流感、急性支气管炎、肺炎、胸膜炎、肝炎、黄疸、胃炎、急性胃肠炎、肾炎、乳房炎以及产后诸疾等疾患而见有往来寒热者，均可酌情用本方加减治疗。可用于治疗牛的产后发热、肝胆瘀滞等症。

二、大柴胡汤《金匮要略》

组成:柴胡15 g、黄芩9 g、芍药9 g、半夏9 g、生姜15 g、枳实9 g、大枣4 枚、大黄6 g。

用法:水煎去渣,或研末开水冲调,候温灌服。

功能与主治:和解少阳,内泻热结。主治少阳阳明合病。

主证:往来寒热,胸胁苦满,呕不止,郁郁微烦,心下痞硬,或心下满痛,大便不解或协热下利,舌苔黄,脉弦数有力。

本方系小柴胡汤去人参、甘草,加大黄、枳实、芍药而成,较小柴胡汤专于和解少阳一经者力量为大,故名"大柴胡汤",治疗牛外感后持续高热症,水煎灌服,2 剂可愈。

三、逍遥散《和剂局方》

组成:炙甘草 20 g、当归(微炒)45 g、茯苓 45 g、芍药 45 g、白术 45 g、柴胡45 g、薄荷 10 g、生姜 10 g。

用法:水煎去渣,或研末开水冲调,候温灌服。

功能与主治:疏肝解郁,健脾养血。主治肝郁血虚,肝脾不和。

主证:口干食少,神疲力乏,或寒热往来,舌淡红,脉弦虚。

本方系四逆散(炙甘草、枳实、柴胡、芍药,《伤寒论》)衍化而成。用于治疗"血虚肝郁"证,而在临床上不论是"肝郁血虚"或是"血虚肝郁",证见口干,食欲减少,或见寒热往来,舌稍红,脉弦而虚属于肝脾不和者可酌情应用本方。凡肝脏疾患、胃炎、母畜性周期不调、奶牛乳房肿块等疾患而有上述见证者,均可用本方加减治疗。

四、白术芍药散《景岳全书》

组成:炒白术 60 g、炒白芍 45 g、炒陈皮 45 g、防风 45 g。

用法:水煎去渣,或研末开水冲调,候温灌服。

功能与主治:疏肝补脾。主治肝郁脾虚之泄泻。

本方为治肝脾不和之泄泻腹痛的常用方。凡消化不良、慢性肠炎、急性胃肠炎、急性菌痢等疾患而见肠鸣腹痛、大便泄泻,泻后腹痛不止,精神不安,舌苔薄白,脉弦而缓者,均可用本方加减治疗。方中之防风有疏风解表作用,故本方亦治痛泻兼有外感风寒者。临床上可用于治疗奶牛肝脾不和型的泄泻证,该证多呈慢性经过。

第七节　温里剂

温里剂是以温热药为主组成,具有温中除寒、回阳救逆等作用,能除脏腑经络间寒邪,用于治疗里寒症的方剂。里寒症究其成因,不外寒邪直中和寒从内生两方面。由于里寒症的轻重不同,所伤之处不尽相同。

温里剂中药味大多辛温燥热,仅适用于里寒症和真寒假热症,切切不可用于热症和真热假寒症。临床应用亦不可过量或长期服用,以免伤阴耗血助热,应中病即止。此外,还应根据季节、气候、地区差异,适当加减方中的药味和药量,以适应不同病情。

一、桂心散《元亨疗马集》

组成:桂心 20 g、青皮 20 g、白术 25 g、厚朴 20 g、益智仁 20 g、干姜 25 g、当归 20 g、陈皮 25 g、砂仁 20 g、甘草 15 g、五味子 15 g、肉豆蔻 20 g。

用法:研末开水冲调,或水煎去渣,候温灌服。

功能与主治:温中散寒,理气健脾。主治脾胃寒伤。

主证:冷肠泄泻,胃寒草少,伤水腹痛,证见鼻寒耳冷,口流清涎,不思水草,或泄泻或腹痛,口色淡白,脉沉迟等证。

本方为脾胃寒伤证而设。凡冷肠泄泻,胃寒草少,伤水腹痛,证见鼻寒耳冷,口流清涎,不思水草,或泄泻或腹痛,口色淡白,脉沉迟等临床症状者,均可用本方加减治疗。主治牛冷痛(冷水伤脾,脾气痛或痉挛性腹痛)。

二、巴戟散《元亨疗马集》

组成:巴戟天 30 g、小茴香 30 g、槟榔 12 g、肉桂 25 g、陈皮 25 g、煨肉豆蔻 20 g、肉苁蓉 25 g、川楝子 20 g、补骨脂 30 g、葫芦巴 30 g、关木通 15 g、青皮 15 g。

用法:为末,开水冲调,候温灌服,或煎汤服。

功能与主治:补肾壮阳,祛寒止痛。主治腰胯风湿。

主证:腰胯疼痛,后腿难移,腰脊僵硬等。

本方适用于肾阳虚衰所引起的腰胯风湿,腰胯疼痛,后腿难移,腰脊僵硬等症。

三、参附汤《校注妇人良方》

组成:人参 60 g、炮附子 45 g。

用法:水煎去渣,候温灌服。

功能与主治:回阳,益气,救脱。主治元气大亏,阳气暴脱。

主证:四肢逆冷,神昏气短,汗出脉微等。

本方为大温大补、回阳固脱的代表方剂。适用于各种家畜阳气暴脱之证,证见四肢逆冷,神昏气短,汗出脉微等。临证中,心力衰竭、休克、虚脱等属于阳气暴脱者,可酌情应用本方治疗。

四、四逆汤《伤寒论》

组成:炙甘草 60 g、干姜 45 g、附子 45 g。

用法:加水久煎,去渣,候温或凉灌服。

功能与主治:回阳救逆。主治少阴病、全身虚寒症及亡阳虚脱证。

主证:四肢厥冷(四逆)、口色淡青,脉沉微细等。临床上凡休克、心力衰竭、急慢性肠炎、久泻,或急病大汗以及肺炎脱水所致的虚脱,血压下降等。

中药加味四逆汤对于轻型生产瘫痪具有较好的效果。该方可以兴奋心脏、促进血液循环而有回阳救逆功效。

五、当归四逆汤《伤寒论》

组成:当归 45 g、桂枝 45 g、芍药 45 g、细辛 30 g、炙甘草 30 g、木通 30 g、大枣 25 枚。

用法:水煎去渣,候温灌服。

功能与主治:温经散寒,养血通脉。主治血虚受寒。

主证:患畜表现四肢厥冷,口色淡,脉微细。

本方既能养血通脉,又能温经散寒,主要用于血虚有寒的四肢厥冷、肢体痹痛等证。

第八节　理气剂

理气剂是以理气药为主组成,具有舒畅气机,调理脏腑等作用,用以治疗气机不畅的方剂。

理气剂多辛温香燥,容易伤津耗气,应适可而止,勿使过量;临证应用时,还应注意分辨病情的寒热虚实与有无兼挟。实症宜行气、虚症宜补气。虚实兼见宜行气兼补气,以虚实并调,标本兼顾。此外,气滞又有夹食积、痰湿、血瘀等的不同,故应随证加减,灵活配伍。

一、三香散《中华人民共和国兽药典》二部(1990 年版)

组成:丁香 25 g、木香 45 g、藿香 45 g、青皮 30 g、陈皮 45 g、槟榔 15 g、牵牛子 45 g。

用法:为末,开水冲调或水煎去渣,候温加麻油 250 g,童便 250 mL 为引灌服。

功能与主治:破气消胀,宽肠通便。主治胃肠臌气。

主证:腹痛、起卧不安、肚胀、叩之呈鼓音,呼吸迫促等。

本方适用于治疗牛瘤胃臌气等。

二、和气饮《牛经备要医方》

组成:广木香 30 g、陈皮 60 g、麦芽 90 g、木通 60 g、川芎 30 g、淡豆豉 90 g、桔梗 30 g、车前子 90 g、柴胡 30 g、葱头 20 枚、陈酒 300 mL。

用法:水煎去渣,候温灌服。

功能与主治:理气和胃。主治牛热病后脾胃不和。

主证:草料减少,肚腹胀满等。

由于牛的胃腑容量很大,在外感热病及其他疾病过程中,极易导致胃腑滞胀。本方就是根据这一特点拟定的。其实,本方不仅适用于热病后食呆纳减,也可用于脾胃自身不调所呈现的胀滞诸证。

三、苏子降气汤《和剂局方》

组成:苏子 40 g、制半夏 35 g、前胡 30 g、橘皮 25 g、肉桂 20 g、厚朴 30 g、当归 30 g、生姜 20 g、炙甘草 15 g(一方去肉桂加沉香)。

用法:水煎去渣,候温灌服。

功能与主治:降气平喘,温化寒痰。主治上实下虚之咳喘证。

主证:证见痰涎壅盛,喉内痰鸣,舌苔白滑等。

本方用于慢性气管炎、支气管哮喘、轻度肺气肿,属痰涎壅盛,肾气不足者。

第九节　理血剂

理血剂是以理血药为主组成,具有调理血脉作用,用以治疗血分病症的方剂。血分病症包括血瘀、血溢及血虚三类。血虚宜补血,治疗将在补虚剂中叙述。本节讨论的方剂,一是治疗血瘀的活血祛瘀剂;二是治疗血溢的止血剂。

血证病情复杂,除有寒热虚实之分外,还有轻重缓急之别。临证时必须分清致病原因和标本缓急,做到急则治其标,缓则治其本,或标本兼治;逐瘀剂属于攻伐之剂,逐瘀过猛易伤正气,故常在此类方剂中配伍扶正补虚药,使瘀消而不伤正;止血过急,易于留瘀,故于止血剂中常配伍活血祛瘀药,可防血止留瘀。此外,血与气的关系密切,气为血帅,气行则血行,气滞则血瘀,故于逐瘀剂中常配行气药与补气药以助血行。活血祛瘀剂性多破泄,具有行瘀破血之功,故对血虚而无瘀及孕畜均应慎用或禁用。

一、定痛散《元亨疗马集》

组成:全当归 30 g、鹤虱 30 g、乳香 20 g、没药 20 g、血竭 20 g、红花 30 g。

用法:为末,开水冲调或水煎去渣,候温,加白酒 100 mL,童便 250 mL 为引,灌服。

功能与主治:活血祛瘀,消肿止痛。主治跌打损伤,筋骨疼痛。

凡跌打损伤,筋骨疼痛,局部瘀血肿胀,关节屈伸困难及跛行等,可用本方加减治疗。

二、桃花四物汤《医宗金鉴》

组成:桃仁 40 g、红花 30 g、当归 40 g、赤芍 40 g、川芎 20 g、生地 60 g。

用法:水煎去渣,候温灌服。

功能与主治:活血祛瘀,通经止痛,主治各种原因所致的瘀血证。

本方适用于各种家畜各种原因所致的瘀血证。用桃红四物汤治疗乳牛的胎衣不下,一般服用 2~3 剂,胎衣即可自行完整地排出。

三、红花散《元亨疗马集》

组成:红花 40 g、当归 30 g、没药 30 g、血竭 30 g、茴香 30 g、川楝子 20 g、巴戟天 30 g、枳壳 25 g、木通 20 g、乌药 20 g、藁木 20 g、黄酒 250 mL、飞盐 30 g。

用法:为末,开水冲调或水煎去渣,候温加酒、盐灌服。

功能:活血祛瘀,理气止痛。主治跌打损伤、闪伤腰胯痛。

具有活血理气、消食化积之功效。主治料伤五攒痛(蹄叶炎)。

四、当归散《元亨疗马集》

组成:枇杷叶 20 g、黄药子 25 g、天花粉 30 g、牡丹皮 25 g、白药子 25 g、白芍药 20 g、红花 20 g、桔梗 15 g、当归 30 g、甘草 15 g、没药 20 g、大黄 20 g。

用法:为末,开水冲调或水煎去渣,候温加童便 250 mL 灌服。

功能:活血止痛,宽胸理气。主治马胸膊痛。

本方适用于马胸膊痛,症见"胸疼膊痛,束步难行,频频换脚,站立艰辛。"牛因跌打损伤所致的肩周肌群、神经、胸膜及肺脏的功能障碍等疾患,可用本方加减治疗。

五、益母生化散《中华人民共和国兽药典》二部(1990 年版)

组成:益母草 120 g、当归 75 g、川芎 30 g、桃仁 30 g、炮干姜 15 g、炙甘草 15 g。

用法:为末,开水冲调或水煎去渣,候温灌服。

功能与主治:活血祛瘀,温经止痛。主治产后恶露不行,血瘀腹痛。

本方主要适用于产后恶露不行,瘀血内阻所致的腹痛;酌情加减后可用于治疗卵巢硬肿、产后子宫复旧不良、胎衣不下、产后子宫出血、产褥热等疾患。

六、失笑散《和剂局方》

组成:五灵脂 60 g、炒蒲黄 60 g。

用法:为末,开水冲调,候温加黄酒或醋为引灌服。

功能与主治:活血祛瘀,散结止痛。主治瘀血停滞疼痛。

本方是治疗血瘀作痛的常用方。一切瘀血积滞作痛,产后恶露不行,肚腹疼痛等证均可用本方加减治疗。

七、槐花散《普济本事方》

组成:炒槐花 30 g、侧柏叶 30 g、荆芥穗 30 g、炒枳壳 30 g。

用法:为末,开水冲调,候温灌服,亦可煎汤灌服。

功能与主治:清肠止血,疏风行气。主治肠风便血。

本方主要适用于肠风便血,凡慢性肠炎、慢性痢疾、大肠出血等病症伴有便血鲜红者,均可用本方加减治疗。临床上可用于治疗牛出血性肠炎。

第十节　祛痰止咳平喘剂

祛痰止咳平喘剂是以祛痰、止咳、平喘药物为主组成。具有消除痰涎、缓解或制止咳喘作用。用以治疗肺经疾病的方剂。

咳嗽与痰、喘在病机上关系密切,咳嗽易挟痰,而痰多亦致咳嗽,久咳则肺气上逆而作喘,三者在病机上可互为因果,在治则上咳嗽兼痰涕者,用祛痰止咳剂;喘者用平喘剂。咳喘者临证兼顾施方。

一、止嗽散《医学心悟》

组成:桔梗 30 g、荆芥 30 g、紫菀 30 g、百部 30 g、白前 30 g、陈皮 20 g、甘草 15 g。

用法:为末,开水冲调,候温灌服。

功能与主治:止咳化痰,宣肺疏表。主治外感咳嗽。

本方主治家畜外感咳嗽,症见咳嗽频,流涕,喉头敏感,舌苔淡白,兼有恶寒者,如表症较重,可用苏叶、生姜以散表邪;湿重痰多加半夏、茯苓以燥湿化痰;热邪伤肺之咳加天花粉、黄芩、栀子以清肺热。临床上用于治疗奶牛犊外感咳嗽。

二、麻杏甘石汤《伤寒论》

组成:麻黄 30 g、杏仁(50 个)45 g、炙甘草 30 g、石膏 120 g。

用法:水煎去渣,候温灌服。

功能与主治:辛凉宣泄,清肺平喘。主治肺热喘急,发热,咳嗽。

本方主要用于肺热咳喘。凡患急性支气管炎、肺炎属于肺热炽盛,喘促气粗者,均可选用本方。

三、定喘汤《摄生众妙方》

组成:麻黄 30 g、白果肉炒(21 枚)40 g、蜜炙桑白皮 30 g、苏子 30 g、杏仁 25 g、黄芩 30 g、款冬花 30 g、制半夏 25 g、甘草 15 g。

用法:水煎去渣,候温灌服。

功能与主治:宣肺降逆,清热化痰。主治风寒外束,痰热壅肺所致的气喘证及哮喘证。

本方适用于劳伤咳喘轻症。凡慢性气管炎、支气管炎及慢性轻度肺气肿具备以上主证,可用本方。

四、苏子降气汤《和剂局方》

组成：苏子 40 g、制半夏 35 g、前胡 30 g、橘皮 25 g、肉桂 20 g、厚朴 30 g、当归 30 g、生姜 20 g、炙甘草 15 g（一方去肉桂加沉香）。

用法：水煎去渣，候温灌服。

功能与主治：降气平喘，温化寒痰。主治上实下虚之咳喘证。

主证：痰涎壅盛，喉内痰鸡，舌苔白滑等。

本方用于慢性气管炎、支气管哮喘、轻度肺气肿，属痰涎壅盛，肾气不足者。

五、白矾散《牛经大全》

组成：白矾 30 g、贝母 30 g、黄连 30 g、白芷 30 g、郁金 30 g、黄芩 30 g、大黄 30 g、葶苈子 30 g、甘草 30 g、蜂蜜 120 g。

用法：为末，开水冲调，或水煎候温，加入蜂蜜，灌服。

功能与主治：敛肺平喘，清热解毒，泻肺祛痰。主治牛气喘（包括甘薯黑斑病中毒之气喘）。

本方治疗牛气吼喘病（即喉风、喉水肿、喉黄、喉骨胀）可获良效。治疗牛甘薯黑斑病中毒具有一定疗效。

第十一节　补益剂

补益剂是以补益药物为主组成，用于治疗各种虚症的方剂。在八法中属于"补法"，《素问》中说："虚则补之"，"损者益之"，就是这类方剂的立法原则。

引起虚症的原因，主要是先天不足与后天失调，这两方面原因，均伤其五脏的气、血、阴、阳。所以补益剂一般分为补气、补血、补阴、补阳四个方面。由于气血相因，阴阳互根，故补气与补血，补阴与补阳常配合应用。如《脾胃论》中说："血不自生，须得生阳之药，血自旺矣。"故补血剂中配以补气药，以助生化，气虚宜补气，可少佐以补血药，以防阴伤胃；《景岳全书》中说："善补阳者，必于阴中求阳，则阳得阴助而生化无穷；善补助阴者，必须阳中求阴，则阴得阳升而源泉不竭。"因此，阳虚补阳，宜辅以补阴之品，以阳根于阴，使阳有所依，并借阴药的滋润以制阳药的温燥，使之温煦生化；阴虚补阴，宜辅以补阳之药，以阴根于阳，使阴有所化，并可借阳药的温运以制阴药的滋腻，使之滋而腻。

在运用补益剂时应注意脾胃功能。若脾胃功能减弱，应配以理气健脾、和胃消食之品，使其补血而不壅，补中寓利，以资运化。当体虚邪实时，应采用攻补兼施的治法,以扶正祛邪,若遇"大实有羸状"的假虚症候,不能误补,否则造成"闭门留寇"之弊。

一、四君子汤《和剂局方》

组成:党参 60 g、白术 60 g、茯苓 60 g、炙甘草 30 g。

用法:水煎去渣,候温灌服。

功能与主治:脾胃气虚。

主证:体瘦毛焦,精神倦怠,四肢无力,草料减少,舌淡苔白,脉象细弱。

凡脾胃气虚患畜,或见兼证者,均可以四君子汤加味治疗。

二、参苓白术散《和剂局方》

组成:党参 60 g、白术 60 g、白茯苓 30 g、炙甘草 30 g、山药 60 g、白扁豆 60 g、莲子肉 30 g、薏苡仁 30 g、砂仁 15 g、桔梗 30 g、陈皮 30 g(原方用枣汤调服)。

用法:为末,开水冲调,候温灌服。

功能与主治:益气健脾,渗湿止泻。主治脾胃气虚挟湿之证。

主证:体瘦毛焦,草料减少,或泄泻,口色淡白,脉象虚缓。

本方药性平和,温而不燥,是健脾益气、和胃渗湿、兼生津保肺的调理剂。临床对脾胃虚弱引起的慢性病,如慢性消化不良,慢性胃肠炎,呈现消化功能减退,食欲不振及幼畜脾虚泄泻,尤为适宜。临床上可治疗奶牛脾虚慢草。

三、补中益气汤《脾胃论》

组成:黄芪 75 g、党参 60 g、炙甘草 30 g、当归 30 g、橘皮 20 g、升麻 20 g、柴胡 20 g、炒白术 60 g。

功能与主治:补中益气,升阳举陷。主治脾胃气虚诸证。

主证:患畜急行好卧,草料减少,口色淡白,脉虚无力,脱肛等。

本方为补气升阳代表方。其功能为鼓舞胃气,健脾升阳,由于"补气不壅,升阳不燥"。故多用于脾胃气虚以及脾虚下陷所引起的久泻、脱肛、子宫脱等证。补中益气汤加味治疗产后气虚发热、带下及脾虚阳气下陷所致习惯性流产、发情提前及前胃弛缓、体虚便秘等。

四、四物汤《和剂局方》

组成:熟地 50 g、当归 50 g、川芎 30 g、白芍 50 g。

用法:水煎,去渣,候温灌服。

功能与主治:调血补血。主治营血虚滞及母畜胎前产后诸症。

四物汤为理血补血剂,是治疗多种血病的基础方,但长于治营血虚滞之证。加味四物汤临床上可用于治奶牛产后血瘀发热、不孕症、习惯性流产等。

五、六味地黄汤《小儿药证直诀》

组成:熟地 50 g、山茱萸 35 g、山药 35 g、泽泻 30 g、茯苓 30 g、丹皮 30 g(原方为丸剂)。

用法:水煎去渣,候温灌服。

功能与主治:滋补肾阴。主治肾阴不足。

主证:形体瘦弱,腰胯痿软,虚热,易汗,公畜滑精,早泄或性亢进,母畜不孕,舌红少苔,脉象细数。

本方可用于一切慢性病症出现的肝肾阴虚症候。方以补为主,故"三泻"的用量宜轻,临证如阴虚兼血热或火旺者,加重丹皮剂量改熟地为生地;湿热下注意,重用泽泻、茯苓等。

六、肾气汤《金匮要略》

组方:附子 25 g、肉桂(或桂枝)30 g、干地黄 30 g、山药 30 g、山茱萸 30 g、泽药 25 g、茯苓 25 g、丹皮 20 g(原方为丸)。

用法:水煎去渣,候温灌服。

功能与主治:温补肾阳。主治肾阳不足。

主证:精神倦怠、唇垂肢冷、腰腿痿软、口淡、脉迟等症。

本方适用于肾阳不足。凡公畜性机能减退,慢性肾炎,肾性水肿等属于肾阳不足者,均可酌情加减运用。

七、催情散《兽药规范》二部(1978 年版)

组成:淫羊藿 6 g、阳起石 6 g、当归 4 g、香附 6 g、益母草 6 g、菟丝子 5 g。

用法:为末,开水冲调,候温灌服。

功能与主治:补肾壮阳,活血催情。主治肾虚阳衰及血虚不孕。

主证:家畜不发情、迟发情或虚弱不孕。

本方为治母牛不发情、迟发情方。临证可根据具体情况,酌情加减,如阴血不足,加当归、熟地、阿胶;虚弱不孕加党参、黄芪、山药;宫寒不孕,加艾叶、肉桂、吴茱萸。

第十二节　祛湿剂

祛湿剂是以祛湿药物为主组成,具有化湿利水、通淋泄浊功效,用以治疗湿邪为病的方剂。

湿邪为病,有外湿、内湿之分和在上、在下之别。外湿为湿邪外侵,多属肌表为病,症见恶寒发热,肢体痹痛等;内湿则为脾阳失运,湿从内生,症见胀满、泻痢、黄疸、水肿等。湿邪多与风、寒、暑、热等邪气相挟,而有化热、化寒的转机及属虚、属实、兼风、挟暑等变化。故在治疗上,湿在外、在上宜宣散;湿在内、在下宜芳香苦燥以化之,或甘淡渗湿以利水;湿从寒化,宜用温燥;湿从热化则用清利;水湿壅阻,可用攻逐;体虚受湿,则须扶正。

祛湿剂多属辛温香燥或淡渗利水之品,最易伤阴耗液,对阴液亏损之证及阴虚体质者需慎用,必要时须配伍养阴药。祛湿剂通常分为:芳香化湿、清热祛湿、利水渗湿、祛风胜湿等类。

一、藿香正气散《和剂局方》

组成:藿香60 g、紫苏叶45 g、茯苓30 g、白芷30 g、大腹皮30 g、陈皮30 g、桔梗25 g、炒白术30 g、姜汁制厚朴30 g、半夏20 g、甘草15 g。

用法:为末,生姜,大枣煎水冲调,候温灌服。

功能与主治:解表化湿,理气和中。主治外感风寒,内伤湿滞。

主证:发热恶寒、肚腹胀满、泄泻、舌苔白腻或见呕吐。

本方适用于内伤湿滞,复感风寒,而以湿滞脾胃为主之证。凡夏季感冒、流行性感冒、胃肠型流感、胃肠不和、急性胃肠炎,证属外感风寒,内伤湿滞者,均可应用。

二、八正散《和剂局方》

组成:木通30 g、瞿麦30 g、萹蓄30 g、车前子30 g、滑石60 g、甘草梢25 g、炒栀子25 g、煨大黄30 g、灯心草15 g。

用法:为末,开水冲调,候温灌服。

功能与主治:清热泻火,利水通淋。主治热淋、血淋等证。

主证:排尿淋漓涩痛,甚至癃闭不通,尿色深或带血,舌红苔黄,脉数。

本方为治热淋的常用方。凡膀胱炎、尿道炎、泌尿系结石、急性肾炎、急性肾盂肾炎具有主症者,均可用本方加减治疗。

三、滑石散《元亨疗马集》

组成：滑石 60 g、知母 30 g、黄柏 30 g、泽泻 30 g、猪苓 30 g、茵陈 30 g、灯心草 10 g。

用法：为末，开水冲调，候温灌服。

功能与主治：清热利湿，通利小便。主治湿热尿闭（《元亨疗马集》中称此病为"胞转"）。

主证：排尿淋漓，蹲腰踏地，欲卧不卧，打尾刨蹄。

本方适用湿热尿闭，如膀胱炎、尿道炎、膀胱麻痹、膀胱括约肌痉挛等病症。本证必要时，应配合直肠按摩或导尿，并能帮助正确诊断。

四、五皮散《华氏中藏经》

组成：生姜皮 50 g、桑白皮 50 g、茯苓皮 50 g、陈皮 50 g、大腹皮 50 g。

用法：为末，开水冲调，候温灌服。

功能与主治：健脾渗湿，利水消肿。主治水肿。

主证：头部、下颌、胸前、阴囊、会阴、四肢甚至全身水肿或妊娠浮肿。

本方为治水肿之通用方，以脾虚湿盛，一身肌肤悉肿为主。临证所见肾性水肿、心脏性水肿、母畜产后内分泌失调、水盐代谢障碍等疾病，均可辨证加减施用。

五、独活寄生汤《备急千金方》

组成：独活 25 g、桑寄生 45 g、秦艽 25 g、防风 25 g、细辛 10 g、当归 25 g、白芍 15 g、川芎 15 g、杜仲 30 g、牛膝 30 g、党参 30 g、茯苓 30 g、甘草 15 g（党参原方为人参）。

用法：水煎去渣，候温灌服。

功能与主治：祛风湿，止痹痛，益肝肾，补气血。主治痹症日久，肝肾两亏，气血不足。

主证：腰胯痿软无力或腰背强硬，重则瘫痪不起，或肢蹄屈伸不利，口色淡白，脉象沉细。

本方适用于痹证日久，正虚邪实者。凡慢性肌肉风湿，慢性关节炎，四肢腰胯风湿等属于肝肾两亏，气血不足者，均可酌情应用。

第十三节　固涩剂

固涩剂是以固涩药物为主组成,具有涩固脱作用。用以治疗气血精液耗散、滑脱等证的方剂。根据"散者收之"的原则立法。

气血精液是营养机体的宝贵物质,在机体内不断消耗,又不断补充,盈亏消长,周而复始。消耗太过,则滑脱不禁,甚至危及生命,必须采用固涩法,以制其变,在治疗时,除使用收敛药物外,还应根据气、血、阴、阳、精、液的耗损及脏腑的偏衰程度不同,而配伍相应的药物,使之标本兼顾。

一、牡蛎散《和剂局方》

组成:煅牡蛎 90 g、黄芪 60 g、麻黄根 45 g、浮小麦 60 g。

用法:为末,开水冲调,或浮小麦煎汤冲调,候温灌服。

功能与主治:敛汗固表。主治体虚多汗。

主证:体虚,自汗或盗汗,口色偏淡,脉细无力。

本方适用于奶牛自汗、盗汗证。

二、玉屏风散《世效得医方》

组成:黄芪 90 g、白术 60 g、防风 30 g。

用法:为末,开水冲调,候温灌服。

功能与主治:益气固表止汗。主治表虚自汗及气虚易感风邪者。

主证:感于风邪,表虚自汗。

主要适用于气虚自汗。

三、四神汤《证治准绳》

组成:煨肉豆蔻 45 g、补骨脂 45 g、五味子 45 g、吴茱萸 30 g、生姜 30 g、大枣 30 g(原方为丸)。

用法:水煎去渣,候温灌服。

功能与主治:温肾暖脾,固肠止泻。主治脾胃虚寒泄泻。

主证:腹泻,粪清稀,口色淡白,脉沉迟化无力。

本方为温里固涩剂。凡久泻不愈、腹痛、完谷不化,属脾肾虚寒症,均可酌情加减。

四、乌梅散《元亨疗马集》

组成:乌梅(去核)15 g、柿饼 24 g、黄连 6 g、姜黄 9 g、诃子 9 g。

用法:为末,开水冲调,候温灌服。

功能与主治:涩肠止泻,清热解毒。主治幼畜奶泻。

主证:腹泻、下痢。

本方主要用于幼畜奶泻,加大剂量用于成年家畜的泻痢。

第十四节　驱虫剂

以驱虫药物为主组成,具有驱除或杀灭家畜体内寄生虫的作用,用于治疗畜禽体内外寄生虫的方剂,称为驱虫剂。

寄生虫的种类繁多,常见的体内寄生虫主要有蛔虫、肝片吸虫、球虫、绦虫、钩虫等,体表寄生虫主要有螨、虱、蜱等,因此使用本类方剂时应针对寄生虫的种类及畜种不同灵活施治。

组成驱虫剂的药物如雷丸、鹤虱、贯众、苦楝根皮等,都具有不同程度的毒性,在使用时应掌握准确的剂量和服药间隔时间。同时,驱虫剂在服法上,多空腹,或配伍适当的泻下药,以加速虫体的排出。驱虫后,当调补脾胃,使虫去而正不伤。

一、肝蛭散《中兽医药方及针灸》

组成:贯众 45 g、槟榔 30 g、苏木 20 g、肉豆蔻 20 g、茯苓 30 g、甘草 20 g、厚朴 20 g、龙胆草 30 g、木通 20 g、泽泻 20 g。

用法:共为末,开水冲调,候温灌服。

功能与主治:杀虫利水,行气健脾。主治牛、羊肝片吸虫病。

主证:患畜体瘦毛焦,颌下或胸下浮肿,泄泻。

用于牛的肝蛭病(肝片吸虫)。体虚者加党参、白术益气健脾;寒盛者加附子、干姜以温中。

二、硫磺膏《中兽医应用方药选编》

组成:硫磺粉 500 g、棉籽油 500 mL。

用法:熬成软膏,涂擦患部。

功能与主治:解毒杀虫,止痒润肤。主治疥癣病。

　　主证:瘙痒脱毛,皮肤变厚有皱褶,痂皮甚多。

　　本膏适用于牛疥癣。硫磺杀虫功效较强,故以硫磺为主组成的外用杀虫剂很多,如硫磺石灰合剂(硫磺 250 g,块石灰 50 g),用石灰加水,取上清液,与硫磺共熬即成,治疗大家畜效果明显。

第十五节　外用剂

　　以外用药为主组成,能够直接作用于病变局部,具有消肿散结、祛风解毒、化腐拔毒、排脓生肌、活血止痛、收敛止血、接骨续筋等功效,主要用以治疗外证的一类方剂,称为外用方。外用方以局部熏洗、涂擦、撒布、敷贴、点眼、喷雾等为主要给药方式,多用于治疗疮黄肿毒、皮肤病症、眼病和某些内科病症等,对于某些顽固性或病情严重的外科病症,可配合内服方药,以加强疗效。代表方如外敷疮黄用的雄黄散;撒布疮疡溃烂的生肌散;敷贴烫火伤用的紫草膏;熏洗消毒用的防风汤等。在治疗中,对较轻的外科病症单用外用剂即可见效,如果病情较重,也可选用内服方药配合,内外兼治,以提高疗效。

　　组成本类方剂中有的药物具有刺激性或毒性,故不宜过量,涂敷面积不宜过大,以免引起肿胀疼痛或中毒。

一、擦疥散《元亨疗马集》

　　组成:狼毒 120 g、牙皂 120 g、巴豆 30 g、雄黄 9 g、轻粉 6 g。

　　用法:共为细末,用热油调匀擦之,隔日一次。

　　功效与主治:杀虫止痒。主治疥癣等皮肤病。

　　主证:瘙痒脱毛,皮肤变厚有皱褶,痂皮甚多。

　　本方有杀疥、止瘙痒的作用,所用药物均为有毒之品,应用时应分片涂擦,并防止患畜舔食。

二、桃花散《外科正宗》

　　组成:白石灰 250 g、大黄片 45 g。

　　用法:白石灰用水喷湿,与大黄片同炒,以石灰变粉红色为度,去大黄,将石灰过筛备用。或将大黄纳入锅中,加水 150 mL,煮开,然后倒入石灰搅拌炒干,除去大黄,石灰过细筛,装瓶备用。外用时,撒布于创面,或用纱布包扎。

　　功能与主治:防腐收敛止血,主要用于外伤出血。

　　主证:局部外伤出血,化脓、溃疡。

桃花散治奶牛牛皮肤霉菌病效果良好。

三、雄黄散《痊骥通玄论》

组成:雄黄、白芨、白蔹、龙骨、大黄各等份。

用法:共研末,用热醋或热水调成糊状,待温,敷于患部,也可撒布于创面。

功能与主治:消肿止痛,清热敛疮。主治体表热性黄肿,见红、肿、热、痛,尚未溃脓者。

主证:四肢、腹下浮肿(无破溃)。

主要用于各种外科炎性肿胀,且无破溃者。加白矾、冰片、黄连可加强清热解毒功效,用于非开放性急性皮炎,疗效较好。在应用时应注意按时喷洒酒精、醋或水,以保持湿润而发挥药效。

四、青黛散《元亨疗马集》

组成:青黛、黄连、黄柏、薄荷、桔梗、孩儿茶各等份。

用法:共为细末,混匀,装瓶备用。用时装入纱布袋中,口噙,或吹撒于患处。

功效与主治:清热解毒,消肿止痛。主治口舌生疮,咽喉肿痛。

主证:口流黏液,颊黏膜瘀血肿胀、齿龈肿胀、有溃疡,舌尖发红溃疡。

本方主要用于心热舌疮、咽喉肿痛、传染性口炎。

五、冰硼散《外科正宗》

组成:冰片50 g、朱砂60 g、硼砂500 g、玄明粉500 g。

用法:共为细末,混匀,装瓶备用。用时取药少许,吹撒于患处,重者每日用药5~6次。

功能与主治:清热解毒,消肿止痛,敛疮。主治口舌生疮,咽喉肿痛。

主证:口、舌、咽喉疮疡肿痛。

主要用于口、舌、咽喉之疮疡肿痛诸症。

六、生肌散《外科正宗》

组成:煅石膏50 g、轻粉50 g、赤石脂50 g、黄丹10 g、龙骨15 g、血竭15 g、乳香15 g、冰片15 g。

用法:共为细末,混匀,外用适量,撒布患处。

功能与主治:祛腐,敛疮,生肌。主治痈疽疮疡。

主证:痈疽疮疡,溃后不敛或愈合不良。

七、防风汤《元亨疗马集》

组成：防风、荆芥、花椒、薄荷、苦参、黄柏各等份。

用法：水煎二沸，去渣，候温洗患部。

功能与主治：消肿解毒。主治疮疡溃破、直肠脱、阴道脱、子宫脱，也可外洗治遍身黄。

主证：皮肤瘙痒、疮疡溃破、直肠脱、阴道脱、子宫脱。

本方为局部外洗剂，适用于风热湿毒所致脏器脱垂之风肿、风袭肌络之皮肤瘙痒及疮疡溃破等症。

八、其他常用外用方药

1. 桃花散（医宗金鉴方）

组成：生石灰 500 g，大黄 100 g，先将大黄入砂锅内加水一碗，煮沸，再加入石灰搅匀炒干成暗红色，将大黄除去，放凉研细末，装瓶备用，功效止血，主治创伤性出血。

用法：凉水调敷患处，纱布包扎。

2. 马齿苋散（经验方）

组成：石灰、鲜马齿苋各等量，二味混合，倒如泥，阴干备用。主治一切化脓疮疡及创伤性出血。

3. 半夏松香散（经验方）

组成：松香、生半夏各一份，用新砖两块烧热，上下为衬纸。将松香放在两砖中间压紧，松香油尽如白霜，与生半夏共研成细末装瓶备用。

主治：止痛、收口、创伤性出血。

用法：适量干敷患处。

4. 降香散

将降香切片，火上炙去油，加入血竭共研极细备用。

主治：创伤性出血。

用法：适量干敷患处。

5. 生肌散

煅石膏 50 g，血竭 25 g，陈石灰 50 g，枯矾 50 g，乳香 25 g，泻药 40 g，冰片 10 g，赤石脂 15 g，上药共研细末，装瓶备用。

功效：生肌收口止血。主治：疮疡流脓，创伤性出血。

用法：清理消毒疮面，干敷患处。

6. 如圣金刀散

松香 350 g,白帆 25 g,枯白帆 75 g,共研极细末,装瓶备用。

主治:金创,出血不止。

用法:干敷患处。

7. 生肌散(经验方)

枯矾,松香,石灰等份,上药共研成细末备用,功效生肌敛口。

用法:先用防风汤洗净脓血,干敷患处。

8. 定痛生肌散(经验方)

石膏 50 g,甘草 25 g,朱砂 5 g,硼砂 10 g,轻粉 15 g,冰片 5 g,甘草泡水,将石膏末放入甘草水中,细研,将澄清水倒出,石膏面晒干,与其他药共研极细,装瓶备用。

功效:疮疡止痛生肌。

用法:干敷患处。

9. 桃花散(马氏方)

煅石膏 100 g,黄丹 25 g,冰片 5 g,轻粉 25 g,上四味药共研极细末装瓶备用。

功效:拔毒生肌收口。

主治:痈疽,收敛。

用法:干敷患处。

10. 雄黄散(经验方)

雄黄 50 g,大黄 50 g,白芷 50 g,天花粉 50 g,川椒 25 g,天南星 25 g,上药共研细末备用。

功效:解毒消肿。

用法:醋调涂于患处。

11. 玉红膏(经验方)

当归 100 g,白芷 25 g,甘草 60 g,紫草 10 g,用麻油 500 mL,将上药浸 5 天,慢火熬至药枯去渣,再将油熬至滴水成珠后加血竭细末 20 g,白蜡 100 g,轻粉 20 g,搅匀即成。

功效:生肌长肉收口。主治一切疮症。

用法:涂于患处。

12. 玉糊膏(经验方)

风化石灰清水浸之,澄清后吹去水面浮物,取中间水,每一杯水加麻油一杯搅拌成蛋白样。

功效:解毒止痛防腐。

主治:烫火伤。

用法:涂敷患处。

13. 紫草膏(经验方)

紫草 50 g,当归 50 g,白芷 50 g,双花 50 g,冰片 10 g,麻油 500 mL,黄蜡 50 g,将紫草、当归、白芷、双花放入油内,在文火上炸枯去渣,加入冰片跟黄醋而成。

功效:消炎止痛。

主治:烫伤烧伤。

用法:药膏涂患处。

14. 清凉油

芝麻油 1 000 mL,大黄 250 g 切碎,入同锅内,敷至焦里,瓷罐贮藏备用。

功效:消肿止痛,解毒防腐。

主治:烫火伤。

用法:毛笔或棉花涂油擦患处。

15. 火烫方

大黄 50 g,地榆 50 g,二药共研成细末。

功效:消肿止痛,润燥,防止起泡。

主治:轻度烫火伤。

用法:用香油调和敷患处。

16. 青黛散(经验方)

青黛 150 g,黄连 150 g,黄柏 150 g,薄荷 150 g,儿茶 150 g,玄明粉 150 g,冰片 10 g,人中白 150 g,上药共研细末装瓶备用。

功效:消炎解毒杀菌止痛。

主治:口腔溃疡。

用法:洗净患处,取药末少许敷于疮面,或将药末装入纱布袋中在温水中浸湿,口内含之,纱布袋两端拴绳固定防止下咽,吃草的时候取下,连用 3～4 天。

17. 冰硼散

冰片 10 g,朱砂 15 g,元明粉 50 g,硼砂 50 g,上药共研成细末。

功效:清热消肿止痛。

主治:口、腔舌、齿龈溃烂。

用法:药敷于患处。

18. 黄连膏(医宗金鉴方)

黄连 15 g,当归 25 g,黄柏 15 g,姜黄 15 g,生地 15 g,用香油将药炸枯,过滤去渣,加黄蜡 200 g 熔化成膏。

主治:鼻翘生疮,干燥疼痛。

用法:药膏涂于患处。

19. 苦参汤(疡肿心得集)

苦参 100 g,蛇床子、白芷各 25 g,双花 50 g,菊花 100 g,黄柏 25 g,地肤子 25 g,石菖蒲 15 g,共煎去渣洗患部,洗时加入猪胆汁 4~5 mL。

功效:杀虫止痒祛风除湿。

主治:一切疥癫风癣。

20. 拔云散

朱砂 10 g,硝砂 10 g,硼砂 10 g,乳香 40 g,没药 40 g,炉甘石 20 g,冰片 10 g,上药共为极细末备用。

主治:眼生云翳。

用法:一日三次,点眼睛。

21. 防风散(疗马集方)

防风 50 g,荆芥 50 g,花椒 30 g,白帆 100 g,苍术(火炒)40 g,艾叶 20 g。

主治:脱肛,阴道脱。

用法:共为一水煎去渣,趁热冲洗患部。

22. 铁石散

乳香(炒),没药(炒),自然铜(煅),生半夏,天南星,土元,五加皮,陈皮各等份共研细面。

功效:止痛活血消毒。

主治:骨折。

用法:药面与鸡蛋清调如糊状涂于药布,包裹患处。

23. 乌鸡接骨汤(经验方)

当归 30 g,紫草 40 g,红花 40 g,杜仲 30 g,牛膝 30 g,自然铜 50 g(醋炙,乌鸡骨 50 g,香油 500 mL)。

用法:上药用油炸焦,去渣,加血余炭 100 g,松香 100 g,樟丹 100 g,同调成膏,滩于白布上贴患处,包扎固定。主治:骨折。

第四章　奶牛常见普通病防治

第一节　消化道疾病

一、口炎

口炎是口腔黏膜炎症的统称,中兽医称为口舌生疮,包括腭炎、齿龈炎、舌炎、唇炎等。临床上以流涎、采食咀嚼障碍为特征。按炎症性质分为:卡他性口炎、水疱性口炎、溃疡性口炎、脓疱性口炎、蜂窝织炎性口炎、丘疹性口炎等,其中以卡他性口炎、水疱性口炎和溃疡性口炎较为常见。

1. 病因

卡他性口炎,是口腔黏膜表层的炎症,主要病因有采食有粗硬、有毛刺的饲料,如大麦等,或者饲料、饲草中混有尖锐的异物刺破黏膜,不正当使用开口器等;换齿期,引起齿龈及周围组织炎症;抢食过热的饲料或灌服过热的药液;采食冰冻或霉败饲料;采食有毒、有刺激性植物;当受寒或过劳,机体抵抗力下降时,可因口腔内常在致病菌,如链球菌、葡萄球菌、螺旋体等引起;继发于咽炎、前胃疾病、胃炎以及维生素缺乏等。

水疱性口炎是口腔黏膜上生成充满透明浆液水疱为特征。主要病因有采食了霉败饲料、发芽的马铃薯;不适当地口服刺激性或腐蚀性药液;抢食过热或灌服过热的药液;继发于口蹄疫、传染性水疱病等。

溃疡型口炎以口腔黏膜糜烂、坏死为特征。主要是由于口腔卫生较差,被致病微生物感染所致。还常继发或伴发于咽炎、喉炎、唾液腺炎、肝炎、贫血、维生素A缺乏、佝偻病和重金属中毒以及牛瘟、恶性卡他热、放线杆菌病等。

2. 症状

病牛表现采食小心,拒食粗硬饲料,咀嚼缓慢,吐食。流涎,唾液或白色泡沫状附于口唇边缘,重症者则大量流出唾液或白色泡沫状液体。口腔检查时,病牛抗拒检查,并见口腔黏膜潮红、肿胀、口温增高,舌苔厚重,口气甘臭或腐败臭味,有的唇、硬腭及舌有损伤或烂斑。

卡他性口炎口腔黏膜弥漫性或斑块状潮红,硬腭肿胀;有的唇部黏膜有散在的小结节和烂斑;由毛刺刺伤引起的,在口腔内不同部位形成大小不等的丘疹,触之坚实、敏感;舌苔灰白色或草绿色。重症病例,唇、齿龈、颊部、腭部黏膜肿胀甚至发生糜烂、大量流涎。

水疱性口炎在唇部、颊部、腭部、齿龈、舌面黏膜上有散在或密集的小米粒至蚕豆大的透明水疱,2～4 天后水疱破溃形成烂斑。

溃疡性口炎主要是异物刺伤引起,病变部位形成溃疡,溃疡面覆盖着暗褐色结痂,揭去结痂,溃疡面为暗红色。

3. 治疗

治疗原则为清火消炎,消肿止痛为主。消除病因,加强护理,净化口腔。

首先要清除刺入的异物,剪断或挫平过长齿,清洗口腔,可用 1% 食盐水或 2% 硼酸溶液,0.1% 高锰酸钾液洗涤口腔;严重流涎的,用 1% 明矾溶液或 1% 鞣酸溶液,0.1% 氯化苯甲烃铵溶液等清洗口腔。

对传染性口炎,要治疗原发病,及时隔离、消毒。

中药方剂:青黛 15 g,薄荷 5 g,黄连 10 g,黄柏 10 g,桔梗 10 g,儿茶 10 g,研为细末,装入布袋中,在水中浸湿,嗛于口内,采食时取下,吃完再嗛上,每日或隔日换药一次。同时针刺玉堂、通关等穴位,有一定疗效。

二、咽炎

咽炎,中兽医称为内颡黄,是咽黏膜及其深层组织的炎症,临床上以咽部肿痛,头颈伸展、转动不灵,吞咽障碍,触压咽部疼痛为特征。按病程分为急性和慢性两种;按病性分为卡他性、蜂窝织性和纤维素性咽炎。临床上原发病例较少,常见为口蹄疫等疫病的一种临床症状。

1. 病因

原发性咽炎,主要病因是机械性刺激,如粗硬饲草,尖锐异物,粗暴地插入胃管;饲料与饮水过冷或过热或混有酸碱等化学药品的刺激;受寒、感冒、过劳或长途运输时,机体抵抗力下降,口腔常在致病微生物感染所致。继发性咽炎常见于口炎、食管炎、喉炎以及炭疽、巴氏杆菌病、牛恶性卡他热、口蹄疫等疫病。

2. 症状

咽炎时,病牛头颈伸展,不愿运动。触压咽部时,病牛摆头不安,前肢刨地。口鼻流涎,吞咽障碍。咽部黏膜潮红、肿胀。

3. 治疗

清热解毒、止痛。加强护理,抗菌消炎。

停喂粗硬饲草,给予青草、优质青干草、多汁饲料。保持舍内卫生、干燥,给予清洁饮水,严禁经口鼻灌服药物,可静脉注射 10%～25% 葡萄糖液。

消除炎症,局部用温水或白酒温敷,促进炎性渗出物吸收,每次 20～30 min,每天 2～3 次,或在咽部涂擦 10% 樟脑乙醇、鱼石脂软膏或复方醋酸铅,用醋调成糊剂,局部外敷。重症病例,可用抗生素和磺胺类药物,肌内注射,每日 3 次。

中药方剂,参考口炎治疗。

三、食道炎

食道炎是食道黏膜及深层组织的炎症,以流涎、吞咽困难、头颈伸曲为特征。

1. 病因

原发性食道炎主要因为机械性刺激,如粗硬的饲草、尖锐的异物、粗暴地插入胃管等;温热性刺激,如过热的饲料饮水;化学性药物刺激等,直接损伤食道黏膜引起炎症。继发性食道炎,常见于食道狭窄和堵塞、咽炎、胃炎、口蹄疫、黏膜病等疾病过程中。

2. 症状

流涎,吞咽困难,头颈不断伸曲。严重的不能吞咽,甚至呕吐,嗳气困难。触诊或探诊食道,病变部位敏感,并诱发呕吐动作,从口鼻流出混有黏液、血块及伪膜的唾液和食糜;如发生颈部食道穿孔,颈沟部局部疼痛、肿胀、触诊捻发音,最终形成食管瘘;胸段食道穿孔,多继发坏死性纵膈炎、胸膜炎甚至脓毒败血症;继发于其他疫病的,食道主要出现糜烂、溃疡等,无明显食道炎症状。

3. 治疗

消炎、止痛。清热解毒。

立即禁食 2～3 天,补充营养和电解质,静脉注射葡萄糖和复方氯化钠液;病初先冷敷后热敷,促进炎性渗出物吸收;疼痛不安时可皮下注射安乃近,或用水合氯醛灌肠;全身应用抗菌素控制感染。颈部食道穿孔可用手术修补。

四、食道堵塞

食道堵塞,又称草噎,是由于吞咽的食物或异物过于粗大,或吞咽功能障碍,食管被堵塞,临床上突然发生咽下障碍为特征。按堵塞程度分为完全堵塞与不完全堵塞;按堵塞部位分为颈部食管堵塞、胸部食管堵塞和腹部食管堵塞。

1. 病因

原发性食管堵塞多发生于饥饿、抢食、采食时受惊吓等应激状态下,因匆忙吞咽而堵塞食道;或采食未切碎的胡萝卜、马铃薯、甘薯、大块粗硬饲料等,咀嚼不充分,吞咽过急而引起;此外还可由误咽毛巾、破布、毛团、木块等而发病。继发性食道堵塞场伴发于异食癖、脑部肿瘤以及食道炎、食道狭窄、扩张、痉挛、麻痹等疾病。

2. 症状

动物在采食中突然发病，停止采食，骚动不安，摇头缩颈，不断做吞咽动作，流涎。颈部食管堵塞时，常可在左侧颈静脉沟处看到膨大的梗塞部，食管触诊，可摸到梗塞物，并伴有疼痛表现。胸部食管堵塞，在堵塞部位上方食管内积满唾液，触压有波动感。用胃管进行探诊，当触及堵塞物时，感到阻力，不能推进。瘤胃臌胀及流涎是其特有症状，完全堵塞时，则迅速发展成瘤胃胀气。

3. 治疗

治疗原则是解除堵塞，疏通食道，消除炎症，加强护理和预防并发症的发生。

咽后食管起始不堵塞，启用开口器，一般可徒手取出，不能徒手取出的可参考下列方法：

(1)5％水合氯醛乙醇液 200～300 mL，静脉注射，或静松灵 3 mL，肌内注射，使食道壁弛缓，促使堵塞物进入瘤胃。

(2)先灌服液体石蜡或植物油 100～200 mL，然后皮下注射 3％盐酸毛果芸香碱 3 mL，经 3～4 h，部分病牛可以治愈。

(3)采食块根、块茎类饲料而堵塞食管时，将病牛横卧保定，用平板或砖垫在食管堵塞部位；以手掌抵于堵塞物下端，朝咽喉部方向挤压，将堵塞物挤压到口腔，即可排出。若为谷物类饲料，用双手手指从左右两侧挤压堵塞物，将堵塞物压碎，促进堵塞物软化，使其自行咽下。

(4)将胃管插入食管内抵住堵塞物，慢慢把其推入胃中。主要用于胸部食管堵塞和腹部食管堵塞。

(5)插入胃管，连接上打气筒，颈部勒上绳子防止气体回流，然后有节奏地打气，同时趁势慢慢推送胃管，将堵塞物推入胃内。

如上述方法无效时，采取食管切开术，取出堵塞物。注意发生瘤胃胀气时，要首先穿刺放气，并向瘤胃内注入消毒剂或止酵剂。

治疗过程中，要注意消炎、强心、补液，维持机体营养，增进治疗效果。排出堵塞物 1～3 天内，应用抗菌消炎药物，防止食管炎。给予流质饲料和清洁饮水。

五、瘤胃积食

瘤胃积食，中兽医称为宿草不转或胃食滞，特征是瘤胃体积增大且较坚硬。因前胃的兴奋性和收缩力减弱，采食了大量难以消化的粗硬饲料或是易膨胀的饲料，在瘤胃内堆积，使瘤胃体积增大，后送障碍，胃壁扩张，瘤胃运动和消化机能障碍,形成脱水和毒血症的一种疾病。

1. 病因

多因饲养管理不当,过食大量易于膨胀的青草、苜蓿、甘薯、胡萝卜、马铃薯等粗硬难以消化的草料或过食精料,特别是在饥饿时采食过量的谷草、稻草、豆秸、花生秸、甘薯蔓、棉花秸秆等含粗纤维多的饲料,缺乏饮水、难以消化,而引起积食,损伤脾胃,或长期营养不良,体质瘦弱,气血不足,脾胃虚弱,食而不运,食物停留在胃中,不能正常消化造成此病发生。长期舍饲的牛,运动不足,神经反应性降低,一旦饲料变化,容易贪食。长期放牧的牛突然转为舍饲,采食多量难以消化的粗干草而发病;胃肠道患有其他疾病,如前胃弛缓、真胃及瓣胃疾病、创伤性网胃炎、便秘或长期处于饥饿状态,消化力减弱,如此时饲喂大量难以消化的饲料就可引起本病。

饲养管理和环境卫生条件较差,各种应激因素的刺激,精神恐惧,妊娠后期运动不足、肥胖等是本病的诱因。

2. 症状

病初,病牛精神不安,目光呆滞,出现弓背、回头观腹、后肢踢腹、以角撞腹、起卧、磨牙等腹痛表现,食欲废绝,患畜表现精神萎靡,食欲、反刍、嗳气停止,流黏涎,有呕吐现象,左侧腹部增大,肷窝突起,按压瘤胃内容物坚实,手压留痕,直肠检查瘤胃胀满,向右侧移位。鼻镜随着病情的加重而逐渐干燥,双眼圆睁,伴有脱水;听诊瘤胃病初蠕动次数增加,随着病程的延长,蠕动减弱或停止;排便病初次数增多,但数量不多,以后次数逐渐减少,粪便变干,后期呈坚硬状,个别病例发生腹泻;心跳、呼吸加快,呼吸困难,体温下降。

后期,病情进一步恶化,腹围更加膨胀,体温降至35℃以下,呼吸促迫,心动亢进,脉搏疾速,四肢、耳根等末梢部位冰凉,全身颤抖、衰竭,眼球凹陷,发生脱水与自体中毒,卧地不起、昏迷。一般病例,及时治疗,3～5天可痊愈。继发性瘤胃积食,病程较长,持续1周以上的,大多预后不良。

3. 治疗

治疗原则:恢复瘤胃技能,促进瘤胃内容物的运转,消食化积、止酵,防止脱水和自体中毒。

首先禁食1～2天,进行瘤胃按摩,促进泻下,可用硫酸钠或硫酸镁800 g,大黄末150 g,马前子酊20 mL,加水2 000 mL一次内服。同时应用注射毛果芸香碱或新斯的明等兴奋前胃神经。止酵:鱼石脂30 g,酒精200 mL,搅拌后内服,松节油40 mL,加水内服。

补充体液:10%葡萄糖500 mL,10%氯化钠800 mL,10%葡萄糖酸钙

100 mL,10％安钠加 30 mL,碳酸氢钠 1 000 mL,0.9％氯化钠 1 000 mL,维生素 B₁ 50 mL,一次静脉注射。

中药方剂:消食破积,理气导滞。

(1)党参 60 g,藜芦 25 g,神曲 100 g,麦芽 100 g,山楂 80 g,炒马前子 5 g,陈皮 40 g,枳壳 60 g,厚朴 50 g,大黄 50 g,槟榔 50 g,上药为末加温内服。

(2)大戟散:二丑 100 g,大黄 70 g,大戟 50 g,甘遂 50 g,滑石 50 g,芒硝 100 g,黄芪 50 g,甘草 30 g,上药为末内服。

如内容物过多,可进行洗胃、穿刺放气。晚期病例,除了反复洗涤瘤胃外,应及时补液,每天 2 次。强心补液,保护肝功能,促进新陈代谢,防止脱水。

对于积食严重的病例,药物治疗无效时,应立即进行瘤胃切开术,取出内容物,并用 1％温盐水洗涤。可以接种健康牛的瘤胃液,方法是应用胃导管插入瘤胃,取出健康牛瘤胃液,给病牛灌服。加强饲养管理,促进康复。

六、瘤胃胀气

瘤胃胀气是由于前胃神经反应降低,收缩力减弱,由于采食了大量易发酵的饲料在瘤胃菌群作用下迅速发酵、产气,引起瘤胃和网胃的急剧膨胀,中兽医称为牛肚胀。临床上以呼吸极度困难,反刍,嗳气障碍,腹围急剧增大等为主要特征。依据病程分为急性瘤胃胀气和慢性瘤胃胀气,按病因分为原发性和继发性瘤胃胀气。

(一)病因

1. 急性瘤胃胀气

原发性急性瘤胃胀气:多发生于水草茂盛的夏季。通常由于采食了大量容易发酵的饲草或饲料,特别是由舍饲转为放牧的牛群。在放牧季节,采食开花前幼嫩牧草,因采食过多,迅速发酵,酿成大量的气体而发病;采食堆积发热的青草或经霜、露、雨、雪冻结的牧草,霉败的干草以及多汁易发酵的青储饲料,特别是舍饲的牛,突然饲喂这类饲料,往往引起本病;饲喂的饲料搭配不当,谷物饲料过多,而粗饲料不足,过给予的黄豆、豆饼、花生饼、酒糟等未经浸泡和调理;或饲喂胡萝卜、甘薯等块根饲料过多;或因矿物质不足、钙磷比例失调等,都可成为本病的发病因素。

继发性瘤胃胀气:主要见于瘤胃弛缓、创伤性网胃炎、瓣胃阻塞、食道阻塞、食管痉挛等疾病。

2. 慢性瘤胃胀气

主要起因于瘤胃运动机能障碍,功能减弱,产生的气体不能完全排出,或嗳气活动发生障碍。多见于前胃弛缓、创伤性网胃炎、前胃排泄孔堵塞、瘤胃与腹膜粘连、慢性腹膜炎、网胃或瓣胃与隔粘连、创伤性心包炎、慢性真胃疾病、肠道狭窄及慢性肝病等,主要继发发病。

（二）症状

1. 急性瘤胃胀气

急性瘤胃胀气通常在采食大量易发酵饲料之后数小时甚至在采食中突然发病,病情发展快。

病初,病牛兴奋不安,精神沉郁,食欲废绝,反刍停止;结膜充血。表现不安,回头观腹,吼叫等;腹围增大,左侧肷窝凸起,甚至高于脊背,不留压痕,瘤胃叩诊呈鼓音,下部触诊,内容物不硬,腹痛明显,有金属音,内容物呈粥样,有时呈喷射状从口中喷出;瘤胃蠕动弱,甚至停止。

随着病情加剧,腹部进一步胀大,病牛表现呼吸急促,严重时张口呼吸,舌伸出,流涎,伸颈出汗,皮温不整,走路不稳,甚至猝死。

泡沫状胀气,病牛常有泡沫状唾液从口腔或鼻孔逆处或喷出。瘤胃穿刺时只能排出少量气体,同时瘤胃液随着胃壁收缩向上涌出,放气困难。

病的末期,病牛心力衰竭,静脉怒张,口色青紫,呼吸极度困难,神情恐惧。站立不稳,突然倒地抽搐,窒息,于短时间内死亡。

2. 慢性瘤胃胀气

多呈周期性发作,左侧肷窝凸起,腹部稍膨大。病情时而胀大,时而消胀,长于采食后饮水后发生气体性胀气。瘤胃收缩力正常或减弱。病情发展缓慢,多数出现间歇性下痢和便秘。病牛显著消瘦,生产性能降低,奶牛产奶量减少。

急性瘤胃胀气病程短促,重症病牛如不及时采取措施,可于数小时内窒息死亡;轻症病牛经及时治疗,可以迅速痊愈,消胀后复发的,往往预后不良。

（三）治疗

治疗原则:排气消胀、理气止酵、通下、强心补液、健胃消导。

病初,病情较轻的牛,抬举头部,按摩腹部,以促进瘤胃收缩和气体排出。或将病牛立于斜坡上,前高后低姿势,不断牵遛,牵引舌头,促进气体排出。或患牛口中衔一根木棍,两端用细绳固定于角上,木棍上涂上苦味剂,以刺激牛舌不断活动,从而诱发嗳气,结合按摩瘤胃,利于气体排出。

急性患牛,立即放气,在患牛左侧肷窝气胀的最高点,剪毛消毒,用套管针一次性刺入瘤胃,徐徐放气,不能过急,否则易造成虚脱,放气时注意心脏变化。放气后,用 200 mL 酒精溶解 30 g 鱼石脂或消气灵 3 支,一次性注入瘤胃。

对于泡沫性胀气,采用针刺放气效果不理想,可用松节油 60 mL 加入适量植物油调成混悬液内服或直接注入瘤胃;或用碱面 200 g,植物油 1 000 mL 混合内服。

为了排出瘤胃内易发酵的内容物,可用盐类或油类泻剂,如硫酸镁、硫酸钠 400～500 mg,加水 8 000～10 000 mL,内服,或用石蜡油 1 000～1 500 mL 内服。根据临床经验,无论哪种胀气,首先灌服石蜡油 800～1 000 mL,对消气可收到良好的效果。

当药物治疗不明显时,首先用胃管导出内容物,方法是:用较粗大的胃导管,外涂润滑剂,徐徐插入胃中,如胃内容物不流出,可加入一些温水以稀释内容物,待胃内容物全部导出即可。必要时实施瘤胃切开术,清除胃内容物,防止产气,有条件的于排气后接种健康牛瘤胃液 3～6 L,并将青霉素或土霉素投入瘤胃内,以增进治疗效果。

在治疗过程中,应注意调节瘤胃内 pH,当 pH 降低时,可用 2%～3%碳酸氢钠溶液进行洗胃。

强心补液:10%葡萄糖 1 000 mL,10%浓盐水 500 mL,5%碳酸氢钠 500 mL,维生素 B₁ 50 mL,一次性静脉注射。

中药方剂,消食、通便、行气、止酵。

处方:厚朴 50 g,大黄 50 g,枳实 50 g,青皮 50 g,神曲 60 g,麦芽 50 g,山楂 50 g,槟榔 40 g,木香 40 g,乌药 50 g,桂皮 50 g。上药为末加温加入 200 mL 白酒内服。

对慢性瘤胃胀气除采取以上治疗措施外,应积极治疗原发病。

七、瘤胃酸中毒

瘤胃酸中毒是奶牛日粮中精料比例过大,采食含大量易发酵的精料和大量酸度高的玉米青贮,在瘤胃内产生大量乳酸导致瘤胃功能障碍的一种疾病,临床上以急性和重剧性前胃弛缓、脱水、瘤胃 pH 明显下降、粪尿呈酸性、瘤胃消化机能紊乱、瘫痪和休克为特征,该病发病急,病程短,死亡快,多以零星发生。

该病多发生在产后,为追求产奶量,盲目加大精料和青贮的投喂,精、粗饲料的比例严重失调而造成此病发生。

1. 病因

瘤胃酸中毒的主要原因是日粮里含碳水化合物的精料和多汁饲料过多(如玉米、大麦、甜菜、马铃薯、甘薯等),尤其是缺少青干草而粗饲料只喂青贮饲料时,大量饲喂这些饲料的危险性就更大。临床上最常见的是精料过多造成的。

2. 症状

根据临床症状分为最急性型、急性型和慢性型。

最急性型：通常在采食后几小时内发病，突然死亡。一般表现精神沉郁、腹胀、腹痛、不愿走动、步态不稳、喜卧；呼吸急迫，心跳加快；瘤胃内容物较多，但不坚硬，逐渐变软；瘤胃弹性降低，蠕动微弱或停止；呕吐，弓背伸腰，踢腿踢脚，呻吟，目光呆滞，最后倒地，张口吐舌，窒息死亡。

急性型：一般在采食后1~2天呈现最急性症状，但比较缓和。常见于产后母牛，分娩前精神沉郁，食欲废绝，肌肉震颤。腹泻的牛排出黄褐色、黑色、带黏液的粪便。呼气带有酸臭味，少尿或无尿。后期昏睡。多在发病后1~2天内死亡。

慢性型：症状轻微，常呈现前胃弛缓、腹泻、食欲减退。瘤胃运动减弱，稍胀大。脱水不明显，全身症状轻微，数日间腹泻，呈黄稀软或水样，混有一定量的黏液。多能自愈。

3. 治疗

急性瘤胃酸中毒的治疗原则是彻底清除有毒的瘤胃内容物，及时纠正脱水和酸中毒，逐步恢复胃肠功能。

急性的首先要进行瘤胃冲洗，用较大胃管导出胃内容物，制止继续产酸。胃管投服硫酸钠或硫酸镁500 g，以加快胃内容物排出。或将生石灰一份，加水5~10份，搅拌后沉淀，用其上清液反复洗胃，直至内容物呈碱性。也可内如石灰水或碳酸氢钠，中和瘤胃内乳酸和防止继续产酸。

补液补碱：5％碳酸氢钠3~6 L，葡萄糖盐水2~4 L，一次性静脉输液。对危重病牛，应首先采用此法抢救。

当病牛兴奋不安、甩头时，输液中可加入甘露醇或山梨醇，每次250~300 mL，以降低颅内压、解除休克等。病牛全身中毒减轻、脱水缓解而仍卧地不起的，可以补充低浓度的钙制剂，常用2％~3％氯化钙500 mL，静脉输液。同时应用抗生素以防止继发感染。

中药方剂：消食导滞，理气宽肠。

处方：厚朴50 g，枳实50 g，大黄40 g，槟榔50 g，神曲60 g，麦芽60 g，山楂50 g，陈皮40 g，鸡内金50 g。上药为末加温内服。

注意：

(1)瘤胃酸中毒不能用高浓度葡萄糖治疗，防止病情恶化；

(2)愈后先喂以优质干草，不能立即饲喂精料或青贮；

(3)保证肠胃正常的消化、排泄功能；

(4)保证充足干净的饮水，促进新陈代谢。

（5）加强饲养管理，正确组合日粮标准，严格控制谷物精料的投入量，防止奶牛偷吃精料。

八、前胃弛缓

前胃弛缓病属于中兽医脾虚慢草、脾胃虚弱范畴，是由各种原因所致的前胃兴奋性和收缩性降低，前胃蠕动减弱，食欲、反刍停止的疾病。

应用中兽医辨证论治的原则，前胃弛缓分为胃寒不吃、胃弱不吃、胃热不吃、异物伤胃性不吃、过食性不吃。

（一）畏寒不吃

1. 病因

多因久渴失饮，饮水太过或夜露风霜，外感风寒，寒气积于脏内，寒湿流注脾经，脾胃受寒，不能运化水湿而发病。

2. 症状

患畜食欲、反刍减少或停止，口流清涎，鼻寒耳冷，鼻镜汗不成珠，四肢发凉，全身发抖，粪便稀软，口色清白，舌津滑利，尿清长。

3. 治疗

温中散寒、健脾暖胃。

处方：健脾散。

党参 50 g，白术 60 g，茯苓 50 g，厚朴 50，砂仁 50 g，炒扁豆 100 g，陈皮 40 g，半夏 40 g，桂皮 50 g，干姜 50 g，附子 30 g，甘草 30 g。

上药为末加温内服，每日 1 剂，连用 3 剂。

处方：桂心散。

肉桂 60 g，藿香 50 g，干姜 50 g，白术 60 g，厚朴 50 g，陈皮 40 g，细辛 15 g，砂仁 50 g，小茴香 50 g，五味子 50 g，苍术 50 g，茯苓 40 g，二丑 40 g，甘草 30 g。上药为末加温内服，每日一剂，连用 3 剂。

（二）胃弱不吃

1. 病因

多因饲养管理不当，饲喂难以消化的劣质草料，饮喂不足，日久造成脾虚胃弱，运化失调，水谷精微不能化导，气血不能生化，营卫气血不足，脏腑亏虚。

2. 症状

患畜精神沉郁，消瘦无力，毛焦欨吊，倦怠喜卧，食欲、反刍减少或停止，有时空嚼，胃蠕动音低沉，波短无力，粪便量少，口色淡白，舌软无力，脉沉细。

3. 治疗

健脾益气,养心生血。

处方:参苓白术散加减。黄芪70 g,当归50 g,党参60 g,白术60 g,茯苓40 g,炒山药60 g,炒扁豆60 g,莲子50 g,砂仁40 g,木香40 g,陈皮40 g,大枣50 g,甘草30 g。上药为末加温内服,每日一剂,连用3剂。

(三)胃热不吃

1. 病因

多因暑期炎天,趁热饲喂或过食谷物类饲料或霉变饲料,热积于胃内,胃主纳,喜湿恶燥,胃火内盛,灼伤胃内津液。

2. 症状

患牛表现食欲、反刍减少或废绝,口干舌燥,口渴喜饮,鼻镜干燥无汗,口色鲜红,舌有黄苔,口臭,脉洪数,舌及齿龈肿痛,粪干量少,尿短少。

3. 治疗

清热、滋阴、泻火。

处方:清胃汤。

生石膏100 g,知母40 g,玄参50 g,大黄50 g,麦冬50 g,花粉50 g,神曲60 g,黄芩50 g,莱菔子100 g,枳壳40 g,甘草30 g。上药为末加温内服,每日一剂,连用3剂。

(四)异物伤胃性不吃

1. 病因

多因饲养管理粗放,饲草、饲料中混杂钉子头、针铁被牛吞入胃中,停滞在网胃中,而不同程度地刺伤胃壁而发病。

2. 症状

患畜病情随时间延缓加重,饮食开始尚可,随时间延长最后不食,逐渐消瘦,手触网胃区域敏感,肘部肌肉颤抖,运步缓慢小心,忌走下坡,有时体温升高,粪便小、硬。长期慢性瘤胃弛缓,病情反复,久治不愈。

3. 治疗及预防

治疗:目前采用胃内投放磁铁,吸铁方法进行,吸出钉铁和破碎的金属物,配合消炎及健胃、助消化药。

预防:加强饲养管理,清除草料中的金属物,饲喂前用磁铁反复在草料搅拌,吸出钉铁,用专用的磁铁投入胃中,做好预防。

(五)过食性不吃

1. 病因

饮食过盛,脾胃损伤,由于饮食太过,超出于瘤胃受纳的限度,宿食积滞于肠胃,不能益脾而反伤脾。

2. 症状

患畜表现,食欲反刍、嗳气很快停止,瘤胃蠕动弱或完全消失,触诊瘤胃有面团状感觉,甚至发硬。左侧腹部增大,呼吸困难,心音亢进,有轻微腹痛,精神萎靡,空口咀嚼流涎,甚至有呕吐现象,口臭,舌苔厚腻,粪便中有未消化的饲料。

3. 治疗

消积、导滞、制酵。

党参 60 g,藜芦 20 g,神曲 100 g,大黄 60 g,槟榔 50 g,枳壳 50 g,木香 40 g,青皮 40 g,上药为末加温内服,每日一剂,连用 3 剂。

厚朴 50 g,枳实 50 g,枳壳 40 g,大黄 50 g,槟榔 50 g,神曲 100 g,麦芽 70 g,山楂 70 g,硫酸钠 250 g。上药为末加温内服,每日一剂,连用 3 剂。

鱼石脂 20 g,酒精 200 mL,松节油 40 mL,植物油 1 000 mL,混匀内服。

九、瓣胃阻塞

瓣胃阻塞又称瓣胃秘结,中兽医称为百叶干,是由于前胃技能障碍、弛缓,瓣胃收缩力减弱,大量内容物在瓣胃积滞充满,干燥,而使瓣胃扩张、坚硬、疼痛,发生阻塞,导致严重消化不良。奶牛常常发生于真胃阻塞之后,是前胃发病率较少但危害较大的疾病之一。

1. 病因

瓣胃阻塞分为原发性和继发性两种,原发性瓣胃阻塞常发生于役用牛劳役过度,饲养粗放,长期饲喂干草,特别是粗纤维坚韧的作物秸秆等。奶牛多因长期饲喂麦麸、酒糟等饲料,或受到外界不良因素刺激和影响,惊恐不安,导致发生本病。正常饲养的牛突然变换饲料,或由放牧转为舍饲,饲料质量过差,缺乏蛋白质、维生素及其某些必需的微量元素,如铜、铁、钴、硒等;或饲养管理较差,缺乏运动,消化不良等。

继发性瓣胃阻塞直接病因是前胃弛缓,也有可能继发于真胃阻塞、真胃变位、真胃溃疡、创伤性网胃炎、腹腔脏器粘连、中毒病等能引起瓣胃技能减弱的疾病。

瓣胃阻塞的发病机理是长期饲喂粗硬、不易消化、品质不好、混有泥沙的草料,饮水运动不足,以及前胃疾病导致瓣胃收缩力减弱,兴奋性降低,瓣胃内容物不能充分排出,而网胃内容物不断后送入瓣胃,引起过多食物积于瓣胃小叶间,食积长期积聚,水分被吸收,食物变干变硬,更不易排出。食物压迫瓣胃小叶,引起瓣胃血液循环障碍,发生炎性变化,甚至坏死。炎性坏死产物吸收导致自体中毒,病情恶化。

2. 症状

重瓣胃阻塞是牛的一种慢性疾病。病初,患畜表现精神迟钝,呻吟;奶牛产奶量下降,食欲不振,反刍不正常,排出干、小、硬、黑色粪便,并附有黏液。在患畜右侧倒数第四、五肋间肩关节水平线下 2 cm 处听诊,瓣胃蠕动音弱或消失,触诊有痛感。肩胛骨前后被毛时乍时顺,肚腹膨胀不明显。病情进一步发展,病牛精神沉郁,鼻镜干燥无汗,重者龟裂,食欲废绝、反刍停止,瘤胃收缩力减弱或消失。直肠检查肛门括约肌痉挛性收缩,直肠内空虚,有黏液和少量暗褐色粪便。晚期病例,精神极度沉郁,体温升高,皮温不整,结膜发绀。排粪停止或排出少量黑褐色恶臭黏液。尿量减少、呈黄色或无尿。呼吸急迫,心悸,脉搏可达 100～140 次/min,节律不齐,体质虚弱,卧地不起,全身症状恶化,衰竭死亡。

3. 治疗

本病多因前胃弛缓而发病,治疗原则应着重增强前胃运动机能,促进瓣胃内容物软化和排出作用、增进治疗效果。

病的初期,可用硫酸镁或硫酸钠 400～500 g,常水 8 000～10 000 mL,或液体石蜡 1 000～2 000 mL,或植物油 500～1 000 mL,一次灌服。同时为增强前胃神经兴奋性,促进前胃内容物运转及排出,应用 10%氯化钠溶液 500～1 000 mL,20%安钠加注射液 10～40 mL,静脉注射。病情较重的,同时可应用士的宁 0.015～0.03 g 皮下注射,毛果芸香碱 0.02～0.05 g 或新斯的明 0.01～0.02 g 或氨甲酰胆碱 1～2 mg,皮下注射。但体弱、妊娠母牛、心肺功能不全病牛忌用。

对重症病牛应采取瓣胃注射治疗。注入 10%～25%硫酸镁或硫酸钠溶液 1 000～3 000 mL,液体石蜡或甘油 300～500 mL,普鲁卡因 2 g,氨苄西林 3 g,混合注入瓣胃内。

瓣胃注射法:在右侧倒数 4～5 肋间,肩关节水平线下 2 cm 处,用长穿刺针向对侧肘头方向刺入 8～12 cm,进针后针呈"8"字形摆动,或用注射器注入少量生理盐水,吸出物有草末证明穿刺位置准确。

近年来,对重症病牛,依据临床实践,多在确诊后采取瓣胃冲洗法,即用瘤胃切开术,引用胃管插入网瓣孔,冲洗瓣胃,效果较好。

中药处方一:黄芪 200 g,神曲 250 g,滑石 200 g,生巴豆 35～60 粒,上药为末加温内服,不要加凉水。

中药处方二:当归 50 g,芒硝 200 g,滑石 100 g,大戟 50 g,大黄 100 g,二丑

50 g,白术 50 g,甘草 30 g。上药为末加温,加猪油 0.5 kg,混合内服,连用数次。

注意事项:

(1)必须认症准确;

(2)灌药时不要用凉水;

(3)此方用于寒结,体温高者不可用,寒结用巴豆,热结用大黄;

(4)使用此方前,首先采用瓣胃注射法,用 1%生理盐水灌肠;

(5)生巴豆宜早用,不宜晚用,用于心率整齐,精神不衰,齿龈不发紫,瓣胃有蠕动音,四肢强壮者,否则不宜用之;

(6)生巴豆按牛体重大小、体质强弱,酌情使用;

(7)用此方多在 36 h 时泻下,一般泻 3~5 次恢复正常。

4. 预防

预防要点是,尽量防止可导致前胃弛缓的各种不良因素。饲草不宜铡得过短,精料不能太细,适当减少坚韧粗硬的纤维饲料,加强运动,并给予充足的饮水。特备是应注意粗饲料和精料的调配,注意补充矿物质饲料,并给予适当运动。

十、瘤胃异物

瘤胃异物是指由于牛误吞食塑料、毛团、编织物、衣物、绳团等异物,引起胃肠堵塞,消化机能障碍,最终因消化道严重堵塞而衰竭死亡的一种疾病。

1. 病因

在饲养管理过程中,牛因误食了塑料、毛团、编织物、衣物、绳团等异物或吞食了大块的坚硬饲料及异物如甘薯、马铃薯、玉米棒等,不能被消化,加之瘤胃蠕动作用下,使异物与瘤胃内容物被揉成坚硬较大的硬团,堵塞胃肠道,引起发病。

2. 症状

病牛表现食欲不振,反刍减少,甚至废绝,脊背弓起,回头观腹,磨牙,起卧不定,逐渐消瘦,消化机能紊乱,食欲减退,精神沉郁,粪便稀薄、不成形,最后倒地不起,衰竭而死。听诊瘤胃蠕动次数明显减少,强度减弱,心跳加速,呼吸深而快,鼻镜干燥,排软粪,体温多正常,病情的轻重视采食异物的量有关。

3. 治疗

本病的治疗原则是早起确诊,及时排出异物。

当堵塞物是饲料时,可用胃管经口腔导入瘤胃内,来回抽动,以刺激瘤胃收缩,将瘤胃内液状物导出,或在导管一端连接漏斗,向瘤胃内注入 3 000~4 000 mL 温水,取下漏斗放低牛头和导管,用虹吸法将瘤胃内容物引出体外。如此反复,将精料导出。

重症顽固的瘤胃异物,导出无效时,采用瘤胃切开术取出异物。

补充体液,用 25％葡萄糖 500～1 000 mL,复方氯化钠溶液或 5％糖盐水 3～4 L,5％碳酸氢钠 500～1 000 mL 等,一次性静脉注射。

十一、创伤性网胃腹膜炎

创伤性网胃腹膜炎俗称"铁器病"、"铁丝病",是因牛采食了混有铁钉、铁丝、针等尖锐金属异物,落入网胃,刺损胃壁,或穿透胃壁刺损腹膜、肝、脾和胃肠所引起的网胃和腹膜或实质脏器损伤及炎症的疾病。本病多发于舍饲牛,2 岁及以上牛较为常见。

1. 病因

牛的采食特点是采食迅速、并不咀嚼,囫囵吞咽,又有舔食习惯。本病的发病条件是饲草、饲料、舍内地面等饲养环境中散在各种尖锐金属异物等,牛仔采食或运动中舔食,吞咽至网胃,导致本病发生。

舍饲牛管理粗放,饲料加工粗放,饲养人员缺乏饲养管理常识,常将碎铁丝、铁钉、大头针、注射针头、发卡、碎铁片等,随意抛弃,混杂在饲料饲草或环境地面等处,使牛误食导致发病。

本病多发于食欲旺盛、采食迅速的青壮年牛,随着集约化、规模化养殖程度的不断提高,规模奶牛养殖场(小区)本病的发病率逐渐下降,已不常见,但粗放散养仍时有发生。

2. 症状

发病初期,通常呈现前胃弛缓、食欲减退、瘤胃运动减弱,反刍减弱,不断嗳气,呈周期性瘤胃胀气。肠蠕动音减弱,后期下痢,有恶臭。产奶量下降。病牛表现腹痛,起卧不安。

体温逐渐上升。多数病牛弓背站立,头颈伸展,眼睑半闭,两肘外展,保持前高后低的特有站姿,呆立不愿走动;动作缓慢,强迫运动时,惧怕上下坡或急转弯;起卧时极其小心,肘部肌肉震颤,呻吟、磨牙,有的呈犬坐姿势,为膈肌被刺损的示病症状。网胃区叩诊,病牛畏惧、回避、退让、抵抗,表现不安。用力压迫胸椎棘突和剑状软骨时,有疼痛表现。

轻度病例,病情轻微经过数日或数周后结缔组织增生,或被包埋,或形成瘢痕,逐渐好转而痊愈。但多数病例,转为慢性病理过程,呈现顽固性的轻微迟缓,久不能治愈。重剧的病例,病情发展急剧,也有于数天内死亡的。

3. 治疗

本病通常采用保守与手术两种治疗措施,都有一定的效果,在早期如无其他并发症,采取手术疗法,实施瘤胃切开术,从网胃壁上摘除异物,同时加强饲养护理工作,据报道,疗效可达90%以上。也可采取保守疗法,方法是使病牛立于斜坡上,保持前高后低的姿势,同时限制日粮饲喂量,降低腹腔脏器对网胃的压力,促使异物退出网胃壁,同时应用抗菌消炎类药物,肌内注射。也可用特制磁铁经口腔投入网胃中,吸取胃中金属异物,此种方法易复发且治愈率较低。

十二、真胃溃疡

真胃溃疡是由于急性消化不良与胃出血引起真胃黏膜局限性糜烂、缺损和坏死性或自体消化形成溃疡病灶的一种真胃疾病。轻症引起轻微出血,消化机能紊乱,严重病例可导致胃穿孔并继发急性弥漫性腹膜炎。多发于妊娠分娩期的奶牛,犊牛真胃溃疡多为亚临床症状,无明显症状,但对生长发育有一定影响。

1. 病因

原发性真胃溃疡多因为饲养管理不当,草料质量恶劣,粗硬霉变;或长时间饲喂草粉,胃肠消化能力降低;长期饲喂精料,真胃酸度增高,引起消化机能紊乱,管理不当、牛舍狭窄特别是长途运输、惊恐、拥挤、妊娠、分娩等应激因素影响,引起真胃局部黏膜糜烂、坏死、溃疡。

继发性真胃溃疡,常见于真胃炎、真胃变位、真胃出血以及寄生虫病、黏膜病、恶性卡他热、口蹄疫、牛水疱病、巴氏杆菌病等疫病中。

2. 症状

病初临床症状不明显,诊断较难,呈现前胃弛缓,按前胃弛缓用药,疗效不明显。真胃溃疡一般分3种病型。

(1)糜烂及溃疡型。真胃出现多处糜烂或浅表的溃疡,出血轻微或无出血。多发生于犊牛。临床无明显症状,表现与消化不良类似。一般能自愈,预后良好。

(2)出血性溃疡型。胃内溃疡范围广,并扩散至黏膜下,损伤了胃壁血管,但未至浆膜层。可发生于成年牛仔泌乳期的任何阶段,以前6周的泌乳牛发病率最高,是临床上最常见病型。分为两类:一类是有少量出血,溃疡症状不明显,粪便中间歇性出现未完全消化的小血块,慢性轻微腹痛,食欲减退;另一类是表现严重出血,体温正常,有明显的血便,呈黑色,厌食。食欲废绝、精神极度沉郁时,表现贫血症状,可视黏膜苍白,脉搏达100~140次/s。

(3)穿孔性溃疡型。分为溃疡穿孔和局限性腹膜炎、溃疡穿孔和弥漫性腹膜炎两种类型。溃疡穿孔和局限性腹膜炎表现厌食、不规则发热,体温升高达39.5~40.5℃,反复发作前胃弛缓或胀气,不愿走动、腹痛、呻吟。触诊剑状软骨右侧,有疼痛感;溃疡穿孔和弥漫性腹膜炎,由于大量真胃内容物漏出使腹膜感染并迅速扩散,病牛表现急性厌食或食欲废绝,前胃及远侧胃肠蠕动完全停止,不愿活动,强迫运动或站立起时呼气有咕噜声或呻吟,腹痛明显,精神高度沉郁,呈现败血性休克。发病急,病程短,通常在 6 h 内死亡。若在初诊时病牛体温已开始下降或已经降至正常体温以下,则多在 12～36 h 死亡。

3. 治疗

治疗原则是镇静止痛,抗酸止酵,消炎止血。应保持病牛安静,单舍饲养,改善饲养环境,日粮中停止添加青贮饲料和较细的精料,给予富含维生素 A、蛋白质的易消化饲料,如青干草、麸皮、胡萝卜等,避免刺激和兴奋,减少应激来源。

抗酸、消炎、止血。甲氰咪呱 0.2 g×20 支,庆大霉素 20 万×10 支,止血敏 1 g×5 支,5%碳酸氢钠 500～800 mL,5%葡萄糖 500～1 500 mL,一次静脉注射。

中药:通络止血活血化瘀,理气散郁。

海螵蛸 100 g,黄连 40 g,黄柏 50 g,元胡 40 g,地榆 60 g,槐花 60 g,三七粉 20 g,神曲 60 g,香附 40 g,白芍 40 g,甘草 30 g。上药为末加温内服,连用 3～5 天。

十三、真胃炎

真胃炎是由于饲料品质不良或饲养管理不当所引起的真胃组织的炎症,临床上以严重的消化障碍为特征。多发生于老年牛和犊牛。

1. 病因

真胃炎的原因,常由于吃了大量调制不当的粗硬饲料,腐败发霉的饲料,或长期大量饲喂糟粕、豆渣等酿造副产品,以及饲喂不定时定量,突然变换饲料等,都能导致真胃炎的发生。另外,某些传染病、代谢病,化学物质和有毒植物中毒等均可引起本病。

2. 症状

急性病例,精神沉郁,食欲减退,反刍稀少无力,甚至停止,鼻镜干燥,结膜潮红黄染,舌苔白腻,口腔干臭。瘤胃蠕动音减弱,触诊右侧真胃区,病牛表现疼痛,粪便坚硬,呈暗黑色,表面被覆黏液,体温通常无变化,病程 1～2 周,及时治疗可望康复。严重病例,若胃壁穿孔,伴发腹膜炎或继发肠炎,预后不良。

慢性病例,主要表现长期消化不良,异嗜。瘤胃蠕动无力,粪便干硬,呈球状。病的后期,体质虚弱,贫血、腹泻。病程可持续数月或年余。

3. 治疗

真胃炎的治疗,原则是清理胃肠,消炎止痛。

病初、禁食 1～2 天,为清除胃肠道有害的内容物,应用硫酸镁 400～500 g,常水 6 000 mL,或植物油 500～1 000 mL,一次内服;为提高治疗效果,可用氯霉素

5～8 g,60%～70%酒精 50 mL,配成酒精溶液,或用黄连素 2～4 g,蒸馏水 50 mL,配成溶液,进行瓣胃或真胃注射,每天一次,连续 3～5 天,效果较好。

病的末期,病情严重,除用抗生素消炎外,还要补液强心,以改善全身机能状态。病情好转时,可适当内服健胃剂,增进消化机能。

十四、翻胃吐草

翻胃吐草,草料食入后而吐出。

1. 病因

多因外感风寒,内伤阴冷,久渴失饮后,冷水暴饮,乘机食入冷冻饲料,伤于脾胃,脾胃不能正常消化吸收,草料食入而胃不能容纳而吐出。

2. 症状

患牛表现精神倦怠,耳耷头低,毛焦肷吊。口腔津液滑利,鼻镜汗不成珠,口色清白,口吐清涎和草料,一般在采食不久吐出。

3. 治疗

温中散寒,健脾暖胃。

处方 1:益智仁散。益智仁 70 g,厚朴 50 g,桂皮 60 g,白术 60 g,五味子 40 g,丁香 40 g,细辛 10 g,木香 40 g,砂仁 50 g,陈皮 40 g,干姜 50 g,甘草 30 g。上药为末加温内服,每日 1 剂,连用 3 剂。

处方 2:桂皮 60 g,小茴香 50 g,厚朴 50 g,青皮 40 g,陈皮 40 g,苍术 50 g,白术 60 g,五味子 50 g,白酒 250 mL。上药为末加温内服,每日 1 剂,连用 3 剂。

处方 3:生姜 200 g,红糖 150 g,大枣 100 g,煎汤后加白酒 250 mL 内服。

十五、真胃变位

真胃变位,是指真胃的正常位置发生改变。真胃变位是奶牛常见的一种真胃疾病,按变位方向,分为左方变位(LDA)和右方变位(RDA)。左方变位,是指真胃由腹中线偏右的位置,经瘤胃腹囊与腹腔底壁间潜在空隙移位于腹腔左壁与瘤胃之间的位置,是临床常见病型。真胃右方变位是指真胃向前或向后发生位置的改变,一种是真胃后方变位,又称真胃扩张,是指真胃因弛缓、膨胀而离开腹底壁正常位置,作顺时针方向偏转约 90°,移位至瓣胃后方、肝脏与右腹壁之间,大弯部朝后,瓣胃真胃结合部和幽门十二指肠区发生轻度折曲或扭曲;另一种是真胃前方变位,即真胃逆时针方向偏转约 90°,移位至网胃与膈肌之间,大弯部朝前,瓣胃真胃结合部和幽门十二指肠区常发生明显的折曲和扭转,造成幽门口的部分或完全封闭。

真胃变位多发生于 4～6 岁经产奶牛和冬季,多发生在分娩后 6 周内。

1. 病因

真胃变位,多因真胃弛缓或幽门机械性阻塞,致真胃积食而发病。真胃积食时,当动物剧烈运动,如跳跃、滚转等,将大网膜撕裂,则可能发生真胃扭转。

真胃左方变位,与妊娠及分娩有关,即妊娠的子宫逐渐使瘤胃向上前方推移,真胃乘虚向左方移行,分娩后瘤胃复位下沉,真胃被压在瘤胃左方,嵌留在瘤胃与腹壁之间。

2. 症状

真胃左方变位大多在分娩前几天或分娩后突然发病。病初,呈现前胃弛缓症状,食欲减退,厌食精料,嗳气和反刍减少或停止,瘤胃蠕动音减弱,排粪量减少,呈糊状。随着病程的进展,左腹肋弓部局限性膨胀,在该区域内听诊或在听诊器周围同时叩诊,可听到真胃音或高调的钢管音。冲击式触诊可听到液体振荡音,该部穿刺获得的胃液 pH 1～4,缺乏纤毛虫。直肠检查,可感到右侧腹腔上部空虚,有时在瘤胃的左侧可触到膨胀的真胃。

真胃右方变位,呈急性型,突然发生腹痛、不安、呻吟、踢腹。心率增数,每分钟 100～120 次,体温低于常温,常拒食贪饮,瘤胃蠕动音消失,粪软色暗,后变血样乃至黑色。视诊右腹肋弓部膨大,该部听诊,并同时在听诊器周围叩诊,可听到高调的钢管音,冲击式触诊可听到振荡音,该部穿刺可得褐色血样液体,pH 1～4,无纤毛虫。直肠检查,可触知充满气液的真胃。亚急性型发病较缓慢,症状较轻,无急剧腹痛。

3. 治疗

目前真胃变位有 3 种疗法,即保守疗法、翻滚法和手术疗法。

保守疗法即药物疗法,较常用,可用口服风油精或薄荷油 10 g,每天 1 次,连用 2～3 天,配合应用大黄苏打片、酵母片、复合维生素 B 口服液等;或静脉注射促反刍液:10%氯化钠溶液 500～800 mL,5%氯化钙溶液 150～200 mL,10%安钠加 30～50 mL,配合补糖、补液等。或肌内注射新斯的明 15～20 mg,每天 1 次,连用 2～3 天。或 2%普鲁卡因溶液 200 mL,生理盐水 1 000 mL,静脉注射,每天 1 次,连用 2～3 天。

翻滚法,有效率可达 70%,方法是,饥饿数日,限制饮水,右侧横卧,再转成仰卧;以背心为轴心,先向左滚转 45°,再回到正中,如此左右摇晃 3～5 min,突然停止在右侧横卧姿势,转成俯卧,最后站立。因为有发生真胃扭转的危险,本法不适用右方变位。

当上述方法无效时,必须采用手术整复。切口有 4 个部位,即左髂部切口、右髂部切口、两侧髂部同时切口和腹中线切口，一般常用右髂部切口。方法是病牛左侧卧保定，全身麻醉及术部浸润麻醉，于右腹下乳静脉背面 4～5 指宽处，平行右乳静脉，做横切口 20～25 cm，打开腹腔，沿下腹部向左侧，将真胃牵引过来，若真胃胀气时，可用针头穿刺放气减压，然后将网膜向后拔，把真胃拉到创口外，将其小弯上部网膜固定在腹肌上，常规封闭切口。一般术后 24 h 即可康复，成功率达 95%。

十六、真胃积食

真胃积食，主要由于迷走神经调节机能紊乱，收纳过多前胃内容物或真胃内容物积滞，而形成阻塞，或称真胃阻塞。各种反刍动物均可发生，是一种反刍动物的常见多发病。

1. 病因

原发性真胃积食主要是由于饲料、饲养或管理使役不当所引起。长期采食大量粗硬而难消化的粉碎饲草或偶然吞食不能消化的异物，加上饮水不足，缺乏运动，精神紧张和气象应激等因素，如用谷草、麦秸、玉米秆、豆秸、甘薯蔓或铡碎的稻草、麦糠等喂牛。另外，由于吞食胎盘、毛球、破布或塑料等，都能引起真胃阻塞。

继发性真胃积食主要因为胃肌收缩力减弱，真胃收缩功能丧失或排空后送不畅，常见于真胃炎、真胃溃疡、真胃淋巴肉瘤等所致的肌源性真胃弛缓，或真胃变位矫正术过程中损伤胃壁神经，尤其是迷走神经性消化不良等所致的神经性真胃弛缓。还可继发于小肠堵塞，特别是十二指肠积食或幽门狭窄。

2. 症状

病牛精神沉郁，鼻镜干燥，食欲废绝，反刍减少或停止，有的病例则贪饮，肚腹显著膨大，右侧更为明显。右肷窝部触诊有波动感，并发出振水声，在肷窝部结合叩诊肋骨弓进行听诊，呈现叩击钢管清朗的铿锵音。肠音微弱，有时排出少量糊状、棕褐色恶臭粪便，混有少量黏液或血丝和凝血块。真胃内容物 pH 1～4。直肠检查，于瘤胃的右侧，能摸到向后伸展扩张呈捏粉样硬度的真胃体。中后期体温升高达 40℃ 左右，心率疾速，脉搏微弱，被毛逆立，眼球下陷。

3. 治疗

本病治疗原则，是促进真胃内容物排出，防止脱水和自体中毒。

病的初期皱胃蠕动尚未完全消失时，可用 20% 硫酸镁溶液 500～1 000 mL，乳酸 10～20 mL，或生理盐水 1 000～2 000 mL，于右腹部皱胃区，注入皱胃内，促进皱胃内容物的运送。也可用硫酸钠或硫酸镁 500 g，常温水 2 000～4 000 mL，一次内服。或用胃蛋白酶 80 g,稀盐酸 40 mL,陈皮酊 40 mL,番木鳖酊 20 mL,一次内服,每天一次,连用 3 次,有较好的效果。补液解毒,可用 5% 葡萄糖 500 mL,20% 安钠加液 20 mL,一次静脉注射,每天两次。

严重的皱胃阻塞,药物治疗多无效果,应及时施行手术疗法。

十七、胃冷吐涎

胃冷吐涎是因寒邪侵犯脾胃,胃气不降,冷涎从口中流出为特征的一种疾病。

1. 病因

病因多因外感风寒,内伤阴冷,或空肠饮水太过,阴雨久淋,露宿风霜,寒邪侵入肌肤伤及脾胃,脾胃运化失常,湿浊内阻,气机不畅,阴邪上逆,冷涎从口中流出。

2. 症状

患畜精神倦怠,耳耷头低,肌肉震颤,毛焦腰吊,耳鼻俱凉,口色青白。舌津滑利,食欲不振,反刍减少,有时伴有腹痛拉稀,冷涎不断从口中流出。

3. 治疗

治疗原则:温中补虚,降逆止呕。

处方:

(1)温中补脾汤(医宗金鉴):党参 60 g,黄芪 50 g,白术 70 g,茯苓 40 g,陈皮 40 g,半夏 50 g,干姜 50 g,附子 40 g,肉桂 40 g,砂仁 50 g,丁香 50 g,炙甘草 30 g。上药为末加温内服,连用 3 剂。

(2)健胃药(经验方):党参 50 g,白术 60 g,茯苓 40 g,苍术 60 g,厚补 60 g,猪苓 50 g,泽泻 40 g,柴胡 40 g,干姜 50 g,半夏 50 g,藿香 60 g,陈皮 40 g,炙甘草 30 g,升麻 40 g。上药为末加温内服,连用 3 剂。

4. 预防

寒冷季节做好防寒保温工作,禁喂冰冻饲草,饮冰冻水。

十八、犊牛便秘

1. 病因

犊牛通常在生后数小时内排除胎粪,由于犊牛先天不足,没有及时喂给初乳而引起犊牛便秘。或首次喂食过多,加之饮水不足,引起肠内 pH 变化、肠内菌群改变等一系列肠道内环境的急剧变动,胃肠的植物神经控制失去平衡,肠的蠕动由最初的增强变为减弱,致使肠内容物停滞而发生堵塞。抢食或采食后咀嚼不充分、唾液混合不全、食团囫囵吞下、消化不良、肠道寄生虫等因素也可诱发本病。

2. 症状

犊牛精神沉郁,鼻镜干燥,食欲减退或消失,反刍停止,口腔干燥。肠音减弱或停止,努责不排胎粪或排粪减少变干,病初有阵发性轻度腹痛,弓腰努责举尾、起卧不安。病情中后期,腹痛停止,排粪停止,精神极度沉郁,喜卧,体温下降,心跳过速,中度脱水,眼窝深陷,心力衰竭,自体中毒。

3. 治疗

治疗原则:润肠通便,补充体液,加强护理。

用温肥皂水灌肠,使粪便软化,用手取出,及时喂给初乳,促进胃肠正常蠕动。用香油或猪苦胆汁或液体石蜡注入直肠。

润肠汤处方:火麻仁 30 g,大黄 20 g,当归 30 g,元参 30 g,麦冬 30 g。煎汤加入 50 g 硫酸钠一次内服。

十九、犊牛腹泻

犊牛腹泻是由于肠蠕动亢进,肠内营养物质不能吸收或吸收不全,肠内容物与多量水分被排出体外。犊牛腹泻的原因很多,严重程度各异,从最轻微的消化不良到致死性的病原微生物感染。寄生虫病、传染病、内科疾病和某些物理、化学因素均可引起犊牛腹泻,因此,严格地讲,犊牛腹泻并不是一种疾病,而是各种疾病的临床表现。

腹泻严重危害犊牛健康,由于腹泻造成的犊牛死亡、药费开支和病愈后生长发育不良可造成严重的经济损失。暴发性犊牛腹泻的特点多为急性大量水泻,病犊进行性脱水,迅速消瘦,酸中毒。酸中毒严重的有高血钾症和低血糖症,几天内死亡。临床上难以区别是细菌、病毒、寄生虫还是其他病因引起的。死后尸体常见消瘦、脱水,肠道内充满液体,其他病变不明显。

1. 病因

犊牛腹泻的病因复杂,既包括犊牛本身的问题,也包括病原微生物即理化因素、环境因素等。

(1)初生犊牛免疫力低下。血液中免疫球蛋白含量极少,必须自初乳中获得,才具有对病原微生物的免疫能力。为了提高初生犊牛的免疫力,必须及时、足量地饲喂初乳。

(2)病原微生物感染。经常引起犊牛腹泻的病原微生物有大肠杆菌、沙门氏菌、轮状病毒、冠状病毒、传染性鼻气管炎病毒等,此外,隐孢子虫、球虫等也可引起犊牛腹泻。

(3)饲养管理因素。由于饲养管理不善,奶冷热不均、不定时、不定温、不定量、喂量太多或环境卫生太差。母畜乳腺疾患,饲喂患乳腺炎的初乳而引起犊牛消化不良,中兽医称为新犊泻奶。

(4)其他因素。由于胎儿在妊娠后期2个月内体重增加50%以上,当母牛干奶期营养不良时,即可影响胎儿发育,造成新生犊牛体弱、抗病力差、活力不足等;初乳的品质直接影响犊牛的被动免疫,乳中酮体含量过多,或乳房炎病牛的奶都可以引起犊牛腹泻。

2. 症状

患牛频频排出粥状或水样粪便,粪便腥臭、带血并混有泡沫和凝乳块,臀部、跗关节及尾部被粪便污染,肠蠕动加快,大便失禁,畜体大量失水,易出现脱水现象。患畜食欲减退或不食,精神沉郁,喜卧腹痛,心率过速,脉微弱,易死亡。

3. 治疗

西医疗法:对犊牛腹泻应采取综合治疗,单纯应用抗生素而不补充体液和纠正酸中毒往往引起死亡。对于病因尚未查明的腹泻,应首先将病犊与母牛隔离开,使犊牛停止吃奶24 h,有些犊牛在停奶后不久便腹泻停止,尤其是过食性腹泻和病毒性腹泻,停奶的效果较好。急性腹泻最好注射给药,因为胃肠道的急性炎症使胃肠道给药的药效降低。亚急性和慢性腹泻可经胃肠道给药。

补液,目的是恢复体液的正常容积和成分,纠正酸中毒,可根据临床实际和病犊脱水程度选择药物种类和用量。如犊牛可自饮,可口服补液盐,成分为:氯化钠3.5 g,碳酸氢钠2.5 g,氯化钾1.5 g,葡萄糖20 g,加水1 L。补液的原则是首先补足已经丢失的体液,然后再随丢随补,丢多少补多少,估计困难时每天可粗略按100 mL/kg体重来补充。

中兽医疗法:

(1)清热解毒,涩肠止泻。

处方:乌梅散加减。

乌梅20 g,黄连20 g,木香15 g,白芍20 g,甘草15 g,附子20 g,姜黄20 g,白头翁15 g,秦皮15 g,水煎服。

患畜绝食8～10 h,同时喂葡萄糖及生理盐水,温度与畜体体温相同,每日4次,每次500 mL。食母生、胃蛋白酶适量,每日2次,喂奶时喂服。

预防:①严禁饲喂量太高,而造成伤食泻。②加强饲养管理,搞好环境卫生,做好保温、防寒工作。③坚持定时、定量、定温。加强对母畜乳腺疾病治疗,不饲喂发霉变质的初乳。

(2)母畜疗法:清热、解毒、散瘀。

处方:蒲公英消痈汤加减。

双花 100 g,连翘 50 g,蒲公英 100 g,地丁 60 g,当归 60 g,川芎 40 g,牛蒡子 60 g,瓜蒌 80 g,皂刺 60 g,赤芍 60 g,青皮 40 g。上药为末加温内服,每日一剂,连服 3 剂。

二十、奶牛腹泻

腹泻中兽医称为泄泻,多因饲养管理失调,饮食不节,环境气候等多种不利条件引起,湿盛、脾虚、运化失常是引起泄泻的主要原因。临床上,分为脾虚泄泻、寒湿泄泻、湿热泄泻、伤食泄泻、脾肾两虚泄泻。

(一)脾虚泄泻

脾虚泄泻,多因饲养管理不当,草料质量低下,营养不足,患畜长期处于饥饿状态,造成脾胃虚弱,胃弱不能腐熟消导,脾虚不能正常运化水谷精微,脾胃功能失调,以至中气下陷,运化无力,清气不上升,浊气不降,清浊不分,而成泄泻。

1. 症状

此病多数为慢性疾病,泄泻时间长,患畜表现草料迟细,食欲、反刍减少,胃肠蠕动无力,精神沉郁,体质瘦弱,毛焦欣吊,口色淡白,舌苔滑利,粪便稀薄,含有气泡和未消化的料渣。

2. 治疗

此病为脾胃虚弱,中气下陷,运化无力,升降失调,清浊不分。治疗以补中益气,健脾益气,和胃止泻为主。

(1)香砂六君子加减:党参 20 g,白术 60 g,茯苓 40 g,炒扁豆 100 g,炒山药 60 g,陈皮 40 g,半夏 40 g,薏苡仁 60 g,厚朴 50 g,砂仁 50 g,干姜 40 g,甘草 30 g。上药为末加温内服。

(2)补中益气汤加减:黄芪 60 g,党参 60 g,白术 60 g,茯苓 40 g,升麻 50 g,柴胡 40 g,泽泻 50 g,陈皮 40 g,甘草 30 g。上药为末加温内服。

(二)寒湿泄泻

寒湿泄泻多发在深秋、冬季、早春寒冷季节,患畜夜露风霜之中或久卧湿地,过食冷冻草料,过饮冷水,寒湿侵入肠胃,脾胃不能正常运化水湿,寒湿下注而泄泻。

1. 症状

患畜一般发病较急,表现精神不振,食欲、反刍减少,重者不食、不反刍,有腹痛表现,卧底不起,被毛逆立,鼻腔、耳角冰凉,大便稀薄如水样,无臭味,口色青白,舌津滑利。

阳虚则生寒,脾虚则湿积。此病为脾气亏虚,中气不足,脾为湿困所致。

2. 治疗

温中散寒,健脾利湿。

(1)附子里中汤加减:附子 30 g,桂皮 50 g,炮姜 50 g,白术 70 g,茯苓 50 g,泽泻 50 g,厚朴 50 g,猪苓 50 g,苍术 40 g,吴茱萸 60 g,甘草 30 g。上药为末加温内服。

(2)藿香正气散加减:藿香 70 g,厚朴 50 g,白术 60 g,陈皮 40 g,桂皮 50 g,苏叶 50 g,半夏 40 g,干姜 50 g,茯苓 40 g,扁豆 60 g,泽泻 50 g。上药为末加温内服。

(三)湿热泄泻

1. 病因

湿热泄泻多发生在夏秋、暑天炎热季节,气候炎热,外邪侵入体内,口渴喜饮,冷热相击,暑热兼湿,易伤脾胃,或吃经暴晒的发霉变质饲草,久卧湿地,湿热毒邪积于胃肠而发病。

2. 症状

患畜精神不振,体温升高,食欲、反刍减少或停止,鼻镜干燥,鼻、耳、角俱热,口渴喜饮,口赤发热,舌质红,舌苔黄腻,脉洪数,粪便稀薄,色红黄,有腐臭味,肛门失禁,里急后重,泄泻无度,肛门周围沾满粪便,严重脱水。

此病是暑湿伤脾,脾不健运而泄泻。

3. 治疗

清热利湿,和胃导滞。

(1)葛根芩连汤加减:葛根 100 g,黄连 50 g,黄芩 70 g,双花 70 g,木通 50 g,白芍 50 g,香附 50 g,木香 40 g,泽泻 50 g,猪苓 50 g,甘草 30 g。上药为末加温内服。

(2)白头翁汤、芍药汤加减:白头翁 60 g,秦皮 50 g,黄芩 50 g,黄连 60 g,双花 60 g,木香 40 g,枳实 40 g,厚朴 50 g,大黄 40 g,白芍 40 g,甘草 30 g。上药为末加温内服。

(四)伤食泄泻

1. 病因

伤食泄泻由于饲养管理不当,饮喂失调,过食大量饲草、饲料致使宿食停滞,伤于脾胃,饮食过盛,脾胃乃伤,脾胃受损,不能运化水谷,水谷并下而泄泻。

2. 症状

患畜食欲、反刍减少,重者不食、不反刍,拒食精料,瘤胃触诊发硬胀满,胃蠕动弛缓,嗳气酸臭,粪便稀薄,腹痛,泻后腹痛减轻。由于过食,宿食停积而泄泻。

3. 治疗

消食、导滞、理气。

处方：

（1）大承气汤加减,厚朴 50 g,枳实 60 g,大黄 60 g,槟榔 50 g,神曲 70 g,麦芽 70 g,山楂 50 g,陈皮 40 g,青皮 50 g,木香 40 g,黄连 40 g,硫酸钠 250 g。上药为末加温内服。

（2）10％氯化钠 800 mL,5％碳酸氢钠 500 mL,10％葡萄糖 500 mL,10％葡萄糖酸钙 100 mL,0.9％氯化钠 1 000 mL,10％安钠加 30 mL,维生素 B_1 30 mL,一次静脉注射。

（五）脾肾两虚泄泻

1. 病因

脾肾两虚泄泻多因饲养管理粗放,患畜处于饥饿状态或恶劣环境中,初伤脾胃久伤肾,肾阳亏虚,命门火弱,火不生土,中阳不足,湿积脾胃而泄泻。

2. 症状

患畜长期慢性腹泻,白天较轻,晚间较重,精神倦怠,消瘦,被毛粗乱,耳、鼻俱冷,泄泻无度,小便清长,四肢欠温,遇冷加重,口色淡白,脉沉细。

3. 治疗

温阳、补肾、健脾。四君子汤加四神丸加减。

处方：党参 60 g,白术 60 g,茯苓 40 g,干姜 50 g,扁豆 50 g,补骨脂 60 g,五味子 50 g,吴茱萸 50 g,桂皮 40 g,升麻 40 g,甘草 30 g。上药为末加温内服。

二十一、奶牛纤维蛋白膜性肠炎

奶牛纤维蛋白膜性肠炎,是肠壁发生的一种特殊的炎症反应,患牛因剧烈腹痛而努责,排出纤维蛋白凝结管状膜状物或索状物,在未排出纤维蛋白凝结管状膜状物或索状物时很难确诊此病。

1. 病因

目前病因还不十分清楚,有材料报道因为采食含有有机磷农药的饲草而引起肠道产生特殊反应而引起。

2. 症状

病初期患牛食欲、反刍减少,瘤胃蠕动弱,整个病程有轻度的腹痛,表现不安,用止痛药效果不明显,在未排除病灶前,先排出大量腥臭稀便,腹痛加剧,后肢踢腹部,有时鸣吼,食欲、反刍停止,暴躁不安,强烈努责,经过多次强烈努责后,排出如小肠样灰白色管状物,切开厚度约 2 mm,长短不一,长者数丈,短者数尺,管状物排出后,腹痛症状缓慢消失,食欲、反刍逐渐恢复,个别牛仍有 2～3 天腹泻,腹泻期间食欲、反刍欠佳,并有脱水表现,体温、呼吸无明显变化,此症发病率、死亡率较低。病灶排除后,一般不用药物治疗即可痊愈。

3. 治疗

如脱水严重者,用10%葡萄糖1 500 mL,复方氯化钠溶液2 000 mL,10%安钠加30 mL,维生素C、维生素B_1各50 mL,一次性静脉注射,根据脱水情况可重复用药。

二十二、奶牛血痢

1. 病因

奶牛血痢,多发生在夏秋季节,多因暑期炎热,热毒积于胃内,潴留肠间,致成此患。因饲养管理粗放,引起脾胃虚弱,脾虚则不能统摄血液,引起本病发生。

2. 症状

血痢不分年龄、性别均可发生,患畜表现精神沉郁,食欲、反刍减少,严重者食欲、反刍停止,体温升高,口腔津液少而发黏,有腹痛表现,粪便稀薄带血,口色多鲜红。

3. 治疗

清热、解毒、止血。

处方:地榆槐花汤加减。

地榆60 g,槐花50 g,双花60 g,连翘50 g,黄连50 g,白芍40 g,木香40 g,苦参50 g,棕榈炭50 g,侧柏叶50 g,大黄30 g,甘草30 g。上药为末加温内服。

第二节　胎产疾病

一、流产

流产是由于胎儿或母体异常而导致妊娠的生理过程发生扰乱,或它们之间的正常关系受到破坏而导致的妊娠中断。它可以发生在妊娠的各个阶段,但以怀孕早期较为多见。各种家畜均能发生流产,奶牛流产率约在10%,即使在无布鲁氏菌病流行的地区,发病率也常达2%~5%。如果母体在怀孕期满前排出成活的未成熟的胎儿,称为早产。如果在分娩时排出死亡的胎儿,称为产死胎。流产造成的损失较严重,不仅使胎儿夭折或发育受到影响,而且还危害母牛的健康,使奶牛的产奶量下降,生产性能降低、繁殖能力下降。

(一)病因

流产的原因较为复杂,可以概括为三类:普通流产(非传染性流产)、传染性流产和寄生虫性流产。每类流产又可以分为自发性流产与症状性流产。自发性流产为胎儿及胎盘发生反常或直接受到影响而发生流产;症状性流产是孕牛某些疾病的一种症状,或者是饲养管理不当导致的结果。

1. **普通流产(非传染性流产)**

原因大致可归纳为以下几种。

(1)自发性流产。

胎膜及胎盘异常:胎膜发生异常往往导致胚胎死亡。例如,无绒毛或绒毛发育不全,可使胎儿与母体间的物质交换受到限制,胎儿不能发育。这种反常有时是先天性的,有时可能是因为母体子宫部分黏膜发炎变性,绒毛膜上的绒毛不能和发炎的黏膜发生联系而退化。奶牛常见的一种胎膜反常是附属胎盘,这是在正常胎盘之间发生的许多很小的胎盘,但这种反常一般不会引起流产,而只是胎儿的生活能力不强。

胚胎过多:奶牛所孕胎儿的多少与遗传和其子宫容积有关。奶牛怀双胎,特别是两个胎儿在同一子宫角内,流产的概率要比怀单胎大,多发生于怀孕 6～7 个月或以后,原因是两个胎儿绒毛膜和子宫黏膜的接触面均受到限制,血液供应不足,得不到足够的营养,不能发育下去。

胚胎发育停滞:在怀孕早期的流产中,胚胎发育停滞是胚胎死亡的一个重要组成部分。发育停滞可能是因为卵子或精子有缺陷;染色体异常或由于配种过迟、卵子老化而产生的异倍体;也可能是由于近亲繁殖,受精卵的活力降低。因而,囊胚不能发生附植,或附植后不久死亡。有的畸形胎儿在发育中途死亡,但也有很多畸形胎儿能够发育到足月。

(2)症状性流产。在普通流产中,广义的症状性流产不但包括因奶牛普通病及生殖激素失调引起的流产,而且也包括饲养管理不当、损伤及医疗错误引起的流产。下述病因是引起流产的可能原因,并非一定会引起流产,这可能和畜种、个体反应程度及其生活条件不同有关。有时流产是几种原因共同造成的。

生殖器官疾病:奶牛生殖器官疾病所造成的症状性流产较多。例如,患局限性慢性子宫内膜炎时,有的交配可以受孕,但在妊娠期间如果炎症发展,则胎盘受到侵害,胎儿死亡。患阴道脱出及阴道炎时,炎症可破坏子宫颈黏液塞,侵入子宫,引起胎膜炎,危害胎儿。此外,先天性子宫发育不全、子宫粘连等,也能妨碍胎儿的发育,妊娠至一定阶段即不能继续下去。胎水过多、胎膜水肿等偶尔也可能引起流产。

与妊娠有关的生殖激素失调,也会导致胚胎死亡及流产,其中直接有关的孕酮、雌激素和前列腺素。奶牛生殖道的机能状况,在时间上应和受精卵由输卵管进入子宫及其在子宫内的附植处于精确的同步阶段。激素作用紊乱,子宫环境即不能适应胚胎发育的需要而发生早期胚胎死亡。以后,如孕酮不足,也能使子宫不能维持胎儿的发育。

非传染性全身疾病,例如,牛的瘤胃胀气可能因反射性引起子宫收缩,或起卧打滚,引起流产。牛顽固性瘤胃弛缓及真胃阻塞,病程长的,也能导致流产。此外,能引起体温升高、呼吸困难、高度贫血的疾病,都有可能发生流产。

饲养性流产:饲料数量严重不足和矿物质含量不足均可引起流产。此外,饲料品质不良及饲喂方法不当,如喂给发霉和腐败饲料,饲料中含有亚硝酸盐、农药或有毒植物等,均可使孕牛流产。缺硒地区奶牛除表现缺硒症状外,有时也会发生散发性流产。怀孕奶牛由舍饲突然转为放牧,饥饿后饲喂大量可口饲料,引起消化紊乱或疝痛而导致流产。另外,吃霜冻草、露水草、冰冻饲料,饮冷水,尤其是出汗、空腹及清晨饮冷水或吃雪,均可反射性地引起子宫收缩,而将胎儿排出。

中毒性流产:饲喂霉变的饲料后引起流产,原因是串珠镰刀菌繁殖而产生玉米赤霉烯酮。某些重金属如镉中毒、铅中毒等可导致流产,细菌内毒素也能引起流产。

损伤性及管理性流产:主要由于管理及使用不当,使子宫和胎儿受到直接或间接的机械性损伤,或孕牛遭受各种应激的剧烈危害,引起子宫反射性收缩而发生散发性流产。

腹壁的碰伤、抵伤和踢伤,怀孕奶牛在泥泞、结冰、光滑或高低不平的地方跌倒、抢食、争夺以及入圈舍时过挤均可造成流产。

剧烈的运动、跳跃障碍、上下陡坡等,可能使胎儿受到振动而流产。

精神性损伤,如惊吓、粗暴的鞭打、打冷鞭、惊群、打架等,可使怀孕奶牛精神紧张,肾上腺素分泌增多,反射性地引起子宫收缩。

医疗错误性流产:全身麻醉,大量放血,手术,服用过量泻剂、驱虫剂、利尿剂,注射某些可以引起子宫收缩的药物,如氨甲酰胆碱、毛果芸香碱、槟榔碱或麦角制剂等,误给大量堕胎药如雌激素、前列腺素,误喂孕牛忌用的药物以及注射疫苗等,均有可能引起流产。

给孕牛服用刺激剂,会导致流产。粗鲁的直肠检查、阴道检查,超声波诊断,怀孕后误配,也可能引起流产。

此外,流产与空怀时间也有关系,试验证实,奶牛空怀时间越长,流产发生的概率越高。空怀时间超过3个月则流产概率高达55.2%以上。经检查发现,空怀时间超过3个月的母牛,绝大部分为肥胖牛,肥胖牛排卵数较少,往往不易受孕;即便受孕,由于体内脂肪过多,血脂浓度过高,影响体内类固醇激素的代谢,影响子宫的正常机能,使胚胎体内存活受到阻碍而发生流产。

2. 传染性流产

传染性流产是由传染病引起的流产。很多微生物都能引起怀孕母牛流产,表4-1中所列的为常见的、危害比较严重的病因。它们不是侵害胎盘及胎儿引起自发性流产,就是以流产作为其一种症状,发生症状性流产。

表4-1　危害奶牛生殖力的主要传染病及寄生虫病

病名	病原	诊断		预防方法
		临床特征症状	其他	
布鲁氏菌病	布鲁氏菌	妊娠后期流产,公牛不育	细菌学检查、凝集反应、全乳环状反应	免疫、淘汰阳性牛
钩端螺旋体病	钩端螺旋体	血红蛋白尿,妊娠后期	镜检,凝集—溶解反应,补体结合反应	免疫
肉芽肿阴道炎	病毒、细菌或支原体	结节性阴道炎、龟头炎	无	无
牛传染性鼻气管炎	牛传染性鼻气管炎病毒	呼吸道表现、死胎、流产、干尸化	分离病毒、血清中和试验、荧光抗体试验	免疫
牛病毒性腹泻	牛病毒性腹泻-黏膜病病毒	妊娠早期流产,死胎、干尸化	分离病毒,血清中和试验	免疫
支原体病	支原体	不育、流产	分离培养	
滴虫病	胎儿毛滴虫	不育、子宫积脓,流产	原虫检查	停止本交
李氏杆菌病	李氏杆菌	神经症状,圆周运动,流产	分离培养	人工授精隔离,停止饲喂青饲料
弯曲杆菌病	胎儿弯曲杆菌	不育	阴道黏液凝集试验培养,荧光抗体检查	人工授精,免疫

3. 寄生虫性流产

引起奶牛流产的寄生虫病除表4-1所列的外,还有弓形体病、牛梨形虫病、环形泰勒梨形虫病、边虫病、血吸虫病等。

（二）症状

由于流产的发生时期、原因及母牛反应能力不同,流产的病理过程及所引起的胎儿变化和临床症状也不一样,但基本可以归纳为 4 种,即隐性流产、排出不足月的胎儿、排出死亡而未经变化的胎儿和延期流产。

1. 隐性流产

隐性流产也可称为早期胚胎死亡,是指胚胎在妊娠 1 个月之内的死亡,也是隐性流产的主要原因。由于发生妊娠初期,临床上难以看到母牛有什么外部表现。此时胚胎尚未形成胎儿,死后组织液化,被母体吸收,或者在母牛再发情时随尿而排出,很难发现。隐性流产的发生率很高,往往表现为屡配不孕。

2. 排出不足月的胎儿

这类流产的预兆及过程与正常分娩相类似,胎儿排出时是活的,但未足月即排出,所以也称为早产。产前的征兆不像正常分娩那样明显,往往仅在排出胎儿前 2～3 天,乳腺突然膨大、阴唇稍微肿胀、乳头内可挤出清亮液体,阴门内有清亮黏液排出。

3. 排出死亡而未经变化的胎儿

这是流产中最常见的一种。胎儿死于腹中,对于母体来说就像异物一样,引起子宫收缩反应(如无收缩反应,则胎儿干尸化),数天之内将死胎及胎衣排出体外。

妊娠初期的流产,因为胎儿及胎膜很小,排出时不易被发现,而被误认为隐性流产。妊娠前半期的流产,事前常常无任何征兆。妊娠后期流产的征兆和早产相同。胎儿未排出前,直肠检查感觉不到胎动,妊娠脉搏变弱。阴道检查发现子宫颈口开张,黏液稀薄。

如胎儿较小,排出顺利,预后较好,以后母牛仍能受孕,否则胎儿腐败后可以引起子宫炎或阴道炎,以后不易受孕;偶尔还可能继发败血症,导致母牛死亡。因此,必须尽快使胎儿排出体外。

4. 延期流产

延期流产又称死胎停滞,胎儿死亡后由于阵缩微弱,子宫颈管不开张或开张不大,死后长期停留于子宫内,为延期流产。依据子宫颈是否开张,其结果有两种。

(1)胎儿干尸化:胎儿死亡后,未被排出体外,其组织中的水分及胎水被吸收,变为棕黑色,好像干尸一样,称为胎儿干尸化。按照一般规律,胎儿死后不久,母体就应把它排出体外,但如果黄体不萎缩,仍维持其正常机能,则子宫并不强烈收缩,子宫颈也不开张,胎儿仍留于子宫中。因为子宫腔与外界隔绝,阴道内的细菌不能侵入,如果细菌也未通过血液进入子宫,胎儿就不腐败分解,以后,胎水及胎儿组织中的水分逐渐被吸收,胎儿变干,体积缩小,并且头及四肢蜷缩在一起,形成干尸样。胎儿干尸化常见于牛,这与母体及其子宫对胎儿死亡的反应敏感性较差有关。

干尸化的胎儿一般在子宫中停留相当长的时期。母牛一般是在妊娠期满数周内,黄体的作用消失而再发情时,才将胎儿排出。有时也可能发生在妊娠期满以前,个别的干尸化胎儿则长久停留于子宫内而不被排出。

排出胎儿以前,母牛不出现外表症状,所以不易被发现。但如经常注意母牛的全身状况,则可发现母牛妊娠至某一时间后,妊娠的外表现象不再发展。直肠检查感到子宫呈圆球状,其大小依胎儿死亡时间的不同而异,且较妊娠月份应有的体积小得多。一般大如人头,但也有较大较小的。内容物坚硬,这就是胎儿。在硬的部分之间较软的地方,乃是胎儿各部分之间的空隙。子宫壁紧包着胎儿,摸不到胎动、胎水及子叶。有时子宫与周围组织发生粘连。卵巢上有黄体,摸不到妊娠脉搏。

只要能顺利排出胎儿,预后一般都好。

(2)胎儿浸溶:妊娠中断后,死亡胎儿的软组织分解,变为液体流出,而骨骼留在子宫内,称为胎儿浸溶。

胎儿死后,究竟发生浸溶还是干尸化,关键在于黄体是否萎缩及子宫颈是否开张。如黄体萎缩,子宫颈就开放,微生物即沿阴道侵入子宫及胎儿,胎儿的软组织先是气肿,2天后开始液化分解而排出,骨骼则因子宫颈开张不够大,排不出来。胎儿浸溶比干尸化少见。

胎儿气肿及浸溶时,细菌引起子宫炎,因而可使母牛表现败血症及腹膜炎的全身症状。先是在气肿阶段精神沉郁,体温升高,食欲减退,瘤胃蠕动减弱,并伴有腹泻。如为时已久,上述症状即有所好转,但极度消瘦,母牛经常努责。胎儿软组织分解后变为红褐色或棕褐色难闻的黏稠液体,在努责时流出,并可带有小的骨片。最后则排出脓液,液体沾染在尾巴及后腿上,干后成为黑痂。

阴道检查,发现子宫颈开张,在子宫颈内或阴道中可以摸到胎骨。视诊还可以看到阴道及子宫颈黏膜红肿。

直肠检查可以帮助诊断,并和胎儿干尸化进行鉴别。子宫的情况一般和胎儿干尸化时相同,子宫壁增厚,但可摸到胎儿参差不齐的骨片,捏挤子宫可感到骨片互相摩擦。子宫颈粗大。如在分解开始后不久检查,因软组织尚未溶解,则摸不到骨片摩擦;然而这时借阴道检查,仍能将胎儿干尸化及正常妊娠区别开来。

有时胎儿浸溶发生在妊娠初期,胎儿小,骨片间的联系组织松软,容易分解,所以大部分骨片可以排出,仅留下少数。最后子宫中排出的液体也逐渐变得清亮了。如果畜主不了解母牛所患疾病,多误认为屡配不孕而求诊,可使兽医误诊为子宫内膜炎。

发生胎儿浸溶时,体温升高、心跳呼吸加快、不食、喜卧,阴门中流出棕黄色黏性液体。偶尔浸溶仅发生于部分胎儿,如距产期已近,排出的胎儿中可能还有活的。发生胎儿浸溶时,预后必须谨慎,因为这种流产可以引起腹膜炎、败血症或脓血症而导致死亡。对于母牛以后的受孕能力,则预后不佳,因为它可以造成严重的慢性子宫内膜炎,子宫也常和周围组织发生粘连,使母牛不能受孕。

(三)治疗

首先应确定属于何种流产以及妊娠能否继续进行,在此基础上再确定治疗原则。

隐性流产由于很难发现,所以只能采取前期预防措施,主要是针对胚胎死亡的发生原因进行预防,以减少胚胎早期死亡率,提高产子率及成活率。加强饲养管理,保证奶牛营养供应,尽可能地满足奶牛对维生素及微量元素的需要,并保证优良的环境条件,以提高配子质量,使早期胚胎得到正常发育;确保奶牛神经体液调节的平衡,在奶牛妊娠早期,胚胎和垂体之间、垂体和卵巢之间以及卵巢和子宫之间的神经体液之间有一定的平衡关系。如果这个平衡遭到破坏,就使胚胎在发育初期死亡。为了保证神经体液调节平衡,首先要给母牛创造良好的安静环境,防止人为的粗暴动作,造成母牛精神紧张。母牛神经紧张,必定使牛神经体液调节遭受破坏,从而造成肾上腺素的分泌过量,导致抑制垂体素的释放,影响胚胎的正常发育,使胚胎死亡。为使母牛保持安静,在输精前洗涤外阴,按摩阴蒂。输精后有节律地按摩子宫颈和子宫,尽量使母牛有自然交配时的快感,促进垂体素和黄体生成素的释放;选择亲和力强的公牛精液配种,资料显示,配准率最高的一头公牛,情期受胎率为61%,而最低的一头仅为26%;胚胎死亡率最高的一头公牛是70%,而最低的一头仅为11%,相差悬殊。所以,用配准率最高的公牛精液配种,是减少胚胎早期死亡,提高妊娠率的一项重要措施。在生产中如一头母牛用某一头公牛精液屡配不孕,而更换另一头公牛的精液则有可能很容易受孕;适时输精,母牛卵子排出后只能存活 6~12 h,公牛精子在子宫内只能存活 24~48 h。如输精过早,当卵子排出时,精子已经衰老;如输精太晚,当精子进入输卵管时,因卵子等候太久,也已经衰老。已结合的卵子和精子,只要有一方衰老,都易发生胚胎早期死亡。怎样才能做到适时输精呢?经验是:一摸,摸滤泡的发育程度,当滤泡壁变薄,软而有弹力,有一触即破之感觉,即在滤泡发育末期时输精;二看,看母牛发情的行为表现,当滤泡发育末期,母牛刚刚安静下来,阴唇肿胀开始消退,此时是输精的好时机;三等,等到母牛发情后期输精,在一般情况下,早上发情晚上输精,下午发情和晚上发情,次日正午前后输精。三者必须有机结合,才能取得更好的效果。还应注意采精、输精过程中的无菌操作,可以使胚胎死亡率由 32% 下降到 21%。

对于先兆流产,即孕牛出现腹痛、起卧不安、呼吸和脉搏加快等临床症状,可能发生流产。处理的原则是安胎,使用抑制子宫收缩药,可采用如下措施:

(1)肌内注射孕酮 50～100 mg,每日或隔日 1 次,连用数次。为防止习惯性流产,也可在妊娠的一定时间试用孕酮,还可注射 1% 硫酸阿托品 1～3 mL。

(2)给以镇静剂,如溴剂、氯丙嗪等。

(3)禁行阴道检查,尽量控制直肠检查,以免刺激母牛。可进行牵遛,以抑制努责。

先兆性流产经上述处理,病情仍未稳定下来,阴道排出物继续增多,起卧不安加剧;阴道检查,子宫颈口已经开放,胎囊已经进入阴道或已破水,流产已在所难免,应尽快促使子宫内容物排出,以免胎儿死亡腐败引起子宫内膜炎,影响以后受孕。

如子宫颈口已经开大,可用手将胎儿拉出。流产时,胎儿的位置及姿势往往反常。如胎儿已经死亡,矫正困难,可以施行截胎术。如子宫颈开张不大,手不易伸入,可使用药物促使子宫颈开张,并刺激子宫收缩。

对于早产胎儿,如有吮乳反射,可尽量加以挽救,帮助吮乳或人工喂奶,并注意保暖。

对于延期流产,胎儿发生干尸化或浸润的,首先可使用前列腺素制剂,继而或同时应用雌激素,溶解黄体并促使子宫颈扩张。同时因为产道干涩,应在子宫及产道内灌入润滑剂,以便子宫内容物易于排出。

对于干尸化胎儿,由于胎儿头颈及四肢蜷缩在一起,且子宫颈开张不大,尽管用一定力量或试图截胎,但仍不能将胎儿取出。最好通过剖腹产术取出,采用站立保定,右肷部切开,这可使手术通路便于暴露。

对于胎儿浸溶,如软组织已基本液化,需尽可能将胎骨逐块取净。分离骨骼有困难时,需根据情况破坏后取出。操作过程中,术者要防止自己受到感染。

取出干尸化及浸溶胎儿后,因为子宫中留有胎儿的分解组织,必须用消毒液或 5%～10% 盐水等冲洗子宫,并注射子宫收缩药,促使液体排出。对于胎儿浸溶,因为有严重的子宫炎及全身变化,必须在子宫内放入抗生素,并须特别重视全身治疗,以免发生不良后果。

习惯性流产采用中药方剂保胎安全散:当归、菟丝子、黄芪、续断各 30 g,炒白

芍、川贝母、荆芥穗(炒黑)、厚朴、炙甘草、炒艾叶、羌活各 9 g,黑杜仲、川穹各 15 g,
补骨脂 24 g,枳壳 12 g,共为细末,开水冲调,候温灌服,隔日 1 剂,连服 3～4 剂。

同时促黄体素,初产牛每次肌内注射 100 IU,经产牛每次肌内注射 200 IU,每
日 1 次,连用 2～3 天。黄体酮注射液 80～120 mg,皮下注射,每日 1 次,连用
3 天。

二、产前截瘫

产前截瘫是妊娠末期孕牛既无导致瘫痪的局部因素(如腰、臀部及后肢损
伤),又无明显的全身症状,而后肢不能站立的一种疾病。该病在各种家畜均可发
生,但牛多见。本病带有地域性,有的地区常大量发生,同时也见于冬、春季节。
体弱衰老的孕牛更容易发病。

1. 病因

该病的发病原因很难查清楚。孕牛截瘫可能是妊娠末期许多疾病的症状,例
如,营养不良、胎水过多、严重的子宫扭转、损伤性胃炎、继发腹膜炎、酮血症、风
湿、腰臀部及后肢损伤等。但饲料单纯、营养不良、钙磷及维生素缺乏,可能是发
病的主要原因。通常可以分为 5 种类型。

一是风湿型。圈舍长期泥泞,化冻时放牧,奶牛长时间陷在冰冷的泥水之中
等引起奶牛的关节疾病。主要发生在秋雨季节与初春解冻时,在产前 7 天内
发生。

二是酸中毒型。饲喂或偷食大量碳水化合物饲料,产生大量有机酸,造成自
体代谢酸中毒。中毒型一年四季都可发生,主要发生在临产当天。

三是缺钙型,饲料中钙缺乏或钙磷比例不合理。正常情况下骨骼中和体液以
及其他组织中的钙、磷,都是维持动态平衡的。若食物中钙、磷含量不足或比例失
调,骨中钙盐就会沉着不足,同时血钙浓度也下降,从而促进甲状旁腺素分泌增
加,刺激破骨细胞的活动,而使骨盐(主要是磷酸钙、碳酸钙、枸橼酸钙等)溶解,释
入血中,维持血浆中钙的生理水平,骨的结构因此受到损伤,导致瘫痪。妊娠末
期,由于胎儿发育迅速,对矿物质的需要增加,母体优先供应胎儿的需要而使本身
不足;而子宫的重量也大为增加,且骨盆韧带变松软,因而后肢负重发生困难,甚
至不能站立。

长期饲喂含磷酸及植物多的饲料,过多的磷酸及植酸和钙结合,形成不溶性
磷酸钙及植酸钙,随粪便排出,使消化道吸收的钙减少。有些地区土壤及饮水(特
别是井水)中普遍缺磷,因此骨盐不能沉着。胃、肠机能紊乱、慢性消化不良,维生
素 D 缺乏等,也能妨碍钙经小肠吸收,使血钙浓度降低。缺钙型的发生在冬季,主

要发生在临产时。

四是缺钾型。主要在舍饲期间,由于长期缺乏矿物质补充及优质干草或多汁饲料。此外,铜、钴、铁等微量元素不足,可引起贫血及衰弱而发生本病。如果在水土和植物中含大量钼的地区,则在伴随着铜、钴、铁缺乏的同时还可能发生慢性腹泻,进而发生衰弱瘫痪。缺钾型多在春季,主要发生在产前 1～2 个月,预后不良时,应进行引产。

五是神经型。胎儿过大;冬天放牧打滑摔倒;牛群间相互顶架等引起母牛的闭孔神经及支配后躯的神经肌群韧带受损伤。胎儿躯体过大形成对盆腔神经、血管的压迫也可使后肢站立困难。

2. 症状

孕牛一般在分娩前 1 个月左右逐渐出现运动障碍。最初仅见站立时无力,两后肢经常交替负重;行走时后躯摇摆,步态不稳;卧下时起立困难,因而长久卧地。以后症状加重,后肢不能起立。有时可能因步态不稳滑倒后突然发病。

风湿型:关节强拘,有时肿胀,背腰肌群弹性降低,食欲减退,心音增强,可出现期外收缩杂音,针刺反应敏感。

酸中毒型:精神沉郁,流口水或白色泡沫。排恶臭稀粪或水样粪便,可见到未消化饲料。尿少色深,有时脱水。生理指标紊乱,严重的昏迷。针刺反应迟钝,昏迷时则消失。轻者呈犬坐姿势。

缺钙型:精神沉郁,头颈弯向一侧,可爬行。生理指标紊乱,针刺反应不敏感。

缺钾型:后躯能抬起 50 cm 以上,或后躯能完全抬起,能前低后高地向前爬行。针刺反应敏感。生理指标基本正常。

神经型:后躯不能抬起或稍能抬起,时有犬坐姿势,有时触动后躯似有痛感。针刺反应敏感,各项生理指标正常。

临床检查后躯无可见的病理变化,触诊无疼痛表现,反应正常。如距分娩时间尚早,患病时间长,则可能发生褥疮及患肢肌肉萎缩,有时伴有阴道脱出。通常没有明显的全身症状,但有时心跳快而弱。分娩时,母牛可能因轻度子宫捻转而发生难产。

3. 治疗

如截瘫是因缺钙引起的,可静脉注射 10％葡萄糖酸钙 200～500 mL 及 5％葡萄糖溶液 500 mL,隔日 1 次,有良好效果;也可隔日 1 次静脉注射 10％氯化钙 100～300 mL 及 5％葡萄糖 500 mL。为了促进钙盐吸收,可肌内注射骨化醇(维生素 D_2)10～15 mL(1 mL 含 40 万 IU)或维生素 AD 10 mL(1 mL 含维生素 A 50 000 IU,维生素 D 5 000 IU),如有消化紊乱、便秘、瘤胃胀气等,应对症治疗。

对缺磷的病牛可静脉注射磷酸二氢钾。

理气消食,补气养血,养血健胃散加减汤:党参、白术、茯苓、陈皮、苍术、当归、白芍、枳壳、益智、神曲、山楂、麦芽各 30 g,炙甘草 15 g,水煎候温灌服,每天 1 次,连服 12 天。

如距分娩已近,且因发生褥疮而有引起全身感染的危险时,可人工引产,以挽救母牛及胎儿的生命。

产前发生截瘫,往往时间拖延很久,必须耐心护理,并给以含矿物质及维生素丰富的易消化饲料,给病牛多垫褥草,每日翻转数次,并用草把等摩擦腰荐部及后肢,促进后肢的血液循环。

病牛有可能站立时,每日应抬起几次,以便四肢能够活动,促进局部血液循环,防止发生褥疮。

三、阴道脱出

阴道脱出是指阴道底壁、侧壁和上壁一部分组织肌肉松弛扩张,连带子宫和子宫颈向后移,使松弛的阴道壁形成折壁嵌堵于阴门之内(阴道内翻)或突出于阴门之外(阴道外翻),可以使部分阴道脱出,也可以是全部阴道脱出。常发生于妊娠末期,也可以发生于妊娠 3 个月后的各个阶段和产后期。

1. 病因

病因多种多样,但与母牛盆腔的局部解剖构造可能有一定关系。妊娠母牛年老经产,衰弱、营养不良、缺乏钙磷等矿物质及运动不足,常引起全身组织紧张性降低;妊娠末期,胎盘分泌的雌激素较多,或采食含雌激素较多的牧草,可使骨盆内固定阴道的组织及外阴松弛。如同时伴有腹压持续增高的情况,如胎儿过大、胎水过多、瘤胃膨胀、便秘、腹泻、产前截瘫、患严重软骨病卧地不起或奶牛长期置于前高后低姿势,以及产后努责过强等,压迫松软的产道壁,均可使阴道部分或全部突出于阴门之外。奶牛患卵巢囊肿,因分娩雌激素较多,也常继发阴道脱出。另外也可能与遗传有关。

2. 症状

阴道部分脱出:主要发生在产前。病初,仅在病牛卧下时,可见阴道前庭及阴道下壁(有时为上壁)形成拳头大小、粉红色瘤样物,夹在阴门之间,或露出于阴门之外;母牛起立后,脱出的部分能自行缩回。以后,如病因未除,经常脱出,则脱出的阴道壁逐渐变大,以致病牛起立后经过较长时间脱出的阴道壁才能缩回,黏膜红肿干燥。有的母牛每次妊娠末期均发生,称为习惯性阴道脱出。

阴道完全脱出:产前发生的,是由于阴道部分脱出的病牛未及时治疗,或由于脱出的阴道壁发炎、受到刺激，导致不断努责而引起。可见一排球大小的囊状物从阴门中突出，表面光滑，粉红色；病牛起立后，脱出的阴道壁不能缩回。在脱出的阴道壁末端，可以看到黏液塞至子宫颈口；下壁的前端可见尿道口，排尿不顺畅。胎儿的前置部分有时进入脱出的囊内，触诊可摸到。产后发生的，脱出往往不全，所以体积一般较产前阴道脱出小，在其末端有时可看到子宫颈膣部肥厚的横皱襞，脱出的阴道壁也较厚。

阴道脱出的部分如长期不能回缩，黏膜瘀血，变为紫红色；黏膜发生水肿，严重时可与肌层分离；因受地面摩擦及粪尿污染，常使脱出的阴道黏膜破裂、发炎、糜烂或者死亡。严重时可继发全身感染，甚至死亡。冬季易发生冻伤。

根据阴道脱出的大小及损伤发炎的轻重，病牛有不同程度的努责。牛的产前脱出常因阴道及子宫壁受到刺激，发生持续强烈的努责，可能引起直肠脱出、胎儿死亡及流产等久病后，病牛精神沉郁，脉搏快而弱，食欲减少，牛产后发生阴道脱出，必须检查是否有卵巢囊肿。

3. 治疗

本病以手术整复为主，对脾胃虚弱、中气不足可内服补中益气方剂，以调补脾胃，升阳益气。

阴道部分脱出：因病牛起立后能自行缩回，所以仅防止脱出部分继续增大、避免损伤及感染发炎即可。将病牛采取前低后高姿势，适当增加运动，减少卧下时间；将尾固定于一侧，以免尾根刺激脱出的黏膜。及时治疗便秘、腹泻、瘤胃弛缓等其他疾病。

阴道完全脱出：必须迅速整复，并加以固定，防止复发。病牛保持前低后高姿势，不能站立的将后躯垫高，以减少盆腔压力。努责强烈的，在第一、二尾椎间隙进行轻度硬膜外麻醉，或后海穴麻醉。用0.1%高锰酸钾溶液或0.05%～0.1%新洁尔灭等将脱出的阴道充分洗净，除去坏死组织，伤口大时要进行缝合，并涂以消炎药物。若黏膜水肿严重，可先用毛巾浸于2%明矾水进行冷敷，并适当压迫15～30 min；也可针刺水肿黏膜，挤压排液；涂以过氧化氢，可使水肿减轻，黏膜发皱。

整复时先用消毒纱布将脱出的阴道托起，在病牛不努责时，用手将脱出的阴道向阴门内推送；待全部推入阴门后，再用拳头将阴道推回原位。最后在阴道内注入消毒药液，或在阴门两旁注射抗生素。如果努责强烈，可在阴道内注入2%普鲁卡因10～20 mL。

整复后，如病因未除，容易复发。为防止再次脱出，可采用压迫固定阴门、缝合阴门或阴道、在阴门两侧深部组织内注射酒精、尾间隙硬膜外腔麻醉、注射肌肉松弛剂等方法，其中以缝合阴门及阴道侧壁和臀部皮肤缝合的方法较为确实可靠。

阴门缝合:采用双内翻缝合,距阴门 3 cm 皮厚处进针,距阴门 0.5 cm 处出针,两侧露在皮肤外面的缝线上必须套上一段橡皮管,防止强烈努责时缝线将皮肤勒破;阴门下 1/3 部分不要缝合,以免妨碍排尿。数天后病牛不再努责时,再拆除缝线,拆线不要过早,但如手术后很快临产,应及时拆线。

阴道黏膜下层部分切除:这种手术适用于阴道黏膜广泛水肿和坏死的病例。将有病变的黏膜从阴道部分切除。术前除做硬膜外腔麻醉外,可局部注射 0.25% 普鲁卡因和肾上腺素,进行黏膜下浸润麻醉。切除部位是在子宫后部至尿道外口的阴道段,将有病的黏膜切除掉。切除的部分是阴道背面时要窄,是腹面时要宽。用 3 号或 4 号铬肠线将正常的黏膜切口两缘缝合,通常是边切除一段边缝合一段,以减少出血。只能切除黏膜和肌层,不能伤及浆膜层。膀胱有扩张并脱入阴道时,3~4 周内即将分娩或流产的病例,不能用此法。

此外,对阴道轻度脱出的孕牛注射孕酮,可能收到一定的疗效。可每日肌内注射孕酮 50~100 mg,至分娩前 20 天左右停止注射。

中药组方:党参 40 g,白术 30 g,升麻 20 g,黄芪 40 g,当归 25 g,川芎 25 g,柴胡 20 g,陈皮 30 g,麦芽 100 g,神曲 100 g,甘草 20 g,研粉开水冲服,一日一剂,连用 3~5 天。

补中益气汤加味:黄花 70 g,党参 50 g,白术 50 g,陈皮 40 g,当归 60 g,升麻 50 g,柴胡 50 g,枳壳 50 g,甘草 30 g。上药为末加温灌服。每日一剂,连用 3 剂。

外敷:明矾 30 g,冰片 30 g,滑石粉 30 g。用 1% 高锰酸钾冲洗脱出部分,将上述药物共研细末,敷于脱出部分,并整复固定。一日一次,直到痊愈。

四、子宫扭转

子宫扭转是指子宫、一侧子宫角或子宫角的一部分围绕自己的纵轴发生扭转。从妊娠后 70 天至分娩的任何时期均可发生,90% 在临产时发生,多引起难产,80% 的病例扭转程度为 180°~270°,个别病例可达 720°,大多数病例扭转涉及阴道,而且向右比向左扭转的多。

1. 病因

子宫扭转虽然和妊娠子宫的形态特点及母牛起卧的姿势有关,但能使母牛身体急剧转到的任何动作,都可能引起子宫扭转。妊娠末期,母牛伴随起卧转动身体时,子宫因胎儿重量大,不随腹壁转动,即可向一侧发生扭转。下坡时绊倒,或运动中突然改变方向,均易引起子宫扭转。母牛临床时因疼痛起卧也可发生扭转。

妊娠末期的子宫扭转与子宫的形态特点有很大关系。由于孕角很大,子宫大弯显著地向前扩张,但小弯的扩张不明显,而且有子宫阔韧带附着,固定住了孕角的后端,而前端的大部分基本游离于腹腔,仅有腹腔底、瘤胃及其他脏器固定,因此无论起卧,都有一个阶段子宫在腹腔内呈悬空状态。这时,如果母牛转动身体,胎儿和子宫由于重量大,不能随腹腔转动,就可以使孕角向一侧发生扭转。母牛的腹腔左侧被庞大的瘤胃占据,妊娠子宫常被挤向右侧,所以子宫向右侧发生扭转的较多。由于阴道后端有周围组织固定,所以扭转发生于阴道前端,有时发生在子宫颈前。在分娩开口期中,胎儿转变为上位时,过度而强烈的转动也可能引起子宫扭转。另外,胎儿对子宫肌层的收缩发生反应,调整其姿势而出现的运动也可能与子宫扭转有关。

此外,饲养不当和运动缺乏,尤其是长期限制妊娠母牛运动,致使子宫及其支持组织弛缓,腹壁肌肉松弛,也可诱发子宫扭转。

2. 症状

产前发生的扭转,扭转小于 90°的,一般母牛不表现症状。超过 180°的,孕牛因子宫阔韧带伸长而有明显的不安和阵发性腹痛,并随着病程延长和血液循环不畅,腹痛加剧,表现摇尾、刨地、后肢踢腹、出汗、食欲减退或消失、卧地不起或打滚。弓腰、努责,但不见排出胎水。腹围增大,体温正常,呼吸脉搏加快,极易误诊为疝痛或胃肠机能紊乱。随着血液循环受阻加重,腹痛剧烈,时间间隙缩短;也可能因扭转严重,持续时间过长,麻痹而不再疼痛,但病情恶化。个别牛因子宫阔韧带撕裂和子宫血管破裂而表现内出血,甚至引起子宫高度充血和水肿,扭转处坏死,发生腹膜炎。妊娠最后几个月发生的扭转,如不及时检查,病程可达几天、几周甚至几个月,直到分娩时才有可能表现出来。因此,凡妊娠后期的母牛如果表现上述腹痛症状,均须及时进行阴道检查及直肠检查,以便尽早做出正确诊断。

临产时发生的子宫扭转,母牛可出现正常的分娩征兆,而且分娩之前常表现正常。但在开口期之后由于子宫肌层的收缩可出现腹痛,并可能发生努责,子宫颈开放,但因软产道狭窄或关闭,胎儿难以进入产道,故扭转不明显,同时胎膜也不能露出于阴门之外,腹痛、不安等症状要比正常分娩严重,这时要进行阴道和直肠检查,以便尽早诊断救治。如果扭转不能及时矫正,则会发生胎盘分离,胎儿死亡。这种临床症状极易与胃肠机能紊乱混淆,要注意观察。如果临产前的子宫扭转很严重,子宫血液循环受阻,则可表现明显的临床症状,如食欲废绝、瘤胃蠕动停止,四肢冰冷,体温升高,有时甚至出现休克或死亡,胎儿也有可能死亡、气肿或浸溶。

阴道及直肠检查:子宫扭转时,阴道和直肠检查常引起母牛的强烈不安,产前的扭转阴道壁干涩。检查所发现的情况如下：

（1）子宫颈前扭转。阴道检查，在临产时发生的扭转，只要不超过360°，子宫颈总是微微开张的，并弯向一侧。超过360°的，颈管封闭，并不弯向一侧。视诊可见子宫颈部呈紫红色，子宫颈塞红染。产前发生的，阴道中变化不明显，直肠检查才能确诊。

直肠检查，在耻骨前缘摸到子宫体上的扭转处如一堆软而实的物体。阔韧带从两边向此处交叉。一侧韧带达到此处的上前方，另一侧韧带则达到其下后方；扭转不超过180°，下后方的韧带要比上前方的紧张，而子宫就是向着韧带紧张的一侧扭转。不论向哪一侧扭转，两侧的子宫动脉都拉得很紧。扭转超过180°时，两侧韧带均紧张，韧带内静脉怒张，扭转程度越大，怒张越明显。胎儿的位置比妊娠末期的正常位置靠前，所以不易摸清。阔韧带及子宫动脉的紧张程度可以帮助判断子宫扭转的严重程度。

（2）子宫颈后扭转。阴道检查，无论在产前或临产时发生，都表现为阴道壁紧张，阴道腔越向前越狭窄，阴道壁的前端可见到有或大或小的螺旋皱襞。如果螺旋皱襞从阴道背部开始向哪一侧旋转，则子宫就向该方向扭转。阴道前端的宽窄及皱襞的大小，依扭转的程度而定，也代表扭转程度的轻重，不超过90°时，手可以自由通过；达到180°时，手仅能勉强伸入。以上两种情况可以在阴道前端的下壁摸到一个较大的皱襞，并且由此向前子宫腔即弯向一侧。达270°时，手即不能伸入；达360°时宫腔关闭。在这两种情况下，阴道壁的皱襞均较细小，阴道检查看不见子宫颈口，只能看到前端的皱襞。直肠检查，所发现的情况与颈前扭转相同。子宫扭转超过180°时，多使子宫血液循环受阻，引起胎儿死亡，如不及时诊断救治，可引起子宫破裂。

除上述症状外，有些扭转轻的病例可以发现同侧阴唇向阴门外陷入。如果扭转严重，一侧的阴唇可肿胀歪斜。一般是阴唇的肿胀与子宫扭转的方向相反。

3. 治疗

在临产时发生的扭转，首先应把子宫转正，然后拉出胎儿，产前发生的扭转，主要应将子宫转正。

矫正子宫的方法通常有4种：产道矫正、直肠矫正、翻转母体、剖腹矫正或剖腹产。后3种方法主要用于扭转程度较大而产道极度狭窄，手难以进入产道抓住胎儿或用于子宫颈尚未开张的产前扭转。

产道矫正：是救治子宫扭转引起难产的最常用方法。是借助胎儿，矫正扭转的子宫。能否成功，主要取决于两个因素，一是术者的手臂能否进入子宫颈，二是胎儿是否活着。当扭转程度小，手能通过子宫颈握住胎儿时用此法矫正。矫正时让母牛站立保定,前低后高,必要时行后海穴麻醉,但量要小,以免母牛卧下。手进入子宫后,伸到胎儿的扭转侧之下,把握住胎儿的某部分向上向对侧翻转。如胎儿不大,借助转胎儿以矫正子宫,也可以边翻转,边用绳牵拉位置在上的前腿。在活胎儿,用手指抓住眼眶,在掐眼眶的同时,向扭转的对侧扭转,这样所引起的胎动,有时也可使扭转得到矫正。

直肠矫正:如子宫向右侧扭转,可将手伸至右侧子宫下侧方,向上向左侧翻转,同时一个助手用肩部或肩背部顶在右侧腹下向上抬,另一助手在左侧胺窝部由上向下施加压力。向左扭转时,操作方向相反。

翻转母体:这是一种间接矫正子宫的简单方法,其操作时迅速向子宫扭转方向翻转母体的身体,此时由于子宫的位置相对不变,可使其位置恢复正常。

翻转前,如母牛挣扎不安,可行硬膜外腔麻醉或注射肌松药物,施术场地必须宽敞、平坦;病牛头下应垫以草袋。产奶牛必须先将奶挤干净,以免损伤乳房。子宫向哪侧扭转,使母牛卧于哪侧。把前后肢分别保定,前低后高姿势。两助手站于病牛背侧,分别牵拉前后肢上的绳子。猛然同时拉前后肢,急剧把病牛仰翻过去。由于转动迅速,子宫因胎儿重量的惯性,不随母体转动,而恢复正常位置。翻转若成功,可以摸到阴道前端开大,阴道皱襞消失;无效时则无变化;如果翻转方向错误,软产道会更加狭窄。因此,每翻转一次,须经产道进行一次验证,检查是否正确有效,从而确定是否继续翻转。

剖腹矫正或剖腹产:利用上述方法达不到目的的,可剖腹在腹腔内矫正,矫正不成功则进行剖腹产。

五、持久黄体

怀孕黄体或周期黄体超过正常时限而仍然继续保持功能,称为持久黄体。在组织结构和对机体的生理作用方面,持久黄体与怀孕黄体没有区别。同样可以分泌孕酮,抑制卵泡发育,使黄体周期停止循环,因而引起不育。多继发于某些子宫疾病如子宫积脓、子宫积液、胎儿干尸化等,原发性持久黄体在子宫处于正常未孕状态的牛较少见。囊肿黄体转变为持久黄体的极其稀少,妊娠黄体一般在产后7天之内完全退化,大多数不会转变为持久黄体。奶牛持久黄体最常见于配种受胎之后,尤其是发生在早期胚胎死亡中。

1. 病因

原发性持久黄体,主要原因为运动不足、饲料单纯、缺乏矿物质及维生素等。产奶量高的母牛易发。冬季寒冷且饲料不足也易发生。

继发性持久黄体主要有两方面原因,一是继发于子宫疾病,二是继发于早期胚胎死亡。

继发于子宫疾病：常常继发于子宫积脓、子宫积液、胎儿浸溶、胎儿干尸化。据报道，未经产的母牛也存在持久黄体而表现不发情，直肠检查发现其卵巢上有功能性黄体，但子宫正常；宰后检查发现，这些牛子宫内膜无腺体。单角子宫畸形的患牛，如果黄体是在无子宫角的一侧发育，则由于子宫角缺失，不能产生前列腺素（PGF_{2a}）促使黄体退化，因而成为持久黄体。存在子宫病变的母牛，由于子宫内膜或其腺体不能释放前列腺素，也可产生持久黄体；切除子宫后也可引起持久黄体。

继发于早期胚胎死亡：这种情况下引起的持久黄体并非真正的持久黄体，而是妊娠提早中止但没有被诊断出来。在妊娠早期，胚胎由于感染或者发育异常而死亡时，母牛一般会恢复正常的发情周期，在此死亡，则发情会延期。

2. 症状

持久黄体的主要特征是发情周期停止循环，母牛不发情。继发于子宫疾病的持久黄体，通过直肠检查多数能找出原因，一般位于卵巢中央；继发于早期胚胎死亡的持久黄体，其病因一般很难确诊。

直肠检查可发现一侧（有时两侧）卵巢增大。表面有或大或小的突出黄体，质地比卵巢实质硬。

如果母牛超过了应当发情的时间而不发情，间隔 10～14 天，经过两次以上的检查，在卵巢的同一部位触到同样的黄体，即可诊断为持久黄体。为了与怀孕黄体区别，必须仔细触诊子宫。

有持久黄体存在时，子宫可能没有变化；但有时松软下垂，稍微粗大，触诊没有收缩反应。

3. 治疗

持久黄体是在健康不佳的情况下，防止母牛怀孕的自然保护现象。因而治疗持久黄体首先应从改善饲养管理及利用并治疗所患疾病着手，才能收到良好效果。

前列腺素 F_{2a} 及其合成的类似药物，是疗效确实的溶黄体剂，对病牛应用后绝大多数可在 3～5 天内发情、配种并受孕。现将这类药物中最常见的几种及其参考用量介绍如下：

前列腺素 F_{2a}：5～10 mg，或者按每千克体重 9 μg 计算。

氯前列烯醇，商品名为 Estrunate，2 mL 装含主药 500 μg，一次肌内注射。

催产素可以代替前列腺素治疗奶牛持久黄体，且有较好疗效，不仅治愈率高，而且愈后受胎率也高，剂量 80～100 IU，每 2 h 肌内注射 1 次，连用 4 次。一般可在注射后的 8～12 天恢复正常发情。但大部分都是隐性发情,需及时采用直肠检查等手段确定是否发情,及时配种。

胎盘组织液对持久黄体也有疗效,皮下注射剂量为 20 mL/次,每隔 1～2 天注射 1 次,直至出现发情为止。

促卵泡素、孕马血清(全血)及雌激素也可用于治疗持久黄体。

持久黄体并发有子宫疾病时,应同时加以治疗。只要治愈这些疾病,持久黄体就会自行消失。

六、卵巢囊肿

卵巢囊肿分为卵泡囊肿和黄体囊肿,卵泡囊肿是由于卵泡上皮变性、卵泡壁结缔组织增生变厚、卵细胞死亡、卵泡液未被吸收或者增多而形成的,主要特征是无规律的频繁发情和持续发情,甚至出现慕雄狂。黄体囊肿是由于未排卵的卵泡壁上皮细胞黄体化而形成的,其特征是长期不发情。

1. 病因

引起卵巢囊肿的原因很多,而且目前对其认识还不完全一致。主要因素包括:

(1)奶牛患病。

(2)饲料中缺乏维生素 A 或含有多量的雌激素。

(3)不正确地使用激素制剂,产后用激素催乳或母牛不发情乱用雌激素,使激素腺体机能失调。

(4)胎衣不下,子宫蓄脓,子宫内膜炎等疾病引发卵巢囊肿。

(5)长期舍饲的牛在冬季发病。

(6)所有年龄的牛均可发病,但以 2～5 胎的产后牛或者 4.5～10 岁的牛多发。

(7)可能与遗传有关,在某些品种的牛多发。

(8)产后期卵巢囊肿的发病率最高。

2. 症状

卵巢囊肿:患畜表现无规律的频频发情或者持续发情,发情周期变短,发情期延长,有强烈的性行为,拒食,极度不安,频频排尿,追逐爬跨其他母牛,直肠检查卵巢上有一个或数个大小不等而有波动的卵泡,直肠 3～5 cm。

黄体囊肿:患畜主要出现长期不发情,直肠检查发现卵巢体积增大,质地较硬,有圆形或不规则的黄体,触诊有痛感。

卵巢囊肿按中兽医辨证属于血瘀气滞型不孕。

3. 治疗

首先应当改善饲养管理及使役条件,否则即使治愈后也易复发。舍饲的高产牛,要增加运动,减少挤奶量。

(1)激素疗法

应用激素治疗卵巢囊肿,主要是直接促使囊肿黄体化,几种方法如下。

①促黄体素(LH)制剂,常用的治疗卵巢囊肿的外源性促黄体素是人绒毛膜促性腺激素(hCG),静脉注射 5 000 IU 或肌内注射 10 000 IU。

②促性腺激素释放激素(GnRH)类似物,效果显著,治疗后大多数母牛在18~23 天发情。

③孕酮,牛每次肌内注射 50~100 mg,每日或隔日 1 次,连用 2~7 次,总量 200~700 mg。

④前列腺素 $F_{2\alpha}$ 及其类似物,主要是在应用促性腺激素释放激素后,可以提高效果,缩短从治疗至第一次发情的间隔时间。应用促性腺激素释放激素后第 9 天应用前列腺素 $F_{2\alpha}$ 及其类似物,病牛治疗后开始发情的时间平均缩短 12 天左右。

⑤氟美松(地塞米松):肌内注射 10~20 mg。对多次应用其他激素治疗无效的病例可能收到良好效果。

(2)手术疗法。主要是挤破或穿刺囊肿及摘除囊肿。

(3)中医方剂。

①活血,理气,化瘀:当归 60 g,川芎 40 g,香附 50 g,红花 50 g,桃仁 50 g,赤芍 50 g,蒲黄 60 g,五灵脂 50 g,元胡 50 g,莪术 60 g,三棱 60 g,青皮 40 g。上药为末加温内服,每日一剂,连用 3 剂。母畜 15 天发情即可配种。

②黄体酮肌内注射,每天一次,每次 120~150 mg,用 2~3 天,不可长时间使用。

注意:严禁持续长时间使用雌激素,否则会引起相反的结果而产生持久黄体。

七、母牛长期不发情

母牛长期不发情指后天不孕,临床直检多见卵巢不发育、萎缩。卵巢静止、排卵障碍均属于卵巢机能失调,中兽医认为此症属于肾阳虚弱,气血双虚,肾阳虚影响生殖器官的生理活动。气血两虚,影响冲任二脉,冲为血海,任主胞胎,肾气旺盛,精血充沛,在冲脉盛任脉通的条件下,才能正常发情怀孕。

母牛长期不发情总的治疗原则是补肾壮阳,活血理气。

促孕汤加减益母草 120 g,淫羊藿 120 g,阳起石 120 g,当归 80 g,熟地 80 g,枸杞子 80 g,菟丝子 80 g,丹参 50 g,香附 50 g,红花 40 g,赤芍 50 g,三棱 40 g,莪术

40 g,桂皮 40 g,补骨脂 60 g。上药为末加温内服,连用 3 剂。

此方服用后最早发情 5 天,最晚 16 天,平均 8.4 天。

八、生产瘫痪

生产瘫痪又称乳热症,中兽医称为胎风,是母牛分娩前后突然发生的一种严重代谢病,以缺钙引起知觉消失、瘫痪为特征,多发生在顺产后 3 天内,多发于 3~5 胎的高产牛。

1. 病因

生产瘫痪发病原因尚未十分清楚,认为本病由于产前营养不良,产后血钙浓度剧烈降低,中兽医认为此病是产后气血亏损,贼风乘虚而入皮肤、肌肉,传于经络所致。

分娩前后大量血钙进入初乳且动用骨钙的能力降低,是引起血钙浓度急剧下降的主要原因。实验证明,干奶期中母牛甲状旁腺的技能减退,分泌的甲状旁腺激素减少,因而动用骨钙的能力降低;妊娠末期不变更饲料,特别是饲喂高钙饲料的奶牛,血液中的钙浓度增高,刺激甲状腺分泌大量降钙素,同时亦使甲状旁腺的技能受到抑制,导致动用骨钙的能力更加降低。因此,分娩后大量血钙进入初乳时,血液中流失的钙不能迅速得到补充,致使血钙急剧下降而发病。

在分娩过程中,大脑皮质过度兴奋,其后即转为抑制状态。分娩后腹内压突然下降、腹腔的器官被动性充血,以及血液大量进入乳房,引起暂时性的脑贫血,因之使大脑皮质抑制程度加深,从而影响甲状旁腺,使其分泌激素的机能减退,以致不能维持内体的平衡。另外,妊娠后半期由于胎儿发育的消耗和骨骼吸收能力的减弱,骨骼中储存的钙量大为减少。因此,即使甲状旁腺的机能受到的影响不大,而骨骼中能被动用的钙已不多,不能补偿产后的大量丧失。

分娩前后从肠道吸收的钙量减少,也是引起血钙降低的原因之一。妊娠末期胎儿迅速增大,胎水增多,怀孕子宫占据腹腔大部分空间,挤压胃肠器官,影响其活动,降低消化机能,致使从肠道吸收的钙量显著减少。分娩时雌激素水平增高,也对消化和食欲发生影响,而使从消化道吸收的钙量减少。

2. 症状

病畜卧地,四肢弯曲于胸腹之下,头向一侧弯曲,低于一侧胸部。强行将头拉起,松手后头又重新弯向胸部,这种姿势是此病的特征。

食欲减退或废绝,精神不振并有肌肉发抖,四肢麻痹,卧地不起,意识消失,体温病初正常,随着病情的发展逐渐下降,耳、角、四肢发凉,口色如绵。

3. 治疗

(1)中药疗法:强筋壮骨、祛风止痛。

处方:血竭散。血竭 30 g,当归 60 g,白术 50 g,巴戟天 60 g,补骨脂 60 g,杜仲50 g,没药 50 g,红花 40 g,胡芦巴 50 g,甜瓜子 50 g,防风 40 g,木瓜 50 g,小茴香40 g。上药为末加温内服。加白酒 250 mL。

(2)西药疗法。①25%葡萄糖 1 000 mL,10%葡萄糖酸钙 700 mL,磷酸二氢钠 500 mL,一次静脉注射。

②维生素 B_1 10 mL,百会穴肌内注射。

③10%安钠加 30 mL,肌内注射。

④瘤胃蠕动缓慢、排粪不畅者,加入 10%氯化钠 500 mL,碳酸氢钠 500 mL,伴有酮病者加入 50%葡萄糖 500 mL。

(3)乳房送风:乳房、乳头孔、乳导管针,严格消毒,将导乳针缓缓插入乳头管内,不要刺伤乳房组织,加以固定,送风时用消毒纱布过滤空气,徐徐打气,使乳房渐渐膨胀,以皮肤紧绷为度,轻轻敲击呈嘭嘭响为标准,用纱布条轻轻扎住乳头,经 1～2 h 松开布条。注意送风过量会造成乳腺组织破裂。

4. 护理

加强饲养管理,合理搭配饲料,减少代谢病的发生。患畜应处于干净、卫生的环境,防止肢体、乳房损伤。

九、胎儿坐生

母牛分娩时,胎儿呈坐生姿势,从阴门什么也看不到,产道检查,只摸到胎儿尾巴及臀部。

助产:母牛尽量站立保定,用 0.1%高锰酸钾溶液清洗母牛外阴部及其周围,用绷带缠好尾根并拉向一侧。术者手臂消毒,戴长臂消毒手套,用手掌顶住胎儿臀部,用力向前推胎儿。如母牛努责,助手按住母牛背最长肌用力下压,努责减轻,如强力努责,则肌内注射 2%静松灵 1 支,使母牛全身松弛,术者沿着前推胎儿的臀部前下端找到后肢,沿着后肢摸找胎儿的跖部,握住跖部尽力向上提、向后拉,胎儿继续向前推,利于后肢拉出,后肢拉入产道,用消毒绳索绑住胎儿跖部,用同样方法将另一后肢矫正,拉入产道,将胎儿两后肢徐徐向后拉,不要用力太猛,防止产道和胎儿损伤。

如羊水流失过早,产道涸涩,用植物油或液体石蜡润滑产道后实施助产。

护理:加强孕畜运动。

十、胎衣不下

胎衣不下又称胎衣滞留,母牛分娩后 12 h 内胎衣不能自行脱落称为胎衣不下。牛比其他动物更容易发生胎衣不下,且奶牛比肉牛多发,饲养管理不当、有生殖道疾病的奶牛多见。正常健康奶牛分娩后胎衣不下的发生率在 3%～12%,平均为 7%。而异常分娩的(如剖腹产、难产、流产和早产)母牛和感染布鲁氏菌病的牛群胎衣不下的发生率在 20%～50%,甚至更高。

胎衣不下不但引起产奶量下降,还可引起子宫内膜炎和子宫复旧延迟,从而导致不孕,致使许多奶牛被迫提前淘汰。因此,本病给养牛业造成了极大经济损失。

1. 病因

引起胎衣不下的原因很多,孕期母畜运动不足、粗放管理母牛营养不良、畜体瘦弱、分娩过程时间长、子宫收缩无力及胎盘未成熟或老化、充血、水肿、发炎、胎盘构造等均可以造成胎衣不下。

胎衣不下可为全部胎衣不下和部分胎衣不下。全部胎衣不下,从产道露出一条暗红色带状物,触诊检查时整个胎衣滞留在子宫内。部分胎衣不下,在检查排出的胎衣时发现边缘不吻合,残缺。不能形成一个完整的胎衣,说明部分胎衣还滞留在子宫内。

(1)产后子宫收缩无力。妊娠期间,饲养管理不当,饲料搭配不合理,品种单一,品质差或精料过多;妊娠后期运动不足,体质差,瘦弱或过度肥胖;钙、磷等常量元素缺乏及微量元素缺乏,尤其是硒和维生素 E 缺乏,都可以引起胎衣不下。胎儿过多,单胎家畜怀双胎,胎水过多及胎儿过大,使子宫过度扩张都容易继发产后阵缩微弱。流产、早产、生产瘫痪、子宫扭转则会造成产后子宫收缩力不够。难产后子宫肌疲劳也会发生收缩无力。产后没有及时给仔畜哺乳,致使催产素释放不足,亦可影响子宫收缩。

(2)胎盘未成熟或老化。奶牛胎盘属于结缔绒毛膜型的非蜕膜型胎盘,这是奶牛易患胎衣不下的一个因素。胎盘平均在妊娠期满前 2～5 天成熟。成熟后胎盘突结缔组织胶原化,变湿润,纤维膨胀、轮廓不清并呈直线型,子宫腺窝的上皮层变平;多核巨细胞数量增多,吞噬作用增强;易受分娩时激素的变化影响,组织变松。这些变化有利于胎盘分离。未成熟的胎盘缺乏上述变化,母体子叶胶原纤维呈波浪形,轮廓清晰,不能完成分离过程。因此,早产时间越早,胎衣不下的发生率越高。胎盘老化也能导致胎衣不下,过期妊娠常伴发胎盘老化及功能不全。胎盘老化时,母体胎盘结缔组织增生,胎盘重量增加。母体子叶表层组织增厚,使绒毛钳闭在腺窝内,不易分离。胎盘老化后,内分泌功能减弱,使胎盘分离过程复杂化。

(3)胎盘充血和水肿。在分娩过程中,子宫异常强烈收缩或脐带血管关闭太快会引起胎盘充血。由于脐带血管内充血,胎儿胎盘毛细血管的表面积增加,绒毛钳闭在腺窝内。充血还会使腺窝和绒毛发生水肿,不利于绒毛中的血液排出。水肿可延伸到绒毛末端,结果腺窝内压力不能下降,胎盘组织之间持续紧密连接,不易分离。

(4)胎盘炎症。妊娠期间胎盘受到来自机体某部病灶如乳房炎、蹄叶炎、腹膜炎和腹泻细菌的感染,从而发生胎盘炎,使结缔组织增生,胎儿胎盘和母体胎盘发生粘连,导致胎衣不下。特别是饲喂变质的饲料,可使胎盘内绒毛和腺窝壁间组织坏死,从而影响胎盘分离。患胎盘炎时,炎症从轻度感染到严重坏死不等。炎症部位可能是局部性的,也可能是弥漫性的。子宫角很少发生。感染的子宫全部或部分坏死,变成黄灰色,胎盘基质水肿并含有大量的白细胞。

(5)胎盘组织构造。牛胎盘属于上皮绒毛膜与结缔组织绒毛膜混合型,胎儿胎盘与母牛胎盘联系比较紧密,这是胎衣不下多见于牛的主要原因。当胎盘突少而大时,尤其如此。

(6)子宫内膜炎。胎膜炎极易造成母体胎盘与胎儿胎盘粘连而导致胎衣不下。

(7)某些传染病。如布鲁氏菌病、胎儿弧菌、毛滴虫或其他微生物感染引起子宫炎和胎盘炎,使母体胎盘与胎儿胎盘发生炎性粘连。

(8)其他原因。引起胎衣不下的原因十分复杂,除上述主要原因外,胎衣不下还和下列因素有关:畜群结构、年度及季节,遗传因素,饲养管理较差,激素紊乱,胎衣受子宫颈或阴道隔的阻拦,剖腹产时误将胎膜缝在子宫壁切口上,母体对胎儿主要组织相容性复合物出现耐受性。有时,胎衣不下只有一种原因,而有时是多种因素综合作用的结果。

2. 症状

患牛表现神态不安,举尾弓腰,强烈努责,胎衣滞留过久,胎衣腐烂,从阴门中排出污秽褐红色分泌物,伴有破碎的胎衣,气味恶臭,患病牛表现体温升高,精神沉郁,食欲废绝,甚至引起败血症。

3. 治疗

母牛胎衣不下的治疗原则是要尽快采取治疗措施,防止胎衣腐败吸收,促进子宫收缩,局部和全身抗生素消炎,在条件适合时可以用手剥离胎衣。

(1)母牛产后 12 h 胎衣不下者:

①垂体后叶激素 100 U 或催产素 100 IU,肌内注射,促进子宫收缩,促使胎衣

排出。

②土霉素 10 g，加生理盐水 500 mL，一次性注入子宫内。

③为使胎盘收缩，加入 10％盐水 1 000 mL，一次性注入子宫内。从而胎盘脱水收缩，加速胎盘从子宫壁脱落。注意此方效果虽好，但用后对母牛正常发情有影响，请酌情使用。

④25％葡萄糖 1 000 mL、10％葡萄糖酸钙 500 mL，一次性静脉注射。

辨证：胎衣不下主要是由于母畜元气不足，无力送出或产时感受风寒，血液凝滞所致。

正气虚弱，母体体质瘦弱，产犊时失血过多，气血亏损，气短神疲，无力送胎衣排出。气虚不能摄血，失血过多，气血亏虚则精神不振，口色淡白，脉虚弱，温补气血，佐以行瘀。

⑤中药方剂。温补气血，活血祛瘀。

处方一：加味生化汤、失笑散合剂（益母草 100 g，当归 80 g，川芎 40 g，桃仁 50 g，炮姜 50 g，炙甘草 40 g，黄芪 50 g，五灵脂 50 g，生蒲黄 50 g，赤芍 50 g。上药为末加温内服，每剂中加黄酒 250 mL，每日一剂，连用 3 剂）。

寒凝气滞型，气机不通，阳气不行，少腹冷痛，气血凝滞则胎衣不下，恶露量少发暗。

处方二：少腹逐瘀汤（当归 80 g，川芎 40 g，小茴香 50 g，干姜 40 g，元胡 60 g，没药 50 g，肉桂 30 g，赤芍 50 g，生蒲黄 60 g，五灵脂 50 g。上药为末加温内服，每日一剂，连用 3 剂。体温升高的加双花 100 g，连翘 50 g，生地 50 g，黄芩 50 g）。

处方三：加味黑神散（当归 60 g，熟地 50 g，赤芍 50 g，牛膝 50 g，生蒲黄 50 g，肉桂 50 g，炮姜 50 g，甘草 30 g。上药为末加温内服，每日一剂，连用 3 剂）。

(2)手术剥离：母牛产后 12 h 以上胎衣不下者实施手术剥离。

站立保定，对阴部用 0.1％高锰酸钾溶液消毒，固定牛尾，术者指甲剪短磨光，手臂消毒，左手拉住外露胎衣，右手沿产道顺胎衣进入子宫，摸到胎衣附着部位，然后用食指及中指夹住子叶胎膜，用拇指小心剥离胎儿胎盘与母体胎盘周围，使胎儿胎盘与母体子叶脱离，剥离时必须由近及远逐个剥离，直到完全剥离取出胎衣，然后向子宫内注入土霉素溶液。

剥离胎盘时，注意容易剥离就坚持剥离，不可强行剥离，要按操作程序进行，不可强拉硬拽，造成子宫组织损伤，剥离时坚持剥离干净。剥离不干净与不剥离后果一样，往往造成子宫内膜炎。

为了防止胎衣腐败，引起子宫感染，可在子宫内注入青霉素，每日两次，每次 160 万 U。或投入磺胺类药物。不仅防止胎衣腐败，而且可防止生殖器官发生并发症。

预防胎衣不下,在母畜分娩时接取羊水 2 000～3 000 mL,立即灌服,促进子宫收缩,加速胎衣排出。

十一、产后截瘫

产后截瘫是母牛产后,不能站立的一种疾病。主要分为两种情况,一种是母牛产后就后躯不能站立,这是由于后躯神经受损而引起的。另一种是由钙、磷及维生素维生素 D 不足引起的,和孕牛产前截瘫基本相同。

1. 病因

主要原因是母牛分娩时胎儿过大,胎位胎姿不正,未经完全矫正而强行助产,损伤坐骨神经及闭孔神经引起麻痹,地面光滑,母牛滑倒关节韧带拉伤,肌肉损伤,而引起本病。母牛产后营养不良,钙磷矿物质缺乏、微量元素不足均能造成截瘫。

2. 症状

母牛分娩后,体温、呼吸、脉搏、食欲、反刍均无明显异常,前肢可站立而后肢不能站立,后肢对针刺反应敏感,强行刺激时后肢勉强能离地,但立即倒地,母牛运动时呈爬行姿势。

3. 治疗

(1)中药:活血化瘀、理气止痛。处方:当归 60 g,川芎 40 g,红花 40 g,桃仁 50 g,乳香 50 g,没药 50 g,香附 40 g,元胡 50 g,苏木 50 g,伸筋草 50 g,杜仲 60 g。上药为末加温内服,每日一剂,连用 3 剂。

(2)西药:25% 葡萄糖 1 000 mL,10% 葡萄糖酸钙 1 000 mL,磷酸二氢钠 500 mL,一次静脉注射。

维生素 AD 注射液 10 mL 肌内注射,维生素 B_1 10 mL 百会穴注射。

护理:让病牛生活在干净松软地面,做好防寒、降温工作,擦拭后肢以促进血液循环。

十二、恶露不下

恶露不下指胎儿分娩后瘀血内阻在子宫,没有及时排出或很少排出,主要是因气滞或血瘀所致。属于气滞型的小腹胀满而痛,脉弦。属于血瘀型的小腹疼痛拒按,痛处可摸到硬块,脉沉涩。

1. 症状

患畜表现精神不安,腰背弓起、乏力、努责,有少量恶露排出,有腹痛表现,体温升高、食欲降低、反刍减少，产奶量降低。

2. 治疗

(1)益母生代汤，活血祛瘀、温经止痛。

处方：益母草 150 g、当归 75 g、川芎 40 g、桃仁 40 g、炮姜 30 g、生甘草 30 g，上药为末加温内服，连用 3 剂。

(2)少腹逐瘀汤：活血祛瘀，温补止疼。

处方：小茴香 30 g、干姜 15 g、元胡 75 g、当归 75 g、川芎 40 g、赤芍 50 g、生蒲黄 50 g、五灵脂 50 g、没药 40 g，上药为末加温内服，连用 3 剂。

十三、子宫积液及子宫积脓

子宫积液，由于脓性子宫内膜炎炎性分泌物或发情时分泌物不能及时排出体外，聚集在子宫而发生此病。子宫积脓多由脓性子宫内膜炎发展而成，特点是子宫腔中蓄积脓性或黏脓性液体，子宫膜出现炎症病理变化，多数病牛卵巢上存在持久黄体，因而往往不发情。

1. 病因

(1)病原微生物感染引起子宫内膜炎；

(2)助产时消毒不严，产道损伤，胎衣不下，子宫脱，阴道脱，处理时消毒不彻底，引起病原菌感染；

(3)产后子宫松弛，紧张力降低，恶露蓄积在子宫内。

2. 症状

特征性症状是乏情，卵巢上存在持久黄体及子宫中积有脓性或黏脓性液体，其数量不等，在 200~2 000 mL。产后子宫积脓由于子宫颈开张，大多数在躺下或排尿时从子宫中排出脓液；尾根或后肢黏有脓液或干痂。触诊，子宫肿大，子宫壁很薄，子宫内蓄积大量液体，有波动感；阴道检查可发现阴道内积有脓液，颜色黄、白或灰绿色。直肠检查发现，子宫壁通常变薄，并有波动感，子宫体积的大小与妊娠 6 周至 5 个月的牛相似，两子宫角的大小可能不相等，但对称者更为常见。查不到子叶、胎膜、胎体。当子宫体积很大时，子宫中动脉可能出现类似妊娠时的妊娠脉搏，且两侧脉搏的强度均等，卵巢上有黄体。一般不表现全身症状，有时，尤其在病的初期体温可能略有升高。

患子宫积液的奶牛，症状表现不一，如为卵巢囊肿引起则普遍表现乏情，如为缪勒管发育不全所引起则乏情较少见。子宫中所积聚的液体的黏稠度也不一致，子宫内膜发生囊肿性增生时，液体呈水样。大多数病牛的子宫壁变薄，积液可出现在一个子宫角，或者两个子宫角。阴道中排出异常液体，并黏附在尾根或后肢上,甚至结成干痂;阴道检查可发现阴道内积有液体,颜色黄、红、褐、白或灰白色。直肠检查,子宫壁变薄,有波动感,体积大小与妊娠 1.5～2 个月的牛相似,因两子宫角中液体可以互相流动,大小经常变化不一定。

3. 治疗

子宫冲洗,通常采用的冲洗液有高渗盐水、0.02%～0.05%高锰酸钾,0.01%～0.05%新洁尔灭及含 2%～10%复方碘溶液的生理盐水;也可将抗生素溶于大量生理盐水中作为冲洗液。冲洗后将抗生素注入子宫,效果更好。

(1)加强对患畜饲养管理,增强机体的抵抗力,恢复子宫的能力,增加血液供给,促进子宫内的积液排出。

(2)药物治疗:己烯雌酚 50 mg 一次肌内注射,促进子宫颈口开张利于积液排出,然后用催产素 100 U 肌内注射,促使子宫收缩,促进子宫积液排出。

(3)子宫给药:抗生素注入子宫,用青霉素、链霉素及磺胺类药物均可,目的是抗菌消炎。目前用土霉素 3～5 g 溶于 250 mL 生理盐水到 40℃左右,一般 2～3 天给药一次。

中药治疗:子宫积液按中兽医辨证属于带下的范畴。带下的多属脾湿,脾主运化水湿,脾气虚到运化无力,湿盛而火衰,湿邪下注所致。湿浊下注为白带,湿邪下注为黄带,湿邪下注侵入肌肤,气血瘀阻故赤白带,目前临床以白带居多,黄带、赤白带次之。

(1)白带时:完带汤补中健脾,代湿止带(傅青主女科)。

处方:白术 50 g,山药 50 g,苍术 50 g,陈皮 40 g,酒炒车前子 40 g,酒炒山药 30 g,党参 500 g,柴胡 30 g,黑荆芥 40 g,炙甘草 30 g,上药为末加温内服,连用 3 剂。

六君子汤加减(经验方)处方:党参 25 g,白术 25 g,苍术 50 g,茯苓 50 g,陈皮 40 g,炙甘草 30 g,柴胡 40 g,半夏 40 g,干姜 30 g,上药为末加温内服,连用 3 剂。

(2)黄带时:宜黄汤清热利湿,收涩止带(傅青主女科)。

处方:山药 25 g,芡实 25 g,黄柏 45 g,酒炒车前子 30 g,白果 30 g,上药为末加温内服,连用 3 剂。

(3)赤白带:银翘红酱解毒汤加减处方:金银花 25 g,连翘 50 g,红藤 100 g,忍冬藤 100 g,败酱草 100 g,牡丹皮 45 g,地丁 50 g,赤芍 50 g,黄芩 45 g,益母草 75 g,上药为末加温内服,连用 3 剂。

第三节　乳房疾病

一、缺乳症

缺乳是奶牛产后泌乳减少或全无泌乳。多在产后立即出现,也有在泌乳中期发生。

1. 病因

泌乳受神经内分泌调节,一旦内分泌失调,就影响泌乳。泌乳多少还与遗传因素有关。因饲养管理松散,精料、青草、干草及多汁饲料不足,营养不良,患畜体质瘦弱,气血双亏,难以生化乳汁,肝郁气滞造成乳汁凝结不通。

乳房炎、口蹄疫等疫病及胃肠、肺、肾等疾患;应用碘剂、泻剂、雌激素等均可影响泌乳,降低泌乳量。

2. 症状

气血双虚型:乳房柔软,不胀不痛,体质瘦弱,食欲不振,口色蛋白,脉沉细无力。

肝郁气滞型:产后乳汁不通,乳房胀痛发硬,患畜表现为烦躁不安,体质肥胖,多数肝气郁结所致。

饲养管理引起,乳腺充乳不足,小而松软,皮肤松弛。犊牛频频拱撞乳房吮乳,母牛疼痛拒哺。犊牛消瘦、精神不活泼、发育不良。疾病引起的,有相应疾病的症状。

3. 治疗

气血双虚型:补气养血,通经催乳。处方:

(1)八珍汤。党参 80 g,白术 50 g,茯苓 40 g,当归 100 g,川芎 40 g,熟地 60 g,白芍 50 g,甘草 30 g,黄芪 100 g。上药为末加温内服,每日一剂,连用 3 剂。

(2)生乳散。黄芪 100 g,当归 60 g,通草 50 g,王不留行 60 g,炮穿山甲 40 g,麦冬 50 g,路路通 50 g。上药为末加温内服,每日一剂,连用 3 剂。

肝郁气滞型:疏肝解郁,活血通络。

处方:通肝生乳汤。当归 50 g,白芍 60 g,白术 50 g,熟地 50 g,麦冬 50 g,通草 40 g,柴胡 50 g,元胡 50 g,瓜蒌 50 g,双花 80 g,木香 40 g,炮穿山甲 40 g。上药为末加温内服,每日一剂,连用 3 剂。

增加青绿、多汁、富含蛋白质的饲料。温敷及按摩乳房。因疾病引起的对症治疗有关疾病。

二、乳房损伤

1. 病因

主要发生在泌乳期奶牛乳房较大的前乳区，母畜卧地时，乳头被其他母畜踩伤或被尖锐物体刺伤，或母畜本身乳房过度下垂，站立时母畜后肢踩伤本身乳头，使乳头严重损伤。

2. 症状

(1)皮肤擦伤、皮肤及皮下浅部组织的创伤。属于轻度的外伤，很可能继发感染乳房炎，不可忽视。

(2)深部创伤。多为刺创。乳汁通过创口外流，愈合缓慢，初发时乳汁中含有血液。

(3)乳房血肿。往往是由于外伤造成。同时常伴有创伤造成的血肿。皮肤不一定有外伤症状。轻度挫伤，血管少量出血，能较快自然止血，血肿不大，出血后不久能够完全吸收痊愈；较大的血肿，往往从乳房表面突起，最初血肿有波动，穿刺可放出血液，血凝后，触诊有弹性，穿刺多不流血，深部血肿可并发血乳，大血肿不能完全被吸收时，形成结缔组织包膜，触诊如硬实瘤体。

有的病例，在乳房基底严重出血，形成血肿，乳房有所下沉，全身呈现内出血症状，如贫血、心悸亢进、呼吸次数增加等，最终可导致死亡。

(4)乳头外伤。主要见于乳房大而下垂的奶牛，往往是在起立时被自己的后蹄踏伤所致，损伤多在乳头下半部或乳头尖端，大多为横创。重者可踩掉部分乳头。

3. 治疗

皮肤擦伤、皮肤及皮下浅部组织的创伤，按外科的清洁创(化脓创)常规处理。创面涂布龙胆紫或撒布冰片散(呋喃坦啶 20 g，冰片 90 g，大黄末 10 g，氧化锌10 g，碘仿 20 g)，效果均良好。但必须注意预防继发乳房炎，创口大时进行适当缝合。

深部创伤，创口内尽可能深地用 3% 双氧水，或 0.1% 高锰酸钾溶液，或 0.1% 以下浓度的新洁尔灭或呋喃类溶液充分冲洗。深入填充碘甘油或魏氏流膏(蓖麻油 100 g，碘仿 3 g，松馏油 3 g)绷带条。修整皮肤创口，结节缝合，下端留引流口。必要时可向下扩创引流。应用抗生素，防治全身感染。如果创伤损坏了大血管，要迅速止血，否则很快引起大失血，危及生命。

乳房血肿，为了避免感染乳房炎，以不实施手术为宜，小的血肿不需治疗，3～10 天可自行吸收；早期或严重时，采取对症治疗，如冷敷或冷浴，使用止血药，经过一段时间后，改为温敷，促进血肿的吸收。

乳头外伤,仅皮肤外伤,按外科常规处理,但缝合要紧密。重度的进行手术缝合,清洗伤口创面,用盐酸普鲁卡因作浸润麻醉,在破损乳管内插入一个消毒软导管,术者沿导管壁节节缝合损伤的乳头组织,保证乳头组织复位完整,最后节节缝合皮肤,消毒导管必须长于乳头,病愈后取出。

4. 护理

做好乳头消毒,防止感染,患畜置于卫生条件好的圈舍内,保持乳头卫生,利于愈合。

三、乳房坏疽

乳房坏疽,主要发生在产后数日内,个别在产前发生,多为一个乳区,有时波及2个乳区。

病因:致病菌沿乳管或乳房皮肤破溃处或经淋巴管侵入乳房。被致病菌污染的通乳针再给其他牛使用感染。乳房组织发生急性感染、腐败、分解、坏死,形成败血性梗塞。

1. 症状

患畜体温升高至41℃以上,精神沉郁,卧地不起,食欲、反刍停止,乳房肿胀发硬,有豆粒大小蓝紫色病灶。病区皮肤发凉,从乳头挤出凉气和红褐色发凉液体。经半天时间,蓝紫色病灶发展到15～20 cm。乳房与腹壁交界处有捻发音。经1周左右时间坏死病灶与其周围健康皮肤出现裂痕,流出红褐色分泌物,恶臭。随时间延长坏死病灶腐烂下垂,整个暴露在患病乳房外。经20多天,坏死病灶整个脱落,乳区呈现一个空腔。

2. 治疗

严禁热敷、按摩。及时治疗,否则难以收效。清热解毒,消肿止痛。

(1)处方:仙方活命饮加减。双花100 g,连翘75 g,炮穿山甲40 g,当归50 g,天花粉50 g,白芷50 g,皂刺50 g,赤芍50 g,乳香40 g,没药40 g,贝母50 g,陈皮40 g,蒲公英100 g。上药为末加温内服,每日一剂,连用数剂。

(2)西药:抗菌消炎。10%葡萄糖1 000 mL,青霉素160万×10支,链霉素100万×4支,安乃近50 mL,维生素C 50 mL,0.9%氯化钠2 000 mL,5%碳酸氢钠500 mL。一次静脉注射。每日两次。

(3)祛腐生肌,收敛止痛。市售去腐生肌散,每天涂于患处。

早发现、早治疗,治疗及时能恢复健康,但坏死乳区失去泌乳能力;若治疗不及时,患畜很快死于败血症。

3. 护理

患畜单独饲养管理，不要与健康牛接触，防止交叉感染。及时对患畜生活区域做好消毒工作。

四、乳房炎

乳房炎是奶牛乳腺受到物理、化学或多种病原微生物入侵，引起的乳房不同类型的炎症，中兽医称为乳痈。其特点是乳汁发生理化性质变化，特别是白细胞增加，以及乳腺组织发生病理学变化。

乳房炎是危害奶牛养殖业常见疾病之一。据世界奶牛协会统计，全世界约有2.12亿头奶牛，其中约有50%的奶牛患有各种类型的乳房炎，我国奶牛乳房炎的发病率高于世界水平。其中临床型乳房炎占乳房炎发病率的很小一部分，为1%~2%，而绝大部分是乳汁和乳房无明显肉眼变化，可从乳汁中检出很多体细胞和病原菌的隐性乳房炎。

我国每年因隐性乳房炎造成的损失约达1.35亿元人民币，在世界范围内，每年因乳房炎造成的奶损失估计可达380万t。乳房炎不仅影响奶牛产奶量下降10%~15%，降低奶的品质，还可造成产后不发情，甚至使病牛失去生产性能，造成严重的经济损失，而且危害人类健康，其防治问题已日益为人们所关注。

1. 病因

病原微生物是引起乳房炎的主要原因，环境因素及奶牛本身身体状况也与本病的发生有关。

（1）病原微生物。引起奶牛乳房炎的主要原因是多种病原微生物，包括金黄色葡萄球菌、无乳链球菌、停乳链球菌、支原体、真菌、病毒等80种。较常见的有23种，其中细菌性病原14种，霉形体2种，真菌和病毒7种。

细菌性致病因素有两大类：①传染性病原菌，它们定殖于乳腺、并可通过挤奶或挤奶机传播。主要病原菌是无乳链球菌、停乳链球菌和金黄色葡萄球菌等；②环境性病原菌，这些病原存在于污染的垫草、不洁的环境、定植于乳头皮肤、皮肤的伤口等处。这类病原菌有大肠杆菌、乳房链球菌、化脓性棒状杆菌等。国外报道以葡萄球菌、链球菌引起的奶牛乳房炎为主，占发病率的74%，国内报道由这两类细菌引起的发病率占90%~95%。

此外，还有真菌如念珠菌属、毛孢子菌、胞浆菌属以及病毒、霉形体等也可引起奶牛乳房炎。

（2）环境因素。主要指管理不当和环境卫生不良。如牛舍不消毒、运动场内粪便清理不及时、挤奶时不严格执行挤奶操作规程、人工挤奶不洗手、不消毒或不进行乳头药浴、机械挤奶时乳杯不清洗、不消毒或处理不彻底等。均可引起发病。

另外,奶牛本身机体状况,如乳腺防卫机制减弱、抵抗力下降或乳房外伤等也可引起本病。

2. 临床症状

乳房炎根据其临床表现分为临床型乳房炎和非临床型乳房炎即隐性乳房炎。

(1)临床型乳房炎。是乳房实质、组织的炎症。乳房和乳汁均有肉眼可见的异常。轻度的表现乳汁中有絮片、凝块,有时呈水样。乳房轻度发热和疼痛或不热不痛,可能肿胀。重度的患乳区急性肿胀,热、硬、疼痛。乳汁异常,分泌减少。如出现体温升高,脉搏增速,病牛抑郁、衰弱、食欲丧失等,也称为急性全身性乳房炎。

临床型乳房炎根据炎症性质还可分为以下几类。

①浆液性炎。浆液及大量白细胞渗入间质组织中,乳房红肿热痛,乳上淋巴结肿胀。乳汁稀薄,含絮片。

②卡他性炎。脱落的腺上皮细胞及白细胞沉积于上皮表面。先挤出的奶含絮片,后挤出的不见异常是乳管及乳池卡他性炎症;如果全乳区细胞发炎,则患区红肿热痛,乳量减少,乳汁呈水样,含絮片,伴随全身症状为细胞卡他。

③纤维蛋白性炎。纤维蛋白沉积于上皮表面或组织内,为重度急性炎症。乳上淋巴结肿胀。挤不出奶或只挤出几滴清水,往往与脓性子宫炎并发。

④化脓性炎。急性脓性卡他性炎:由卡他性炎转来,除患区炎性反应外,乳量剧减或无乳,乳汁水样含絮片,有较重的全身症状。数日后转为慢性,最后乳区萎缩硬化,乳汁稀薄或黏液样,乳量减少至无乳。

乳房肿脓:乳房中有多个小米粒大至豆粒大脓肿,个别的大脓肿充满乳区,有时向皮肤外破溃。乳上淋巴结肿胀,乳汁呈黏液脓性,含絮片。

蜂窝织炎:最严重的乳房炎之一,为皮下或腺间结缔组织化脓,一般是乳房外伤、浆液性炎、乳房脓肿并发。产后生殖器官炎症极易继发本症,乳上淋巴结肿胀,乳量剧减,乳汁含絮片。

⑤出血性炎。深部组织及腺管出血。皮肤有红色斑点,乳房淋巴结肿胀。乳量减少,乳汁水样含絮片及血液。可能是溶血性大肠杆菌造成的。

(2)隐性乳房炎。乳房和乳汁无肉眼可见的临床表现。乳汁在理化性质、细菌学上发生变化。乳汁 pH 7.0 以上,偏碱性;乳内有乳块或絮状物;氯化钠含量在 0.14% 以上,体细胞数在 50 万个/mL 以上,细菌数和电导值均增高。

3. 治疗

病初乳房肿大,红肿热痛。

(1)清热解毒,消肿止痛。

处方:瓜蒌散加减。瓜蒌100 g,双花100 g,连翘75 g,当归50 g,川芎40 g,赤芍50 g,乳香50 g,没药100 g,蒲公英100 g,紫花地丁50 g,青皮40 g,天花粉50 g,白芷30 g。上药为末加温内服。

(2)肿胀未消,成脓不溃。

处方:托里排脓。黄芪100 g,当归50 g,皂刺50 g,炮穿山甲30 g,香附50 g,元胡50 g,双花70 g,连翘50 g。上药为末加温内服。

(3)溃破久不收口,温补气血。处方:八珍汤。黄芪100 g,党参50 g,茯苓40 g,当归50 g,川芎40 g,白芍50 g,熟地50 g,白术50 g,甘草30 g。上药为末加温内服。

(4)乳房注入药液法。把患病乳区的奶挤净,用生理盐水200 mL加青霉素160万U,链霉素100万U充分溶解,用通乳针经乳导管注入乳池,用手托住乳房向上挤压,使药液充分扩散达到治疗目的。

(5)封闭疗法

①前乳区患病:用手从乳房前下压乳房,使乳房前侧面与腹壁成直角,用封闭长针头从腹壁与乳房基部之间,向对侧膝关节方向进针10 cm注入药液。

②后乳区患病:在乳房基部距乳房中隔线2 cm处向同侧腕关节方向进针10 cm注入药液。

用0.25%～0.5%普鲁卡因200 mL加青霉素160万U,安乃近30 mL。

此封闭疗法,用于浆液性、黏液性、黏液脓性乳房炎。

4. 奶牛隐性乳房炎综合防治方案

奶牛隐性乳房炎无明显临床症状,乳房和乳汁无肉眼可见异常现象,因而不易被发现,常常被人们所忽视,但患牛所产乳汁在理化性质和细菌学上已经发生了变化。奶牛隐性乳房炎给生产带来的损失主要表现在:产乳量降低4%～20%;乳的品质降低,乳糖、乳脂、乳钙减少,乳蛋白升高、变性;极易转变成临床型乳房炎,其转变率是健康牛的3～4倍。所以,隐性乳房炎给养牛业造成的经济损失是难以估计的。为控制该病,提高牛奶产量和质量,制订本方案。

(1)场区环境卫生。重视牛场绿化美化,改善场区小气候,及时清除牛舍内外粪便及其他污物,保持不积水,地面干燥。安装通风换气设备,及时排出污浊空气,保持舍内空气新鲜。每次奶牛下槽后,饲槽、牛床一定要扫刷干净。夏季要搞好防暑降温工作,冬季牛舍注意防风,保持干燥。要严格消毒制度,每隔10天用消毒液喷雾消毒1次,乳房炎高发季节(8月、9月、10月份)应强化消毒措施。

(2)牛体清洁。每天把牛牵出去晒太阳,注意刷拭牛体,每天早晚刷拭两次,每次 3～6 min,需周密刷拭全身各部位,不可疏漏,这个过程中要仔细观察个体精神状态,是否有潜伏疾病。牛床应常年有垫草,这对保护乳房很重要。注意奶牛产后护理,排出的恶露要及时清理,避免污染畜体的后躯。

(3)加强饲养管理。保证足够的青绿、青贮料饲喂量,饲喂优质干草,冬、夏季不得过于悬殊。使用 TMR(Total Mixed Ration,全混合日粮)饲料搅拌机混合日粮。禁用变质饲料,水质要保证清洁卫生,随时饮用,冬季切忌喂给带冰碴的水。

(4)运动场宽敞干燥。养牛场区应根据饲养规模建造运动场,成年乳牛的运动场面积保证每头 25 m²,运动场可按 50 头的规模用围栏分成小的区域。运动场要建在地势平坦干燥、背风向阳的地方,可以建成地面平坦、中央高,四周低的缓坡度状,也可以是北高南低的一面坡状,要建有排水沟。运动场垫土要坚实,以沙壤土最理想。严忌运动场低洼潮湿、排水不良和使用炉渣碎石垫造运动场。运动场内要建有凉棚,凉棚面积按成年乳牛每头 4 m²,应为南向,棚顶应隔热防雨。

(5)挤奶操作要规范。挤奶员要固定,要经过严格培训,挤奶前双手洗净消毒,手工挤奶应采取规范的拳握式,严禁使用滑榨法。机械挤奶时要熟悉机械操作,人牛配合,保持安静,防止乳头损伤,减少应激反应。挤奶之前应对挤奶场所清洗消毒,将牛体后躯刷擦干净。一定要注意挤奶的顺序,先挤头胎牛或健康牛的奶,后挤有疾病牛的奶。清洗乳房分为淋洗、擦干、按摩三个过程。淋洗时用40～50℃温水,要自上而下进行淋洗,注意洗的面积不要太大。淋洗后用干净的毛巾擦干,毛巾要及时清洗消毒,然后按摩乳房,这一过程要轻柔快速,一般在25～35 s 完成。弃乳应挤在准备好的专用桶内,禁止随意丢弃。

(6)乳头浸浴消毒。挤奶前可选用3％次氯酸钠或0.5％洗必泰、0.1％雷夫奴尔、0.1％新洁尔灭做乳头浸浴消毒,保证消毒药停留 30 s,然后用消毒纸巾擦干。挤奶后可选用护乳宝(1％聚维酮碘)或洁乳净(5％聚维酮碘)做乳头药浴。消毒液的量不要太多,但要能浸没整个乳头。

(7)挤奶机的使用要规范。挤奶机要按规范操作,正确快速套上奶杯,套杯的顺序是,从左手对面的乳区开始顺时针方向依次套杯,这样既方便也安全。套杯时要避免进气,套奶杯后要检查悬挂得是否正常,下奶是否流畅。注意既要挤净乳汁,也要杜绝空挤。奶杯内衬使用控制在 2 000 头次以下,定期检查奶杯内衬及脉动管,发现老化或破损必须及时更换,每次挤奶完毕后按清洗程序严格清洗,并彻底消毒。

(8)定期筛查,隔离病牛。乳房炎的检测分为日检和月检。日检是通过挤奶人员手和眼的感知来完成的,每天挤奶前进行乳房淋洗按摩时,观察乳房是否有硬块、肿胀、热反应、痛反应,挤奶开始时,先从每个乳区挤出三把奶于固定在大杯子口上的带滤网的黑色检查板上,检查是否有奶块、絮状物,并观察奶颜色的变化,判断该乳区的健康情况。月检是每头牛每个乳区每月检查一次,方法采用间接乳汁体细胞计数检查法(BMT法),具体方法在技术报告中有详细说明。检出的病牛要由专人、专圈饲养,设专职挤奶工手工挤奶或使用单独挤奶机挤奶。乳汁要做无害化处理,病牛及时进行治疗。

(9)干乳期的预防措施。干乳应选在预产期的55天之前,最少不得低于50天,最好采用一次干乳法。对于奶量高于10 kg的牛,在停奶前3～4天,要逐步减少饲料及水的喂量,迫使其减少产奶量。干乳前1周应用BMT法作隐性乳房炎检测,对强阳性牛或临床型乳房炎牛应先治疗再干乳。最后一次挤完奶后,每乳区各注入乳炎康(干奶期)一支,并用金霉素眼膏封闭乳头管。干乳后第一周和产犊前1周,每天用护乳宝或洁乳净作乳头消毒。

(10)治疗措施。传统治疗奶牛乳房炎的方法是注射抗生素,此法虽有一定的治疗效果,但也带来了奶中易残留抗生素和病原易产生抗药性等弊端。下面介绍几种治疗效果好无药残治疗隐性乳房炎的方法。

康贝:产自美国的一种生物活性制剂,不含有任何激素及抗生素,每袋1 000 g。每天每头牛投喂20 g,与精料混合一起投喂,连用40天,效果明显。

中药治疗方剂为:金银花80 g,连翘60 g,当归80 g,川芎40 g,蒲公英80 g,玄参50 g,黄芩50 g,柴胡40 g,甘草30 g,瓜蒌80 g研末内服,每天一剂,连用3天。

亚硒酸钠维生素E:将药粉先用75%酒精溶解,然后加适量水,均匀拌入精料中饲喂,每头每次投药0.5 g,隔7天投药1次,共投药3次。

五、乳房水肿

乳房水肿是指液体蓄积于乳腺间质组织,为浆液性水肿。多发于头胎或高产奶牛,轻的降低产奶量,严重的可永久损伤乳房组织或诱发乳房炎等其他乳腺疾病。分娩前后,乳房出现轻度浮肿是生理现象,一般在产后10天左右可以自行消散,不影响泌乳量和乳质。

1. 病因

确切原因不明,可能因乳房局部血流瘀滞引起,或与全身循环扰乱有关,也可能与乳房淋巴液回流不畅有关。产前发生大多是由于妊娠后期供应子宫的大量血液急剧流入乳房,乳静脉血压上升,静脉及淋巴系统回流受阻,从血管内渗出的液体成分,大量蓄积于皮下,发生浮肿,一般产后10天可自愈。泌乳期发病多与内分泌、代谢紊乱有关,遗传研究表明本病与产奶量呈显著正相关。

2. 症状

一般无全身症状。多数发生于高产牛,从分娩前1个月到接近分娩期间突然出现乳房浮肿、增大,进而起卧困难。乳房和乳头极易损伤,有时引起乳房炎。一般是整个乳房的皮下及间质水肿,以乳房下半部明显,特别是第一胎时。皮肤发红光亮、无热无痛、指压留痕。较重的水肿,可波及乳房基底前缘、下腹部、胸下、四肢甚至乳镜。乳房水肿病程延长时,水肿部位由于结缔组织增生而变硬,逐渐蔓延到乳腺小叶间结缔组织当中,使后者增厚,引起腺体萎缩,当整个乳房肿大变硬时,产奶量显著降低。

3. 治疗

大部分病例往往可以自愈,不需治疗。对一般病例,适当加强运动,减少精料和多汁饲料,适量减少饮水,增加挤奶次数即可。

长期或严重病例,可温敷肿部,涂布弱刺激诱导药,如樟脑油膏、碘软膏、鱼石脂软膏、松节油等,不得"乱刺"皮肤放液。比较有效的方法,是给予利尿药,应尽量在分娩后早期开始用药。在分娩后48 h之内,可给予氢氯噻嗪、速尿等药物。初次投药时,可并用肾上腺皮质激素,可很快促进浮肿消退,但可使产奶量暂时下降。给予利尿药可丧失体内水分,要注意及时观察脱水症状。

六、漏乳

漏乳,是指未经挤奶,奶从乳头内自然流出的现象。漏乳有正常的和非正常的,前者常见于母牛在正常的挤奶过程中,由于乳内乳汁的分泌与充盈,致使内压增加而有漏奶现象,这是生理性的。后者则见于非挤奶时间、经常有奶从乳头内流出,是不正常的漏奶,不仅极大地影响奶产量,同时也给饲养管理造成了极大浪费。

1. 病因

先天原因可能有遗传性,为先天性乳头括约肌发育不良,后天原因为乳头损伤所致,如挤奶时用力过大,机器挤奶时真空压力过大,抽时过长,引起乳头末端黏膜发炎和纤维化,破坏了乳头括约肌的正常紧张性,导致括约肌萎缩、松弛和麻痹。乳头外伤使其末端断离、缺损。

2. 症状

生理性漏奶,乳房充胀,当清洗乳房时或洗完乳房后,乳汁自行滴下或射出,特别是在哺乳或挤奶前显著。不正常漏奶,母牛从乳头内流出的奶呈滴状,无时间性,因奶已流出,所以乳区松软,检查乳头,可发现松弛、紧张度差,或乳头缺损、纤维化。

3. 治疗

生理性漏奶,以手指捏住乳头尖端,轻轻按摩乳头,经 3~5 min,即可消失。

不正常漏奶没有有效的治疗方法,可以尝试下列方法。

在乳头管周围注射适量的灭菌液体石蜡,机械性地压迫乳头管腔。

在乳头管周围注射青霉素、高渗盐水或酒精,促使结缔组织增生,以压缩乳头官腔。

用蘸有 5％碘酊的细缝线在乳头管口做荷包缝合,然后在乳头管中插入灭菌乳导管,拉紧缝线打结,抽出乳导管。

Fox F. H(1970)用结核菌素注射器在括约肌的 4 个等距离点注射复方碘溶液(碘 1.3 g、碘化钾 2.6 g,注射用水 24 mL),对漏奶的治愈率达 50％。

第四节　其他疾病

一、犊牛窒息

新生犊牛窒息又称犊牛假死,表现为刚出生的犊牛呼吸障碍,或没有呼吸而仅有心跳。如不及时救治,往往死亡。

1. 病因

奶牛分娩时受到惊吓,产出期延长;有的奶牛产力不足,宫缩或努责无力,致使胎囊破裂过晚;产道异常也可使生产过程延长。此外,胎盘水肿,胎儿倒生时产出缓慢和脐带受到骨盆和胎儿的挤压,脐带缠绕以及子宫的痉挛性收缩等,均可使胎盘血液循环减弱或停止,引起胎儿过早出现呼吸,吸入羊水而发生窒息。胎儿畸形或过大,往往使产程延长。产道未完全开张或开张不全而过早或错误助产,均可造成难产而引起胎儿窒息。

此外,分娩前母牛过度疲劳,发生贫血或大出血,患有某种严重的热性疾病或全身性疾病,母牛患有血液寄生虫病或高度营养不良等,都能使胎儿缺氧和二氧化碳量增高,也可因过早呼吸而发生窒息。

2. 症状

轻度窒息又称青紫窒息时,犊牛软弱无力,黏膜发绀,舌脱出口角外,口腔和鼻孔内充满黏液。呼吸不匀,有时张口呼吸,有时呈气喘状。心跳快而弱,肺部有湿性啰音,特别是喉及气管更为明显。

严重窒息又称苍白窒息时,犊牛呈假死状态。全身松软,卧地不动,反射消失,黏膜苍白。呼吸停止,仅有微弱心跳。

3. 治疗

首先清洁鼻孔和口腔中黏液、羊水,将犊牛倒吊,挤压胸廓和气管,将吸入的羊水和黏液排出,有条件的可以输氧。可以用浸有氨水的棉花放在鼻孔上,以刺激鼻腔黏膜,诱发呼吸反射。

最好同时进行人工呼吸,有节律地按压胸腹,助手使之前肢向外开张和向内收拢,盖住一个鼻孔和口,向另一个鼻孔内吹气。同时体外按摩心脏。

其次可应用刺激呼吸中枢的药物,如尼可刹脒或山梗莱碱等。为了防止肺水肿,可静脉输注葡萄糖酸钙或注射速尿;为了纠正酸中毒,可静脉注射 5‰碳酸氢钠 50~100 mL;为防止继发肺炎,可注射抗生素。

二、脐炎

脐炎是新生犊牛脐血管及周围组织的炎症,多为化脓性或坏疽性。多见于犊牛,在某些牛场,可在相当长的时期内,新生犊牛群发本病。

1. 病因

新生犊牛的脐带一般在产后 5~7 天干燥而脱落,并在脐孔处形成瘢痕和上皮,但在这段时间内,脐带断端是细菌发育繁殖的良好场所,也是细菌侵入犊牛体内的门户。尤其在接产时消毒不严格,脐带断端受粪尿污染和浸渍,常可引起脐炎。有些牛场的产房和运动场受到某种病菌的严重污染,往往可使新生犊牛群发脐炎。在设有犊牛岛的牛场,若犊牛隔着护栏互相吸吮脐带,或犊牛在同圈舍内散养而互相吸吮,均可因细菌感染而发生脐炎。

2. 症状

脐血管发炎时,病初脐孔周围发热、充血、肿胀、有疼痛反应。由于疼痛,犊牛经常弓腰,不愿行走。在脐孔处皮下可触摸到小指粗细的索状硬物。有时可挤出有腐败臭味的脓汁,有时可在局部形成脓肿。脐带坏疽时,脐带残段呈污红色,有恶臭。去掉残段后,脐孔处有赘生肉芽,周围形成溃疡,常有脓性渗出物。用镊子或止血钳顺沿脐孔探入,可探明窦道的方向,若窦道向前延伸,为脐静脉发炎坏死,若窦道的方向朝后,为脐动脉发炎坏死。个别病例脐静脉和动脉可同时发炎。

如化脓沿动脉或脐静脉侵入肝、肺、肾及其他脏器,可引起败血症或脓毒血症。此时犊牛体温升高,精神沉郁,食欲废绝。如果炎症波及脐尿管,可引起膀胱炎。

3. 治疗

可在脐孔周围皮下分点注射青霉素普鲁卡因溶液,并局部涂以松馏油与 5‰碘酊等量合剂。形成瘘管时,用双氧水和新洁尔灭洗净瘘管内的脓汁,去除坏死的脐带碎片,然后注入魏氏流膏或碘仿醚。如局部有脓肿形成,应切开脓肿,彻底排脓后按化脓创处理。如脐带坏疽,施行手术切除脐带残段,除去坏死组织,用消毒药清洗后,腔内注入魏氏流膏或其他防腐药。

为了防止炎症扩散而引起全身感染,全身应用抗生素。群发脐炎时,最好进行细菌培养和药敏试验,选择高敏药物。同时搞好环境卫生和相关消毒措施。

三、脐疝

脐疝,由于腹壁脐孔先天性缺损或开口过大,导致腹内脏器通过脐孔流入腹壁脐孔外形成皮肤包囊。奶牛的脐疝比其他疝发病率高,特别是犊牛,以先天性为主。

1. 病因

犊牛的脐疝与母牛分娩过程中不正确的接产有关,如断脐过短,在脐带的根部靠近脐孔处撕断,致使脐孔的皮肤也发生不同程度的撕裂,导致脐孔变大。先天性脐疝是指腹壁脐孔未能完全闭索,腹腔内脏器,如网膜、真胃或小肠可经未闭索的脐孔漏于皮下,形成脐疝。很少一部分病例随日龄的增长疝囊变小,脐孔逐渐闭索,但更多的病例是随日龄的增大疝囊越来越大。后天性脐疝多因脐部感染后所继发,因腹内压过大,或存在脐带感染、脐静脉炎、脐部脓肿等,导致脐孔周围组织坏死溶解,脐孔周围组织变薄,脐孔变大,在腹内压增大的情况下,腹腔内脏器经扩大的脐孔漏于皮下形成。脐疝的手术牛年龄多在2~4月龄。

2. 症状

先天性脐疝,在生下后即可看到犊牛脐部有核桃大到鸡蛋大、鹅蛋大、拳头大或更大的囊状物。疝囊的大小因病例不同而不同,疝囊质地柔软,无波动感,一般无红肿热痛等炎症反应。用手托着疝囊并向腹腔还纳时,疝囊内脏器可经疝孔进入腹腔,解除手对疝囊的压迫,腹腔内脏器可再经疝孔进入疝囊内。隔着疝囊壁仔细触诊脐孔,可触及到边缘肥厚光滑而呈坚实感硬度的疝孔。多呈圆形、卵圆形或裂隙状,大小不等,小的仅容纳一个手指,大的可进入拳头或更大。疝囊内伴有外科感染时,疝囊往往明显增厚,内容物与疝囊粘连,或囊壁有脓肿形成。患有先天性脐疝的患犊一般无全身症状,当疝囊内脏器过多而疝囊过大时,往往影响牛的正常消化功能而影响生长。

后天性脐疝的疝囊内常常伴有大小不等的脓肿,除具有脐疝的临床症状外,用手触诊时常可触及到肿块,常常占位于疝囊的部分纤维囊上,并与囊内脏器发生粘连。对伴发脓肿的脐疝,在修补脐疝前禁忌对脓肿进行穿刺,在切开疝囊时应在不粘连处,手术过程中严防破坏脓肿壁,应完整地将脓肿摘除然后再闭合疝孔。

当疝囊内的肠管与疝囊壁或疝环粘连时,可引起肠蠕动紊乱或发生粘连性肠梗阻,病牛食欲减少或食欲废绝,反刍停止,排粪减少或仅排胶冻样黏液,病牛表现腹痛。

3. 治疗

脐疝缺损开口过大者必须手术治疗,术前减少饮喂,防治腹压过大。患畜仰卧保定,术部剪毛消毒,用盐酸普鲁卡因术部作浸润麻醉,把下垂到腹腔处的腹内容物送回腹腔,切开皮肤,钝性剥离局部粘连组织,充分暴露创面,周围结缔组织做新新鲜创面,用缝合线沿创面周围进针,做荷包式缝合,紧拉结扎线,脐轮闭合,再做结节缝合,增加接触面,利于脐轮尽快愈合。

修整腹壁,切除多余松弛皮肤,做结节缝合,术后做好消炎,防止感染。

四、风湿病

风湿病是一种反复发作的急性或慢性非化脓性炎症,以胶原纤维发生纤维素样变性为特征。病变主要累及全身结缔组织,骨骼肌、心肌、关节囊和蹄是最常见的发病部位,其中骨骼肌和关节囊的发病部位常有对称性和游走性,且疼痛和机能障碍随运动而减轻。

1. 病因

风湿病的病因迄今未能阐明。近年来研究表明,风湿病是一种变态反应性疾病,并与溶血性链球菌感染有关。已知溶血性链球菌感染后引起的病理过程有两种,一种表现为化脓性感染,一种则表现为延期性非化脓性疾病,即变态反应性疾病。

风湿病常与溶血性链球菌所致的疾病,如咽炎、喉炎、急性扁桃体炎等上呼吸道感染的流行与分布有关。多发生在冬春寒冷季节。本病发生虽然与 A 型溶血性链球菌感染有关,但并非是其直接感染所致,因为风湿病的发生并不是在链球菌感染的当时,而是在感染之后的 2～3 周发生。

此外,经临床实践证明,风、寒、潮湿、过劳等因素在风湿病的发生上起着重要作用。

2. 症状

风湿病的主要症状是发病的肌群、关节及蹄的疼痛和机能障碍。疼痛表现时轻时重,部位多固定但也有转移的。风湿病有活动型的、静止型的,也有复发型的。根据其病程及侵害器官的不同可出现不同的症状。

根据发病的组织和器官不同分为:

(1)肌肉风湿病。主要发生于活动性较大的肌群,如肩臂肌群、背腰肌群、臀肌群、股后肌群及颈肌群等。其特征是急性经过时发生浆液性或纤维素性炎症,炎性渗出物积聚于肌肉结缔组织中,而慢性经过时则出现慢性间质性肌炎。

表现运动不协调,步态强拘不灵活,常发生1~2肢的轻度跛行。跛行可能是支跛、悬跛或混合跛行。特征是随运动量的增加和时间的延长而有减轻或消失的趋势。多数肌群发生急性风湿性肌炎时可出现明显的全身症状。精神沉郁,食欲减退,体温升高1~1.5℃,结膜和口腔黏膜潮红,脉搏和呼吸增数,重者出现心内膜炎症状,可听到心内杂音。从颈部到尾根全身僵直,运动时四肢行走拘谨,两耳僵直,第三眼睑部分突出。

急性肌肉风湿病的病程较短,一般经过数日或1~2周即好转或痊愈,但易复发。当转为慢性经过时,病牛全身症状不明显;病牛肌肉及腱的弹性降低;重的肌肉僵硬,萎缩,肌肉中常有结节性肿胀。病畜容易疲劳,运步强拘。

(2)关节风湿病。又称为风湿性关节炎,最常发生于活动性较大的关节,如肩关节、肘关节、髋关节和膝关节等,脊柱关节(颈、腰)也有发生。常对称关节发病,有游走性。

急性期呈现风湿性关节滑膜炎的症状,关节囊及周围组织水肿,患病关节外形粗大,触诊温热、疼痛、肿胀。跛行随运动量的增加而减弱或消失。精神沉郁,食欲不振,体温升高,脉搏和呼吸增数。有的可听到明显的心内杂音。

慢性经过时则呈现慢性关节炎的症状。关节滑膜及周围组织增生、肥厚,关节肿大且轮廓不清,活动范围变小,运动时关节强拘,能听到噼啪音。

(3)心脏风湿病。又称风湿性心肌炎,主要表现为心内膜炎,听诊时第一心音及第二心音增强,有时出现期外收缩性杂音。有人认为风湿性蹄炎时波及心脏,引起风湿性心肌炎。

根据发病部位的不同分为:

(1)颈风湿病。主要为急性或慢性风湿性肌炎,有时也可能累及颈部关节,表现为低头困难或风湿性斜颈。患病肌肉僵硬,有时疼痛。

(2)肩臂风湿病。前肢风湿,主要为肩臂肌群的急性或慢性风湿性炎症。有时也可波及肩、肘关节。病牛站立时患肢常前踏,减负体重。运步时则出现明显的悬跛。两前肢同时发病时,步幅短缩,关节伸展不充分。

(3)背腰风湿病。主要是背最长肌、髂肋肌的急性或慢性风湿性炎症,有时也波及腰肌及背腰关节。临床上最常见的是慢性经过的背腰风湿病。病牛站立时背腰弓起,腰僵硬,凹腰反射减弱和消失。触诊背最长肌和髂肋肌等发病的肌肉时,僵硬如板,凹凸不平。病牛后躯强拘,步幅缩短,不灵活。卧地后起立困难。

（4）臀肌风湿病。即后肢风湿,病变常侵害臀肌群和股后肌群,有时也波及髋关节。主要表现为急性或慢性风湿性肌炎的症状。患病肌群僵硬而疼痛,两后肢运动缓慢而困难,有时出现明显的跛行。

（5）蹄风湿。常见在两前肢或四蹄发病,站立时两前肢伸向前方,蹄尖翘起以蹄踵部着地负重,同时头高抬,弓腰,后躯下沉,两后肢尽量伸于腹下。四肢同时发病时病牛卧地不起。

根据病例过程经过分为:

（1）急性风湿病。发病急剧,疼痛及机能障碍明显。常出现较明显的全身症状。一般经过数日或1～2周即可好转或痊愈,但容易复发。

（2）慢性风湿病。病程较长,可达数月之久。患病的组织或器官缺乏急性经过的典型症状,热痛不明显或根本看不见。但病牛运动强拘,不灵活,容易疲劳。

3. 治疗

治疗原则是消除病因、加强护理、祛除风湿、解热镇痛、消除炎症。改善病牛的饲养管理以增强其抗病能力。

（1）应用解热镇痛及抗风湿药物,水杨酸钠抗风湿作用最明显,包括水杨酸、水杨酸钠及阿司匹林等。投药后24～48 h内关节红、肿及疼痛缓解,控制急性风湿的疗效迅速而确实,而对慢性风湿病疗效较差。

水杨酸钠口服10～60 g/次;静脉注射10～30 g/次。也可将水杨酸钠与乌洛托品、樟脑磺酸钠、葡萄糖酸钙联合应用。

（2）应用皮质激素类药物,有显著地消炎和抗变态反应的作用。同时还能缓和间叶组织对内环境各种刺激的反应性,改变细胞膜通透性。常见的有:氢化可的松、地塞米松、醋酸泼尼松、氢化泼尼松等,都能明显地改善风湿性关节炎的症状,但容易复发。

（3）应用抗生素控制链球菌感染。风湿病急性发作期,无论是否证实机体有链球菌感染,均需使用抗生素。首选青霉素,肌内注射,每日2～3次,一般应用10～14天,不主张使用磺胺类药物,因为磺胺类药物虽然能抑制链球菌的生长,却不能预防急性风湿病的发作。

（4）应用碳酸氢钠、水杨酸钠和自家血液疗法。方法是,每日静脉注射5％碳酸氢钠溶液500 mL,10％水杨酸钠溶液200～450 mL;自家血液的注射量为第一天80 mL,第三天100 mL,第五天120 mL,第七天140 mL。7天为一个疗程。每疗程之间间隔1周,连用2个疗程。

（5）中兽医疗法。应用针灸治疗风湿病有一定的疗效。根据不同的发病部位,可选用不同的穴位。可用白针、电针、水针或火针,前肢风湿常用抢风、冲天穴位；肩井、后肢风湿常用大胯、小胯、巴山、干沟等穴位；背腰风湿常用百合、肾盂、肾棚、肾角等穴位且火针效果较好。中药方面常用的方剂有通经活络散和独活寄生散。

(6)应用物理疗法。物理疗法对风湿病，特别是对慢性经过者有较好的治疗效果。

①局部温热疗法。将酒精加热至 40℃ 左右，或将麸皮用醋拌湿后炒热装于布袋内进行患部热敷，每日 1～2 次，连用 6～7 天。也可使用热石蜡及热泥疗法等。在光疗法中可使用红外线局部照射，每次 20～30 min，每日 1～2 次，直到明显好转为止。

②电疗法。中波透热疗法、中波透热水杨酸甲醋软膏(水杨酸甲醋 15 g、松节油 5 mL、薄荷脑 7 g、白色凡士林 15 g)、水杨酸甲酯莨菪油擦剂(水杨酸甲醋 25 g、樟脑油 25 mL、莨菪油 25 mL)，也可局部涂擦樟脑酒精及氨擦剂等。

五、日射病及热射病

日射病及热射病是由于纯物理因素引起体温调节功能障碍的一种急性疾病。因阳光直射头部，导致脑及脑膜充血、出血，引起中枢神经系统功能障碍的，称为日射病。因环境温度过高、湿度过大，导致机体散热障碍，引起体内积热的，称为热射病。两者的病理生理是相同的，临床上统称为中暑。多发生于炎热季节，以 7～8 月多发，临床上以突然发病、病程急剧、出汗、体温升高和一定的神经症状为特征。

1. 病因

本病发生的直接因素是环境温度过高和阳光直射，但相关因素对本病的发生也具有促进作用。

(1)在酷暑高温季节，奶牛在外置、运输、躺卧在通风不良和高湿度环境中，环境温度过高、湿度过大、风速小，奶牛散热障碍，导致体内积热；或剧烈太阳光直射等热应激易发生热射病。奶牛遭受热应激，且通风不良，降温不及时，其体温一般在 39.7℃ 或稍高一些，只要很小的热刺激，体温便会升高到 42℃ 或更高。

(2)奶牛患有呼吸道疾病或其他疾病，如脓毒性乳房炎、子宫炎、低钙血症或体弱、肥胖、老年或幼年牛对热耐受力低，是热射病的促发因素。

(3)饲养管理不当也与本病的发生有关。特别是饮水不足、食盐摄入不足可促进本病的发生。

2. 症状

本病发病急剧，主要表现为神经功能障碍、体温升高、大量出汗，同时还表现为循环障碍、呼吸功能的衰竭。

常于高温环境或阳光直射条件下突然发病,病情发展迅速。患病动物喜凉爽环境,至树荫旁,不愿离开,具有明显的饮欲,主动寻找水源。发病初期,兴奋不安,强迫运动,前冲或转圈,鸣叫。很快转入抑制状态,精神高度沉郁,反应迟钝,不听使唤,站立不稳。严重时出现昏迷,卧地不起、意识丧失、四肢划动等。体温升高到 40.5℃以上,初期大汗淋漓,但随水分的丧失,很快停止出汗,皮肤变为干燥。心跳加快,脉搏疾速,可视黏膜充血、呈树枝状,体表静脉怒张。呼吸高度困难,鼻翼开展,张口呼吸,严重时出现节律不齐,甚至出现毕欧式呼吸或陈一施二氏呼吸。濒死前口吐白沫,鼻孔流出粉红色泡沫。

3. 治疗

治疗原则是加强护理、消除病因、促进降温、防止脑水肿、维持心肺功能、纠正水盐代谢和酸碱平衡失调。

(1)及时将患牛放置于通风、凉爽的环境中,保持安静,供应充足的饮水,最好是 0.9%氯化钠溶液。

(2)立即采取措施降低体温。可以采用冷水浴,用冷水擦洗躯体,特别是头部,洗后用乙醇擦身,促进散热;还可采用冷水灌肠,可以迅速吸收体内的热量,降低体温,一般是灌入冷水 5 000～10 000 mL;躯体四周放置冰块,可保持局部环境的凉爽,利于机体散热。同时还可应用解热镇痛类药物,如复方氨基比林注射液、安痛定注射液或安乃近等。

(3)发生中暑时,由于脑血管充血,很容易继发脑水肿,因此应注意防止脑部水肿,控制神经功能障碍。方法有:颈静脉放血或耳尖放血,发病初期可进行放血,但后期由于大量出汗,水分丧失严重,循环血液不足,不宜放血。注意放血后要补充等量的生理盐水、糖盐水以及复方盐水;使用钙制剂可增加毛细血管的致密性减少渗出,5%氯化钙注射液 100～400 mL,静脉注射,注意要防止漏出血管外。应用 20%甘露醇或 25%山梨醇溶液等脱水剂,可增加血液的渗透压,利于血液中水分的保持,有效防止脑水肿。

(4)对症治疗。病牛兴奋不安时要进行镇静,可使用氨溴注射液 100～200 mL,或水合氯醛 20～30 g 内服。当病牛心功能较差时,可使用 20%安钠加 10～20 mL 或强尔心注射液等进行强心;当病牛出现急性心力衰竭、循环虚脱时可使用 0.1%肾上腺素溶液 3～5 mL,加入 10%～25%葡萄糖溶液 500～1 000 mL,静脉注射,以增加血压、改善循环。高度呼吸困难时,可使用 25%尼可刹咪溶液 10～20 mL 皮下或静脉注射,或 5%硫酸苯异丙胺溶液 100～300 mL 皮下注射,以兴奋呼吸中枢;防止酸中毒可使用 5%碳酸氢钠溶液 250～500 mL 静脉注射。

六、奶牛酮病

奶牛酮病又称奶牛醋酮血症、酮血症、酮尿病,是奶牛泌乳早期常见代谢病中的管理性疾病,是奶牛体内碳水化合物和挥发性脂肪酸的代谢障碍或紊乱引起的一种全身性功能失调的代谢疾病。奶牛酮病根据有无临床症状可以分为临床型和亚临床型两种。临床型酮病奶牛血清中酮体含量一般为 200 mg/L 以上,表现为产奶量下降,不食精料,迅速消瘦,呼出的气体、乳汁以及尿中带有酮味,有时有神经症状;亚临床酮病奶牛血清中酮体含量为 100~200 mg/L,大多不表现临床症状。血液中酮体含量增加的称为酮血症;在尿中酮体含量增加的叫酮尿症;在乳中酮体含量增加的叫酮乳症。

健康奶牛血清中酮体含量一般低于 100 mg/L。

1. 病因

能量代谢负平衡是引起本病的原因,由于奶牛产后大量泌乳耗能与从饲料中获得的不平衡所致。因为奶牛产后泌乳高峰出现得早(产后 4~7 周),需消耗大量的能量,而产后食欲高峰出现较晚(产后 10~12 周),从分娩到泌乳高峰这一时期奶牛对能量的需要超过了从饲料中摄取能量,引起能量负平衡,因而导致发病。本病的发生在很大程度上取决于管理、营养和气候。饲料供应过少,品质低劣、单纯,即奶牛饲喂低蛋白、低能量水平的日粮时,发生的酮病,称为饥饿性酮病。饲喂高蛋白、高能量日粮,而此时又处于高产阶段的奶牛易发生酮病,常发生于分娩后 1~8 周的奶牛,初为亚临床酮病,之后逐渐转变为临床型,这种酮病的发生可能与体内糖代谢障碍有关,即不能将充足的糖类转化为葡萄糖。日粮中含有过多的丁酸(生酮物质),通常干草所含的生酮物质比青贮饲料要少,而且多汁饲料也可以转化成丙酮,引起奶牛酮病,称为营养性酮病。某些特定营养物质缺乏,如钴、碘、磷和钴等,可引起奶牛酮病发病率升高。

引起奶牛酮病的原因很多,归纳起来有以下几种。

(1)由高产引起。由于奶牛的产奶高峰大多于分娩后 4~6 周开始出现,但此时奶牛的食欲和采食量尚未恢复,摄入的能量不能满足奶牛高产的需要进而导致酮病的发生。

(2)与分娩有关。约 80% 的病例发生于泌乳量开始增加的分娩后 3 周内,且以 3~6 胎次的牛居多。不妊娠的青年母牛及公牛尚未见本病发生的确实症据,而且也未见到在一个泌乳期中间隔地先后发生两次以上的病例。

(3)产前过度肥胖。干奶期供应的饲料能量水平过高,使奶牛过度肥胖,严重影响产后采食量的恢复。

（4）日粮关系。一是饲料供应过少，品质低劣、单纯；二是处于高产阶段的奶牛饲喂高蛋白、高能量水平日粮，体内碳水化合物代谢障碍；三是日粮中含有过多的丁酸；四是矿物质缺乏。

（5）季节、应激因素。本病从冬季到春季多发，夏季较少发生。冬末春初天气寒冷，奶牛运动不足，饲料的改变特别是优质粗饲料的不足，以及过量采食丁酸含量高的青贮饲料，均可成为发生本病的诱因。寒冷季节发生的酮病以重症居多；而夏季发生本病多因牛舍环境恶劣、高温潮湿所致。饥饿和过度挤奶等应激因素均会促进奶牛发病。

（6）与遗传、品种的关系。有人认为，本病与遗传有关，但未得到证实。与牛品种的关系尚不十分清楚，但调查表明荷兰种奶牛比其他品种发病率高，而爱尔夏种的牛发病率较低。

（7）继发于其他疾病。真胃变位、创伤性网胃炎、子宫内膜炎、乳房炎、生产瘫痪、脂肪肝以及其他分娩后常见的疾病。

2. 症状

本病根据临床症状分为三个类型，共有症状是均有特殊的酮味，但因多数嗅不到而被忽视。化验尿、乳可发现大量酮体。

（1）消化型。病牛呈现顽固性消化障碍，不食精料。个别严重的见到精料就跑，仅吃少量干草和青草。有的病牛饮食、饮水均废绝，发生异嗜现象，反刍减少，瘤胃蠕动减弱或消失，体温一般无变化，产奶量急剧下降，很快消瘦。

（2）神经型。常在消化型基础上出现神经症状，初期兴奋、鸣叫，不听指挥，顶人、顶墙、跳槽，听觉过敏，眼肿，视力降低、流涎，高度兴奋后耳直立，全身肌肉颤抖后可能转入沉郁阶段，对周围事物淡漠，患牛血中异丙醇含量升高。

（3）生产瘫痪型。病牛常常卧地不起，脊椎骨呈"S"形弯曲，头部常置于肘部。病牛许多症状与生产瘫痪类似，但其特点是病牛产奶量高、消瘦、体重减少、食欲不振。

3. 治疗

治疗原则是补糖抗酮，促进糖原异生，提高血糖含量，减少体脂动员，提高饲料中丙酸及其他生糖先质的利用。

主要采取的措施是补糖、适当地应用糖皮质激素和胰岛素、缓解机体酸中毒、镇静及其他辅助治疗。静脉注射50%葡萄糖注射液500 mL，每日2次，连用数日；补充生糖物质，常用丙酸钠、丙二醇或甘油，推荐剂量都是125～250 g，加等量水混合，每日2次口服，而后每日110 g，连用2天。

糖皮质激素及促肾上腺皮质激素,已广泛应用于酮病治疗,氢化可的松0.5 g,肌肉或静脉注射,或醋酸可的松 1~1.5 g 肌内注射,或地塞米松 10~20 mg 肌内注射,平均每日 1 次,隔 4~6 天 1 次。促肾上腺皮质激素,1 g 皮下注射,约 48 h 后促进糖原异生。

目前的方法对于本病的治疗,虽然使奶牛病情有所改善,但效果常不能令人满意。如果完全丧失食欲的,常导致死亡。所以,对于本病应着重于预防,采用综合措施予以防治。主要有:

(1)加强饲养管理,供应平衡日粮,根据奶牛不同生理阶段将牛群分群管理,随时调整饲料的营养比例,重视饲料的质量。增加活动量,增进食欲。

(2)加强临产和产后的奶牛健康检查,建立奶牛群的酮体监测制度,定期补糖、补钙。

(3)调整日粮结构,增加生糖物质。

七、产后血红蛋白尿

奶牛的产后血红蛋白尿是由于缺磷等非传染性因素所导致的以急性血管内溶血、血红蛋白尿、贫血、低磷酸盐血症为特征的高产分娩奶牛的代谢疾病,又称血红蛋白尿。本病特征性表现是奶牛小便呈棕红色至紫红色,一年四季均有零星发生,主要发生于产后 2~4 周的 3~6 胎次高产奶牛,3 岁以下的牛很少发生。

1. 病因

本病发生的主要原因是饲喂低磷日粮,同时与产后泌乳磷脂排出增多有一定的相关性。不论产前发病或产后发病,均伴有低磷酸盐血症,但并非所有低磷酸盐血症的母牛都会发生临床血红蛋白尿。采食油菜、甜菜或十字花科植物(如甘蓝、萝卜等)的母牛发病较多,这些植物或饲料中磷含量较低。铜缺乏也是诱发本病的一个重要原因,有学者认为,产前补铜对该病有一定的预防作用。另外,应激也可能是一个重要因素,比如,寒冷,冬春季节发病较多,可能与寒冷刺激有关。

2. 症状

症状轻微的奶牛多在分娩后 2~4 周内突然排出赤褐色或咖啡色的泡沫状血红蛋白尿,精神沉郁,短时间内同时伴发黄疸,食欲不振,产奶量下降。体温正常或偏高。血红蛋白尿为主要症状,尿呈淡红色。排尿次数增加,尿量减少,瘤胃蠕动缓慢。随时间延长,红尿期间,贫血明显,口腔、阴门可视黏膜、乳房皮肤淡红或苍白,食欲减少,心跳加快,瘦弱。如 3~5 天内不死,可转入恢复期,可见耳尖、尾尖和乳头等部位发生坏死。

3. 治疗

此病治疗原则是尽快补磷,以提高血鳞水平;静脉输液以维持水分。

(1)20％磷酸二氢钠 300～500 mL,一次静脉注射,每日 1～2 次。重症病牛 2～4 次。同时可用相同剂量皮下注射,效果更好。

(2)10％葡萄糖 1 000 mL,10％安钠加 30 mL,维生素 B_1 30 mL,复方氯化钠 1 000 mL。静脉注射,一日 2 次,一般 2～3 天痊愈,病愈恢复期用八珍汤,气血双补。处方:黄芪 100 g,党参 50 g,白术 50 g,茯苓 40 g,当归 60 g,炒白芍 50 g,熟地 50 g,升麻 40 g,甘草 30 g。上药为末加温内服。

(3)骨粉 120～180 g,每日 2 或 3 次口服,连续饲喂 5～7 天,如结合静脉注射磷酸二氢钠,则可大大缩短病程,加快痊愈。

4. 预防

(1)饲喂平衡日粮,日粮标准应按奶牛需要量供应。为此,配合日粮时,营养要全面,矿物质特别是磷的供应不能忽略。在发病地区,饲料的营养成分无法计算的,每年 11 月至下年 4 月,每日每头应加喂 50 g 骨粉,或用小麦麸 500～1 000 g 作精料补饲。控制块根类饲料喂量。

(2)做好防寒保暖工作,减少应激因素的刺激,冬天加设风障等。

八、低镁血症

低镁血症又称青草抽搐、牧草抽搐、泌乳抽搐、青草蹒跚,是由各种原因所引起的血镁降低所致的一种矿物质代谢紊乱性疾病。特征是低血镁并伴有低血钙,病牛呈神经兴奋及肌肉强直和痉挛。

本病一年四季都可发生,但大多在春季,通常出现在早春放牧开始后的前 2 周内,也见于晚秋季节。主要发生于乳牛,犊牛也可发生。舍饲后放牧于多汁草场,一般情况下,发病率为 2％～12％,死亡率多在 20％～30％,最高可达 70％以上。以麦类牧草饲喂,如燕麦、大麦等,发病率最高,生长早期麦苗最危险。气候条件恶劣时可加速发病。母牛产后 2 个月内发病较多。4～7 岁发病率最高。该病的发病率虽比生产瘫痪低,但死亡率高,经济损失很大。施用了氮肥和钾肥的牧草危险性最高。

1. 病因

从本病的发生经过和血液生化变化来看,是放牧时奶牛采食青嫩牧草后,血镁明显降低并伴有血钙降低。至于低血镁和低血钙的直接原因,一般来讲,生长迅速的青嫩牧草中镁、钙、钠、可溶性糖和粗纤维含量低,而钾、氮、磷含量高,以及镁、钙吸收障碍所致。一般认为,泌乳期奶牛每天从饲料中摄取镁 20 g 的话,那么只有 4 g 的镁被吸收。镁摄入量或其利用率降低。泌乳牛每日要随奶、尿和消化道分泌物损失掉大量镁。如果饲料中镁不能满足其所需，摄入量减少或摄入镁的利用率降低，均能引起低血镁。摄入量不足是由于日粮中镁的含量及采食量降低所致。

近年来一些研究发现，寒冷可导致游离脂肪酸增加和血镁下降，且这种反应可被抗脂肪分解药物预防。目前认为脂肪分解和低血镁之间的关系，是脂肪分解通常伴随着脂肪细胞膜滞留较多的镁，而且游离脂肪酸本身也可以选择性地与镁形成螯合物，从而使血镁下降。本病多发生在气温突然变冷或连续低温而不补精料，致使干物质采食量不足的营养物质缺乏，从而导致脂肪的分解增多而引起低血糖。

2. 症状

根据临床经过和其严重程度，可以分为最急性型、急性型、亚急性型和慢性型。

(1)最急性型。常无明显的临床表现而突然死亡。

(2)急性型。病牛突然停止采食，感觉过敏，兴奋不安，甩头，吼叫，盲目奔跑，步态蹒跚，肌肉震颤，两耳竖起，呈疯狂状态，行走时摇晃似醉，最终跌倒，肌肉抽搐。体温升高至 40～40.5℃，呼吸次数增加，心跳加快，心音高亢，甚至在 1 m 外就能听到高亢的心音。四肢抽搐而卧地不起，惊厥时，病牛角弓反张，眼球震颤，眼睑回缩，空嚼磨牙，口吐泡沫，约持续 1 min。安静时，病牛静卧，当遇到突然刺激、惊吓、抽打等，惊厥再次发作。多因治疗不及时而于病后 0.5～1 h 死亡。

(3)亚急性型。病程为 3～5 天，食欲减退或废绝，瘤胃蠕动减弱，产奶量下降。常保持站立姿势，惊惧和感觉过敏，头抬高，且在头部看到震颤，肩上部和体侧部也会看到震颤。后肢痉挛，站立不稳。排尿停止，频繁排粪；触摸皮肤或手捏皮肤时，震颤会加剧。行走时步样强拘或呈高跨步，频频眨眼。当受到强烈刺激或用针刺病牛时，可引起惊厥，甚至攻击人畜。病牛处于亚急性状态只有数小时，之后发展为急性或最急性状态，特别是受到噪声或其他刺激的影响，如混群、驱赶等。

(4)慢性型。病情逐渐发展，或由急性转变而来，高产奶牛多发。奶牛血镁水平低，但不表现临床症状。发病前呈感觉过敏、惊恐不安的兴奋状态，病牛呆滞，反应迟钝，食欲减退，瘤胃蠕动减弱，产奶量下降。经数周后，病牛出现步态踉跄，上唇、腹部及四肢肌肉震颤，后期感觉消失，瘫痪。

3. 治疗

由于本病发生急剧，病程较短，应尽早治疗，钙、镁制剂同时应用具有良好的治疗效果。

(1)10%葡萄糖 500 mL,25%硫酸镁 100～300 mL,一次静脉注射。为了避免注射后血镁快速下降,可配合皮下注射 25%硫酸镁液 200 mL。注意静脉注射硫酸镁时,一定要缓慢,防止心跳过快和呼吸衰竭的发生。如果病牛确实出现心率加快、呼吸过缓时,应立即停止注射,必要时,可静脉注射钙溶液予以缓解。

(2)10%葡萄糖酸钙和 12%己二酸镁溶液共 500 mL,一次静脉注射。此外,3.3%乳酸镁、15%葡萄糖酸镁静脉注射,均有治疗效果。

强心补液:复方氯化钠 1 000 mL,10%安钠加 30 mL 一次静脉注射。维生素 B_1 50 mL,每日两次,一般用药 2 次后痊愈。

4. 预防

(1)加强饲养管理、供应平衡日粮。对舍饲奶牛场来说,本病尽管较少发生,但也应引起重视。这是因为随着奶牛饲料以及矿物质饲料的流通扩大,在使用时,应值得注意。

(2)春季由舍饲转为放牧要逐渐过渡,开始放牧的 1 周不能吃得太饱,放牧时间不能过长,每天至少要补饲 2 kg 干草和富含淀粉的精料。放牧前和放牧初每天应补饲氧化镁或碳酸镁 30～50 g,同时还要补充食盐和骨粉。

(3)有关资料表明,血镁缓慢降低至正常值的第 2 周可发生青草抽搐,因此,除平时注意饲料的平衡外,还应注意测定血镁的含量,特别是放牧前和放牧初的测定,对早期诊断和防治均有很重要的实践价值。

(4)开始放牧的 2 周要观察奶牛的动态是否异常,并要带足钙、镁制剂,以便早发现、早防治。

九、肺热气喘

1. 病因

多因暑热炎天,暴晒烈日之下,圈舍通风不良,拥挤,暑湿燥热,热蒸津液,暑热凝集于肺而发病。

2. 症状

患畜精神萎靡,体温升高,气喘粗,鼻翼扩张,两肋扇动,大便干硬,小便短赤,两目红赤,舌质红,苔黄,脉洪数。

3. 治疗

清热宣肺,理气化痰。

中药:麻杏石甘汤加减。石膏 200 g,麻黄 30 g,杏仁 50 g,黄芩 60 g,双花 100 g,连翘 75 g,苏子 50 g,葶苈子 50 g,款冬花 50 g,枇杷叶 50 g,甘草 30 g。热盛者加菊花、桑叶,咳嗽重者加前胡、贝母,体液亏损者加生地、沙参、元参、花粉。上药为末加温内服,连用 3 剂。

十、风疹(大头疯)

1. 病因

多因患畜阴阳失调,营卫不合,外感风邪。或患畜阴血不足,阴虚生内热,血虚生风,风邪滞于肌肤,风邪滞本病的致病因素。

2. 症状

此病发病急,头部有明显肿胀,头面、颈部肿起,有明显的热、肿、痒症状,由于颈部肿胀而采食困难,眼睑肿胀而双眼不能睁开。

3. 治疗

清热解毒、祛风解表。

(1)处方:藁本 70 g,荆芥 60 g,防风 60 g,双花 50 g,丹皮 50 g,元参 50 g,大青叶 50 g,薄荷 50 g,地骨皮 40 g,川芎 40 g,白芷 50 g,升麻 50 g,甘草 30 g。上药为末加温内服,每日 1 剂,连用 3 剂。

(2)处方:黄芩酒炒 60 g,黄连酒炒 40 g,陈皮 40 g,元参 50 g,连翘 50 g,板蓝根 60 g,牛蒡子 50 g,薄荷 50 g,升麻 60 g,柴胡 60 g,桔梗 40 g。上药为末加温内服,每日 1 剂,连用 3 剂。

(3)10%葡萄糖酸钙 500 mL,一次静脉注射。扑尔敏、肾上腺素用之有效。

十一、漏蹄

漏蹄即趾间蜂窝织炎,也叫腐蹄病,是侵害趾间隙皮肤及下面软组织的急性或亚急性炎症。皮肤常常坏死和裂开,炎症常常从趾间隙皮肤蔓延到蹄冠。有明显跛行,并有体温升高。坏死杆菌是本病最常见的微生物。

1. 病因

趾间隙由于异物造成挫伤或刺伤,或粪尿和稀泥浸渍,使趾间皮肤的抵抗力减低,微生物从趾间进入,许多学者同意坏死杆菌是本病的病原菌。趾部皮炎、趾间皮肤增殖和黏膜病等可并发本病。

2. 症状

在病变发展后几小时内,可注意到一个或多个肢出现跛行,系部和球节屈曲,患肢以蹄尖轻轻负重,约 75%的病例发生在后肢。

18~36 h 后,趾间隙和冠部出现肿胀,皮肤出现小的裂口,有难闻的恶臭气味,裂口表面可有伪膜形成。

36~72 h 后,病变变得显著,趾部和球节都可出现肿胀,两趾明显分开。动物此时又剧烈疼痛,病肢常离开地面提起,体温常常升高,食欲减退,产奶量明显下降。再过一两天后,趾间组织可完全腐脱,转归好的病例,以后出现机化或纤维化。某些病例坏死可持续发展到深部组织,出现各种并发症,甚至引起蹄角质脱落。

3. 治疗

全身应用抗生素或磺胺类。磺胺类药物可用磺胺二甲基嘧啶,每 100 kg 体重用 4 g,静脉注射。抗生素可用青霉素或广谱抗生素,链霉素无效。

局部蹄用防腐液清洗后,去除游离的趾间组织,患部要轻度搔刮,伤口内要放置抗生素或磺胺,可用氯霉素酒精液或青霉素,也可放置磺胺二甲基嘧啶粉剂。绷带要环绕两趾包扎,不要装在趾间。否则影响引流和创伤开放。

预防本病应定期用硫酸铜液或甲醛液蹄浴。冬季让牛踩石灰和硫黄粉。牛床可用聚甲醛消毒。

特殊的预防措施是饲料内添加乙二胺二氢碘化物。在澳大利亚和比利时用坏死杆菌甲醛疫苗接种已获得成功。

有人将人发填入患部凹陷处,将沥青或黄蜡加热溶化后倒入患部,用布包扎,患畜放入干燥平整圈舍内,一般 3 天后行走自如。

十二、蹄叶炎

蹄叶炎又称为弥散性无败性蹄皮炎,通常侵害几个指(趾)。最常发病的是前肢的内侧指和后肢的外侧趾。

牛的蹄叶炎可发生于奶牛、肉牛、年轻的公牛。有报道说本病占牛跛行的17%,也有的调查报道说占 50%,这都不能真正反映蹄叶炎的发病率,因为很多亚临床的蹄叶炎很难计算在内,因为患蹄叶炎的牛步伐和姿势都是正常的,只是蹄有变化,而且往往把蹄叶炎误认为其他蹄病或变形蹄。

1. 病因

长期以来认为,蹄叶炎是全身紊乱的局部表现。但确切的原因尚不清楚,它似乎是许多因素的结合,包括分娩期间和泌乳高峰后过多的碳水化合物、运动不足、遗传和季节因素等。给牛注射组织胺或革兰氏阴性杆菌内毒素,均可诱发蹄叶炎;向瘤胃内注射乳酸成功地诱发了羊的蹄叶炎;所以以上 3 种物质被认为与蹄叶炎的发生有密切关系。

牛蹄叶炎也可继发于严重的乳房炎、子宫内膜炎、酮病、瘤胃酸中毒等。

2. 症状

蹄叶炎可同时侵害几个趾,前肢内侧指、后肢外侧趾多发,可引起局部和全身性症状。

急性蹄叶炎时,症状非常典型。病牛不愿活动,运步困难,特别是在硬地上。站立时弓背,肢的姿势由于适应疼痛而有所改变,四肢收于一起,前肢向前伸,而后肢伸于腹下。如前肢发病时,症状更加严重,为了减轻患趾的负重,而出现两肢交叉。大多数牛是躺卧的,一些大体型的常四肢伸直侧卧,从躺卧状态站起来常常有困难。患牛沿硬地或不平地运步时,常小心翼翼,愿意在软地上行走,在牛舍内常用后趾尖站立,减轻负重的疼痛。早期的病例,症状不明显,但可注意到患肢出汗,肌肉震颤,蹄有划弧运动等。

重度蹄叶炎,脉搏每分钟可达 120~130 次,呼吸每分钟可达 90~100 次。急性蹄叶炎在蹄冠上可看到皮肤出汗,肢的肌肉颤抖,但蹄发热不是总能检查到,用检蹄器压迫蹄底时,不太敏感,蹄壁叩诊时敏感。在两悬蹄之间,前肢可摸到掌侧指总动脉搏动,后肢触摸很困难,不容易检查到搏动,因趾部血管难以接近。两前肢或两后肢的浅表静脉可能是扩张的。

原发性急性蹄叶炎蹄行不会有变化,除非本身早有蹄变行。蹄底角质开始发病时表现正常,但发病后 2~3 天可变软、发黄和呈蜡样,易使沙石嵌入。角质可发生血染,特别是后肢的外侧趾,最常是侵害远轴侧白线,但有时发生在蹄尖后和底球结合处。在发病后 1 周的病例,蹄骨尖可稍稍转位。

亚急性蹄叶炎很难看到全身性症候,许多牛的局部症状也很轻微,许多病例可能不被注意到,有的常误认为其他病。

慢性蹄叶炎由于蹄骨转位,角质异常生长,这时常误认为是变形蹄。

3. 治疗

应看出牛蹄叶炎是急症,并及时进行治疗,因小叶的病变和细胞水平的变化,在临产症候出现后 4 h 即可发生,在 24 h 内可引起永久性损害;在 36 h 后治疗,仅是治标性的。

应该除去病因,因过多碳水化合物饲料引起的应该撤销或大大地减少,如由乳房炎或子宫炎引起的应治疗原发病;如由瘤胃酸中毒引起的,应用酸碱平衡疗法。

早期应用抗组织胺疗法,可得到满意的效果。

蹄内正常血液循环的恢复是很重要的,病牛要放在软地,可给止痛药或蹄部奴夫卡因封闭疗法。乙酰普马嗪在早期应用是有用的,温水蹄浴壁冷疗更合理,静脉放血,在牛应用也获得成功。

4. 预防措施

(1)要生犊的青年牛提前进入水泥地面牛舍几周,以适应地面。

（2）产前几个月和产后立刻进行充分的运动；产前、产后 4 周避免突然改变饲料，产后精料要适当地减少，产奶高峰在 6 周，而不是 3～4 周。吃精料后立刻吃适量的粗料。

（3）自由吃岩盐或碘化盐，以增加唾液分泌，改善瘤胃的 pH 缓冲能力。

（4）产前和产后饲料中增加草块和壳类饲料，以增加瘤胃缓冲能力；饲料中增加碳酸钠，为自制精料的 1%，改善瘤胃 pH。

（5）新产犊的母牛，每日吃精料不多于 2 次，这样可以减少瘤胃酸中毒。

（6）定期削蹄。

十三、结膜炎

结膜炎即结膜的炎症，是指结膜受外界刺激和感染而引起的炎症，是最常见的一种眼病，以充血、水肿、中性粒细胞和单核细胞浸润为特征。

1. 病因

结膜对各种刺激敏感，常由于外来的或内在的轻微刺激而引起炎症，主要分为下列原因。

（1）机械性因素。结膜外伤、各种异物落入结膜囊内或粘在结膜表面，刺激结膜时，引发牛的结膜炎。

（2）化学因素。各种化学药品、农药飞溅至牛的眼内可导致结膜炎。

（3）生物因素。牛的结膜炎可能由多种细菌、病毒、霉形体以及寄生虫引发，部分为全身性疾病的局部表现。细菌性病原有巴氏杆菌、牛嗜血杆菌等。犊牛患严重巴氏杆菌肺炎、败血症或呼吸道感染昏睡嗜血杆菌时，可见结膜炎症状，同时伴有呼吸道症状。蓝舌病病毒也能引发牛的结膜炎。

（4）其他因素。如热伤，遭受夏季阳光的长期直射、紫外线或 X 射线照射、过敏等也可造成结膜炎。

2. 症状

结膜炎的共同症状是羞明、流泪、结膜充血、结膜浮肿、眼睑痉挛、渗出物及白细胞浸润。

卡他性结膜炎，临床上最常见的病型，结膜潮红、肿胀、充血、流浆液、黏液或黏液脓性分泌物。急性卡他性结膜炎，轻时结膜稍肿胀，呈鲜红色，分泌物较少，初似水，继而变为黏液性。重度时，眼睑肿胀、带热痛、羞明、充血明显，甚至见出血斑。炎症可波及球结膜，有时角膜面也见轻微的浑浊。慢性卡他性结膜炎，常由急性转来，症状往往不明显，羞明很轻或见不到。充血轻微，结膜呈暗赤色、黄红色或黄色。经久病例，结膜变厚呈丝绒状，有少量分泌物。

化脓性结膜炎,因感染化脓菌或在某种传染病经过中发生,也可以是卡他性结膜炎的并发症。一般症状都较重,常由眼内流出多量纯脓性分泌物,上、下眼睑常被粘在一起。化脓性结膜炎常波及角膜而形成溃疡,且常带有传染性。

3. 治疗

由异物或理化因素引发的结膜炎首先要查明病因,去除刺激因素后,对症治疗。应将患牛放在暗处或装眼绷带。当分泌物多时,以不装眼绷带为宜。用 3% 硼酸溶液洗眼。

急性卡他性结膜炎,充血显著时,初期冷敷;分泌物变为黏液时,则改为温敷,再用 0.5%～1% 硝酸银溶液点眼,每日 1～2 次。用药后 30 min,即可将结膜表层的细菌杀灭,同时还能在结膜表面上形成一层很薄的膜,从而对结膜表面呈现保护作用。但用过本品后 10 min,要用生理盐水冲洗,避免过剩的硝酸银分解刺激,且可预防银沉着。若分泌物已见减少或趋于吸收过程时,可用收敛药,其中以 0.5%～2% 硫酸锌溶液较好,每日 2～3 次。此外,还可用 2%～5% 蛋白银溶液、0.5%～1% 明矾溶液或 2% 黄降汞软膏。疼痛显著时,可用下述配方点眼:硫酸锌 0.05%～0.1%、盐酸普鲁卡因 0.05%、硼酸 0.3%、0.1% 肾上腺素 2 滴、蒸馏水 10 mL。

慢性结膜炎的治疗以刺激温敷为主。局部可用较浓的硫酸锌或硝酸银溶液,或用硫酸铜棒轻擦上、下眼睑,擦后立即用硼酸水冲洗,然后再进行温敷。也可用 2% 黄降汞眼膏涂于结膜囊内。

中药:川连 1.5 g,枯矾 6 g,防风 9 g,煎后过滤,洗眼效果较好。

细菌性结膜炎应选用适宜的广谱抗生素眼膏进行治疗。获得细菌培养与药敏试验结果后,选用敏感抗生素进行治疗。经抗生素治疗后,应对长期不愈的细菌性角膜炎病牛眼部做全面检查,以排除异物的存在。

病毒性结膜炎,包括结膜炎型牛传染性鼻气管炎感染,无需治疗。加强病牛的护理,如冲洗牛眼内和面部的分泌物,有助于病牛康复。但病牛过多时,难以实施。结膜炎型牛传染性鼻气管炎发病后 14～20 天即可痊愈。严重病例则需护理,即应用广谱抗生素控制继发感染。病毒性结膜炎禁用皮质类固醇类药物治疗,以防病情恶化。

霉形体或脲原体可引起牛群不明显的结膜炎流行。开始少数奶牛眼部有黏液脓性分泌物,随后 7～10 天可能会有几头新发病例出现。大多数病例无需治疗即可痊愈,但洗眼并使用四环素眼膏进行局部治疗,可加速病牛的康复。

寄生虫性结膜炎,对患眼做局部麻醉,将虫体清除后,可局部使用乙磷酸胆碱。

十四、直肠脱垂

直肠脱垂是指直肠末端的黏膜层翻脱于肛门(脱肛)或直肠一部分,甚至大部分向外翻转脱出肛门(直肠脱)。严重的病例在发生直肠脱的同时并发肠套叠或直肠疝。本病常发于犊牛。

1. 病因

直肠脱是由多种原因综合的结果,主要原因是直肠韧带松弛,直肠黏膜下层组织和肛门括约肌松弛及机能不全。而直肠全层肠壁脱垂,则是由于直肠发育不全、萎缩或神经营养不良、松弛无力,不能保持直肠正常位置所引起。直肠脱垂的诱因为长时间泻痢、便秘、病后虚弱、病理性分娩,或用刺激性药物灌肠后引起强烈努责,腹内压增高促使直肠向外突出。中兽医理论为患牛体质虚弱,营养不良,中气不足,气虚下陷。

2. 症状

轻者直肠在病牛卧地或排粪后部分脱出,即直肠部分性或黏膜性脱垂。在发生黏膜性脱垂时,直肠黏膜的皱襞往往在一定时间内不能自行复位,则脱出的黏膜发炎,很快在黏膜下层形成高度水肿,失去自行复原的能力,可在肛门处见到圆球形,颜色淡红或暗红的肿胀。随着炎症和水肿的发展,则直肠壁全层脱出,即直肠完全脱垂,可见由肛门突出呈圆筒状下垂的肿胀物。由于脱出的肠管被肛门括约肌嵌压,而导致血液循环障碍,水肿更加严重,同时受外界的污染,表面污秽不洁,沾有泥土和草屑等,甚至发生黏膜出血、糜烂、坏死和继发损伤。此时,病牛常伴有全身症状,体温升高,食欲减退,精神沉郁,并且频频努责,做出排粪姿势。

3. 治疗

手术疗法:站立保定,首先洗肠排粪,用3%温盐水冲洗脱出的直肠黏膜,宽针点刺水肿部位,使水肿液排出,去掉坏死组织,冲洗患部,撒上青霉素,将脱出的直肠缓慢送入肛门。取新砖一块烧热,包裹消毒后棉布多层,于肛门处进行热敷,肛门受热刺激自动收缩,利于恢复。也可对肛门进行荷包缝合,缝合程度以能适当排粪为依。

中药方剂:对营养不良、脾虚中气下陷所致的脱肛,以补中益气,润肠通便。

处方:黄芪60 g,党参50 g,白术40 g,当归50 g,升麻50 g,柴胡40 g,火麻仁50 g,郁李仁50 g,大黄40 g,木香40 g,陈皮40 g,甘草30 g。上药为末加温内服,每日一剂,连用3剂。

护理:手术整复后,3天内减少运动,多喂多汁饲草,保持粪便通畅。

十五、寒伤腰胯

1. 病因

患畜年老体弱,管理失调,夜露风霜,久卧湿地,风湿寒邪乘虚侵入,皮毛腠理,滞留经络、关节,气血凝滞,血行不畅,出现腰拖胯拽。

2. 症状

患畜卧地不起,起卧困难,腰胯僵硬,皮毛不整,随运动而症状逐渐减轻。

3. 治疗

温补脾肾,活血祛风,利湿散寒。

处方:茴香散加减。炒小茴香 70 g,附子 40 g,桂皮 50 g,当归 60 g,杜仲 50 g,补骨脂 60 g,白术 50 g,木通 40 g,肉豆蔻 50 g,巴戟天 50 g,伸筋草 50 g。上药为末,加温内服。

麸皮用醋浸湿拌匀,炒热装入袋内搭在患畜腰上,不要太热以免伤及皮肤。

4. 护理

加强饲养管理,改变生活环境。忌卧寒冷、潮湿之地,做好防寒保温工作。

十六、有机磷中毒

有机磷中毒是由于奶牛接触、吸入或误食了某种有机磷农药引起,体内的胆碱酯酶活性受抑制,降低水解乙酰胆碱的能力,造成乙酰胆碱在体内大量蓄积,从而引起组织器官的功能异常而表现胆碱能神经高度兴奋的一系列中毒症状。

有机磷是目前仍在广泛应用的农药,该类农药不仅可用于防治果树、农作物的害虫,在兽医临床上也用作体内外驱虫剂。由于有机磷农药种类繁多、毒性不一,故在临床上往往因使用不当而引起中毒,有机磷中毒具有发病快、病情重、病程短、死亡率高等特点。

1. 病因

有机磷杀虫剂是毒性较强的接触性或内吸性农药,具有高度的脂溶性,可经消化道、呼吸道和皮肤进入体内,临床上以消化道吸收中毒较常见。

(1)采食、误食或偷食喷洒过农药的农作物、蔬菜或牧草等,尤其是杀虫剂仍处在残效期时,中毒更为严重。

(2)误食用对硫磷、甲拌磷、敌百虫等拌过的农作物种子。

(3)兽医临床上,不按剧毒药物安全使用规程应用有机磷药物驱除体内外寄生虫时,剂量过大或使用不当造成中毒。

(4)饮用了被有机磷药物污染的水。

（5）农药储存不当或饲料库中拌种等都有可能污染饲料,引起中毒。

（6）人为投毒。

2. 症状

有机磷中毒后主要表现为胆碱能神经纤维(包括交感神经、副交感神经的节前纤维、全部副交感神经的节后纤维、小部分支配汗腺分泌的交感神经纤维和运动神经纤维)兴奋,引起相应组织器官生理功能的改变,出现毒蕈碱样、烟碱样和中枢神经系统症状。

（1）毒蕈碱样作用(M 样症状)。主要表现为唾液分泌过多,胃肠运动过度而导致的剧烈腹痛、痉挛、呕吐、腹泻、出汗、瞳孔缩小,可视黏膜苍白,因支气管腺体分泌增加,导致呼吸迫促,甚至呼吸困难,严重的可伴发肺水肿。由于此作用颇似毒蕈碱的作用,所以称为毒蕈碱样作用。

（2）烟碱样作用(N 样作用)。当支配骨骼肌的运动神经末梢和交感神经的节前纤维(包括支配肾上腺髓质的神经纤维)等胆碱能神经兴奋时,乙酰胆碱的作用和烟碱相似,故称为"烟碱样作用"。主要表现为肌肉震颤,常出现躯体及四肢僵硬,肌肉活动过度,很快转为骨骼肌无力和麻痹。

（3）中枢神经系统症状。凡能通过血-脑屏障的有机磷农药,均能抑制脑内的胆碱酯酶,导致脑内乙酰胆碱含量增高。临床表现为兴奋不安、体温升高、抽搐,严重时呈现昏迷状态。

有机磷中毒后牛表现不安、流涎,反刍停止,粪便往往带血并逐渐变为稀薄,甚至出现血水泄。肌肉痉挛,眼球震颤,瞳孔缩小,结膜发绀,磨牙,呻吟,呼吸困难或迫促,四肢末端厥冷,易出冷汗,心跳加快。严重的呈现全身麻痹,呼吸肌麻痹的可导致窒息死亡。血液检查,红细胞数低于正常值,红细胞大小不均,出现异型红细胞症;嗜酸性白细胞明显减少,大淋巴细胞增多。

3. 治疗

当奶牛发生中毒时,立即停喂饮怀疑被有机磷农药污染的饲料和饮水,并将其转移到通风良好的安全圈舍。迅速清除毒物,减少毒物的进一步吸收,经皮肤或口中毒的,立即用 1‰肥皂水洗涤皮肤或 4‰碳酸氢钠溶液洗胃和灌肠,多数有机磷农药可以在碱性溶液中分解失效。但是,八甲磷、敌百虫中毒时,它们易在酸性介质中分解失效,可以用 1‰醋酸洗涤皮肤。若为对硫磷中毒时,严禁用高锰酸钾溶液洗胃,因为在高锰酸钾存在的情况下,对硫磷可转化为毒性更强的对氧磷。为了阻止毒物继续被吸收,促进毒物排出,可灌服活性炭。由于多数有机磷杀虫剂具有高度的脂溶性,严禁用油类泻剂。

特效解毒疗法有:

(1)生理拮抗剂。硫酸阿托品注射液为 M 型胆碱能神经抑制剂,但阿托品只能缓解有机磷中毒的主要临床症状,不能从根本上解毒。此外,在使用中应防止因用量过大而出现阿托品中毒。在使用阿托品解毒时采用多次用药,直至不再出现大量流涎或停止流涎,瞳孔恢复正常或稍大为止。治疗量为:轻度中毒 10~50 mg/kg;中度中毒 20~100 mg/kg;重度中毒 50~500 mg/kg。首次静脉注射,约半小时后不出现阿托品的症候再改为皮下或肌肉重复给药,直至出现明显的"阿托品化"症候群后,减少用药次数为 1~2 h 给药一次,并减少用量以巩固疗效。

阿托品既不能解除乙酰胆碱对横纹肌的作用,也不能恢复胆碱酯酶的活性,对轻度中毒的病例,单独用阿托品可收到满意效果,但对中毒严重的奶牛,必须配合应用胆碱酯酶复活剂,方能有效。

(2)胆碱酯酶复活剂。常用的有解磷定、氯磷定、双复磷和双解磷。这类解毒剂的特点是能使磷酰化胆碱酯酶迅速恢复为胆碱酯酶从而发挥其生理活性作用。但对毒蕈碱样作用较差,对中毒已发生在 3 天以上的动物或由乐果、马拉硫磷引起的中毒无效。

解磷定,微溶于水,只能静脉注射。不易透过血脑屏障,遇碱溶液易转化为剧毒氰化物,维持作用时间 1.5~2 h,临床治疗时应反复用药。对敌百虫、敌敌畏、乐果、马拉硫磷等疗效较好。

氯磷定,水解作用比解磷定大,可静脉注射和肌内注射,肌内注射后 1~2 min 显效。本品对乐果无效。对内吸磷、对硫磷、敌百虫、敌敌畏中毒 48~72 h 后无效。

双解磷,水溶性高,可肌内注射和静脉注射,不易透过血脑屏障,对各种有机磷中毒均有效。首次使用量 3~6 g,以后每 2 h 用药一次,剂量减半。

双复磷,作用比双解磷强 1 倍,水溶性高,可静脉注射和肌内注射,能透过血脑屏障。

十七、食盐中毒

食盐中毒是奶牛摄入食盐量过多,特别是限制饮水时,发生以消化道炎症和脑组织的水肿、变性甚至坏死等病理变化,以及神经症状和消化紊乱为临床特征的中毒病。除食盐外,其他钠盐如碳酸钠、丙酸钠、乳酸钠等亦可引起相似症状,因此统称为"钠盐中毒"。一般牛的中毒量为 1~2 g/kg。

1. 病因

家畜特别是草食动物日粮中食盐是不可缺少的营养成分,用量为 0.3~0.5 g/kg,可增进食欲,帮助消化,保证机体水盐代谢的平衡。食盐中毒可发生于下列情况：

（1）不正确利用腌制食品，如腌肉、咸鱼、泡菜等加工后的废水、残渣及酱渣等，其含盐量最高，饲喂过多引起中毒。

（2）突然加喂食盐，对长期缺盐（盐饥饿）的奶牛，特别是喂给含盐饮水而未加限制时，容易发生食盐中毒。有时饲料中所添加食盐未碾碎或混合不匀，奶牛一次性采食大量食盐后发生中毒。

（3）用食盐等灌服作为缓泻或健胃，剂量、浓度过大且给水不足；偶尔发生于静脉注射氯化钠浓度配置错误。

（4）饮水不足，可促使发病，如果完全不限制饮水，中毒发生的可能性会大大减少。

（5）机体水盐代谢平衡状态的稳定性直接影响机体对食盐的耐受性，如环境温度较高，使机体水分大量散失时，可使奶牛不能耐受冷季所用的食盐饲喂量。又如泌乳期的高产奶牛比肉用牛或干奶期牛对食盐有较高的敏感性。

（6）全价饲料特别是日粮中钙、镁等矿物质充足时，对过量食盐的敏感性降低，反之则敏感性增高。维生素 E 和含硫氨基酸等营养成分的缺乏，可使动物对食盐的敏感性增加。

食盐的毒性作用主要在两方面，一是高渗氯化钠对胃肠道的局部刺激作用；二是钠潴留造成离子平衡失调及其对组织细胞的损害，特别是阳离子失衡和脑组织的损害。

2. 症状

发病牛表现为口干渴，腹痛，腹泻，脱水，流涎，粪便中黏液。严重者双目失明，后肢麻痹，步态不稳，球关节屈曲无力，始终有鼻分泌物，多尿。肌肉痉挛，发抖，衰弱，卧地。饮盐水引起的慢性中毒，通常表现为食欲不振，体重减轻，脱水，体温降低，衰弱，偶尔发生腹泻，强迫运动时，可引起虚脱及强直性惊厥。奶牛食盐中毒常发生酮病。

3. 治疗

无特效解毒药，治疗原则是促进食盐排出，恢复阳离子平衡和对症治疗。

发现中毒应立即停止饲喂食盐或含盐饲料或盐水，对尚未出现神经症状的病牛给予少量多次的新鲜饮水，但切忌突然大量给水或任其饱饮，否则将引起严重的脑水肿，导致死亡。同时对消化道内未吸收的食盐可口服油类泻剂，促进食盐的排出。已经出现神经症状的病牛，应严格控制饮水，以防加重脑水肿。

为恢复血液中一价和二价阳离子平衡，可静脉注射 10% 葡萄糖溶液 200～500 mL，或 10% 氯化钙 100～300 mL。

为缓解脑水肿,降低颅内压,可静脉注射 25％山梨醇液或高渗葡萄糖。为促进毒物排出,可用利尿剂和油类泻剂;为缓解兴奋和痉挛,可用硫酸镁、溴化物等镇静解痉药,或用盐酸氯丙嗪肌内注射。

十八、棉籽饼中毒

棉籽饼中毒是因过量饲喂棉籽饼或长期连续饲喂,致使含毒量超过标准而引起的中毒病。棉籽、棉叶及棉籽饼中含有称为棉酚的有毒物质,饲喂不当可引起奶牛中毒,妊娠母牛及犊牛对棉酚敏感,棉酚可由乳汁排出,有时可引起哺乳犊牛发病。成年牛对棉酚有较大的抵抗力,只是在单一饲喂而又在低蛋白日粮的情况下,才可能中毒。以出血性胃肠炎、肺水肿、心力衰竭、神经紊乱、血尿和排血红蛋白尿为主要特征。

1. 病因

棉籽、棉叶及棉籽饼中含有多种毒素,主要有棉酚色素,包括棉酚及衍生物。棉酚分为结合棉酚和游离棉酚,其中游离棉酚对动物的毒害作用最大。

(1)棉籽饼未作去毒或减毒处理,尤其冷榨生产的棉籽饼,不经过炒、蒸的机器榨油的棉籽饼,其游离棉酚含量较高,达到 0.2％以上,更容易引起中毒。

(2)棉籽饼喂量过大或连续饲喂,单纯以棉籽饼长期饲喂,或在短期内大量以棉籽饼作为蛋白质补饲时,易发生中毒。一般要求牛日喂量为 1~1.5 kg,连续饲喂半个月至 1 个月后要停喂半个月。

(3)用未经去毒处理的新鲜棉叶或棉籽做饲料也可发生中毒。

(4)饲料中缺乏钙、铁和维生素 A 时,促进中毒的发生,因为棉籽饼是一种缺乏维生素 A 和钙质的饲料;日粮中缺乏蛋白质或青绿饲料不足或过度劳役时,也增加敏感性。

2. 症状

轻度中毒,出现轻度胃肠炎的症状为腹泻、食欲略减。只要能及时除去病因,适当治疗就会好转。重度中毒,多数出现出血性胃肠炎,食欲减退或废绝,排出黑褐色粪便,混有黏液和血液,先便秘后拉稀,粪便恶臭,呼吸急促,心搏动加快,精神沉郁,有嗜睡现象。个别病牛在病初有兴奋不安和腹痛现象。以后则全身无力,卧地不起。当病情进一步发展,皮下、四肢、颈下和胸前出现水肿,尿呈现红色、暗红色或酱红色,可视黏膜发绀,心力衰竭。往往伴有视力障碍及顽固性腹泻。

3. 治疗

目前尚无特效解毒药,重在预防。一旦发病,只能采用一般解毒措施,进行对症治疗,清除病因,改善饲养,尽快排毒,对症治疗是治疗原则。

(1)改善饲养管理,立即停喂棉籽饼,禁止在棉花地放牧,给予青绿多汁饲料或优质青干草,必要时补充维生素 A 和钙制剂,充足饮水。

(2)排出胃肠内容物

洗胃或灌肠:0.1%～0.3%的过氧化氢或高锰酸钾溶液,3%～5%碳酸氢钠洗胃或灌肠。

内服泻剂:胃肠炎不严重时,应用硫酸镁或硫酸钠 1 g/kg 体重,配成 8% 水溶液,内服。

胃肠炎严重时用消炎收敛的药物,如磺胺脒、氢氧化铝胶。也可用硫酸亚铁,7～15 g 一次内服。也可用面糊、藕粉来保护胃肠黏膜,一日 2 次,每次 250 g,用开水冲成稀糊状。为抑制渗出、增强心功能、补充营养和解毒可用高渗葡萄糖溶液、安钠加、10%氯化钙静脉注射,配合维生素 C、维生素 A 及维生素 D 更好。特别是视觉障碍的病牛,用维生素 A 效果明显。

十九、黄曲霉毒素中毒

黄曲霉毒素中毒是人、畜共患且有严重危害性的一种霉败饲料中毒病。黄曲霉是黄曲霉、寄生曲霉在生长过程中产生、分泌的次级代谢产物,是目前发现的最强的致癌物质之一。以全身性出现、消化功能紊乱、腹水、黄疸、神经症状等为临床特征,以肝细胞变性、坏死、出血及胆管和肝细胞增生为主要病理变化的中毒病。

1. 病因

黄曲霉、寄生曲霉是主要的毒素产生源,其他曲霉、青霉、毛霉、镰孢霉、根霉中的某些菌株也能产生少量黄曲霉毒素。这些产毒霉菌广泛存在于自然界中,主要污染玉米、花生、豆类、棉籽、麦类、大米、秸秆及其副产品如酒糟、油粕、酱油渣等,在最适宜的繁殖、产毒条件,如基质水分在 16% 以上,相对湿度在 80%以上,温度在 24～30℃时产生大量黄曲霉毒素。一般来说,饲料水分越高,产黄曲霉毒素的数量就越多。因此,黄曲霉毒素中毒的发生原因多半是动物采食被上述产毒霉菌污染的饲料、饲草所致。本病一年四季均可发生,但在多雨季节、温度和湿度又比较适宜时,若饲料加工、贮藏不当,更易被黄曲霉菌污染,增加动物中毒的机会。

2. 症状

以肝脏损害为主,同时还伴有血管通透性破坏和中枢神经损伤等,因此临床特征表现为黄疸、出血、水肿和神经症状。犊牛对黄曲霉毒素较为敏感,死亡率高。成年牛多呈慢性经过，死亡率较低。往往表现厌食，磨牙，前胃弛缓，瘤胃鼓气，间歇性腹泻，产奶量下降，妊娠母牛早产、流产。少数病例出现突然转圈运动，最后昏厥、死亡。

3. 治疗

对本病还没有特效疗法。发现中毒时，应立即停喂霉败饲料，改喂富含糖类的青绿饲料和高蛋白饲料，减少或不喂含脂肪过多的饲料。

一般轻型病例不用任何药物治疗，可自然康复。重症病例应及时投服泻剂如硫酸钠、人工盐等，加速胃肠道毒物的排出。同时采用保肝和止血疗法，可静脉滴注 20%～50% 葡萄糖溶液、葡醛内酯、维生素 C、葡萄糖酸钙或 10% 氯化钙溶液。心脏衰弱时，皮下或肌内注射强心剂。为了防止继发感染，可应用抗生素，但严禁用磺胺类药物。

防止饲喂霉变的饲料、饲草是防止本病发生的根本措施，轻度霉变的饲料、饲草可用连续水洗法、化学去毒法及微生物去毒法等去霉处理。

第五章　奶牛传染病的防治

第一节　传染病的发生与控制

一、传染病的发生

传染病是指由特定病原微生物引起的,有一定潜伏期和临床表现并具有传染性的疾病。与非传染病相比,传染性疾病具有一些共同特性:每种传染病均由特定的病原引起;传染病都具有流行性和传染性;感染动物机体可出现特异性的免疫学反应;传染病耐过动物可获得特异性的免疫力;被感染动物群在一定时期内或地区范围内呈现群发性疾病的表现;传染病的发生具有明显的阶段性和流行规律。动物传染病性质的确定可依据 Koch 法则,但该法则也有一定的局限性,在实际工作中应结合具体情况,应用相关手段做出具体判断。

为了反映疾病的不同特性,人们从不同的角度对动物传染病进行了分类,以便更好地分析和控制传染病。

按传染病的病原体分,可分为病毒性传染病、细菌性传染病和寄生虫病;按病原体侵害的主要器官或系统分为呼吸系统、生殖系统、免疫系统、神经系统、消化系统等为主的传染病;按疾病的危害程度,我国将动物疫病分为一类疫病、二类疫病和三类疫病,其中一类疫病的危害性、暴发强度、传播能力以及控制和扑灭的难度最大,二三类次之。而国际兽医局(OIE)将动物传染病分为 A 类和 B 类,A 类疫病是指超越国界,具有快速的传播能力,能引起严重的社会或公共卫生后果,并对动物或动物产品的国际贸易具有重大影响的传染病。如口蹄疫、水疱性口炎、牛瘟、牛传染性胸膜肺炎等。B 类疫病是指在国内对社会经济或公共卫生具有明显的影响,并对动物和动物产品国际贸易具有很大影响的传染病或寄生虫病。A类、B 类疫病同我国规定的一类和二类疫病基本相同,但也有一定的差别。

二、传染病的病程经过

虽然不同传染病在临床上的表现多种多样,但个体动物发病时的病程经过具有明显的规律性,一般分为潜伏期、前驱期、临床明显期和转归期 4 个阶段。

1. 潜伏期

潜伏期是指从病原体侵入机体开始,直到该病临床症状开始出现时的一段时间。各种传染病的潜伏期长短不一,即便同一传染病在不同条件下潜伏期也有差异,但有一定的变化区间。如有些病原体(牛白血病、狂犬病等)其"潜伏期"可能是几年;而有些病原体引起的传染病(如牛瘟、蓝舌病、牛黏膜病等),其潜伏期只有几天。

2. 前驱期

前驱期是指从疾病的临床症状表现后,直到该病典型症状显露的一段时间。对多数传染病而言,这个时期通常只有数小时至一两天。临床上患病动物主要表现是体温升高、食欲减退、精神异常等。

3. 临床明显期

临床明显期是指疾病典型症状充分表现出来的一段时间。这段时间是传染病发展和病原体增殖的高峰阶段。典型临床症状和病理变化相继出现,易于诊断。此期应防止病原微生物的散播和蔓延。

4. 转归期

转归期是指疫病发生的最后阶段。转归良好则病情好转,主要症状消失,患病动物康复;如果病原体的致病性强或动物机体的抵抗力减弱,则转归不良,发病动物死亡。此期的动物虽临床症状消失,但仍然携带病原体,随时可能向体外排出病原体,成为传染源。

三、传染病的流行

动物传染病的流行过程是指病原体从传染源排出后,通过一定的传播媒介侵入另一个动物体内形成新的传染,并以此不断进行传播的过程。任何传染病的发生都有三个基本环节即传染源、传播途径和易感动物,缺少其中任何一个环节,都不会暴发传染病。

1. 传染源

传染源是指体内有某种病原体寄居、生长、繁殖,并能将其排出体外的动物机体,也包括污染的用品、水源、饲料等。患有传染病的动物、病原携带者、受到感染的其他动物都是传染源。

2. 传播途径

传播途径是指病原体由传染源排出后,再侵入其他易感动物所经历的途径。通过了解传播途径可以采取相应的措施来防止病原体从传染源向易感动物群的扩散和传播。一般将传播方式分为两种,即水平传播和垂直传播。水平传播是指病原体在动物群体之间或个体之间的横向平行的传播方式,如经空气、饲料、饮水、土壤、蚊蝇、运输工具等;垂直传播是指病原体从亲代到子代的传播方式,如经胎盘、卵、分娩过程的传播等。

3. 易感动物

易感动物是指动物对该病原体具有易感性,也就是动物机体对某种病原微生物缺乏抵抗力或免疫力。不同种类或品种的动物对不同病原体甚至同一种病原体的易感性有差异,因此,目前养殖业发展导致的地区性动物品种单一使该地区某些传染病发病率上升和流行。而当动物群体免疫力降低、新生动物或新引进动物比例增加、免疫接种程序紊乱、免疫接种的生物制品质量不合格、饲养管理不当等都可导致动物易感性增加。

疫病在群体中发生的度量可以根据疫病在不同时间、地区和不同动物群中的分布频率来表示,如发病率、死亡率、患病率、感染率和携带率等。疫病在流行过程中的强度可以根据传染病的流行范围、传播速度、发病率的高低以及病例间的联系程度等来描述。流行强度具体有散发性、地方流行性、流行性、暴发和大流行性几种形式。而某些传染病在特殊的条件下可能会表现出不同的流行形式。同时疫病在流行过程中又具有地区性,根据这一特点将其区分为外来性、地方性、疫源性、自然疫源性。

四、传染病的控制

制定综合性的防疫措施对做好传染病的控制至关重要。综合性防疫措施的制定应根据不同传染病的流行病学特点及分布特征,分清主要因素和次要因素,来确定防治工作的重点环节,进一步制定动物传染病防治的长期规划和短期规划。

传染病防治措施的制定应符合一定的原则。首先,应坚持"预防为主"的原则,这在现代化动物养殖密度高、数量大的情况下显得尤为重要;其次,应加强和完善兽医防疫法律法规建设,健全畜产品市场,通过制定和完善动物保健和疫病防治相关的法规条例来规范动物传染病的防治。此外,还要加强动物传染病的流行病学调查和检测,随时了解传染病在特定时间、地区、动物群中的分布特征以及危害程度等,从而制定适合本地区或养殖场的疫病防治措施。另外,针对不同的传染病,对其流行的 3 个基本环节及其影响因素应视具体情况有重点地对待和控制。

任何一种动物传染病都是由传染源、传播途径、易感动物这 3 个环节的密切联系而引起的复杂过程,因此要做好传染病的控制就必须采取果断措施消除或切断三者之间的相互联系。做好这些工作的前提是加强动物饲养人员和动物疫病控制机构人员的传染病防疫意识,做好规模化养殖场的规划和布局,建立规模化养殖场的隔离制度和设施,强化动物群的饲养管理和杀虫、灭鼠,切断传播途径的工作,以及处理好规模化养殖的环境保护等。只有做好这些工作才能进一步做好疫病预防、控制、消灭和净化。特别是当传染病发生时,应立即赶赴现场,及时对患病动物采取隔离、检查和诊断;对污染场所进行紧急消毒处理,当确诊为法定一类疫病、危害性大的人、畜共患病或外来疫病时,应立即采取封锁疫区和扑杀传染源的综合性防疫措施;对疑点和疫区周围的动物群立即进行免疫紧急接种,并根据疫病的状况进行及时的对症治疗和处理;患病死亡或淘汰动物的尸体应按法定程序处理;做好周围动物群的检疫和检测,从而发现、淘汰和处理各种病原携带者。

进一步做好动物疫病的控制和消灭,还有赖于对传染病及时正确的诊断。传染病的诊断方法一般分为两大类,即临场诊断和实验室诊断。其中临场诊断包括流行病学、临场症状、病例剖检方法、变态反应等;实验室诊断技术包括病例组织学、病原学、血清学和分子生物学方法等。针对不同传染病应采取不同的诊断方法,有时需要将多种诊断方法联合应用,最终对疫病做出确诊,进而完善传染病防治措施。

第二节　传染病的防治

一、炭疽

炭疽在医学上叫做脾脱疽,中兽医叫做掐噪瘟或偏翅瘟。是人畜共患的急性、败血性传染病,野生动物也能感染。主要特征是突然发生高热、黏膜发绀和天然孔出血。剖检呈败血症变化,以尸僵不全、血液凝固不良、皮下和浆膜下结缔组织出血性胶状浸润及脾脏急性肿大为主。病的经过多为急性或亚急性。本病常发生于夏季(放牧季节),其他季节较少见。

1. 病原体及传染

病原体是炭疽杆菌。炭疽杆菌是一种杆状的细菌。长 $3\sim8\ \mu m$,宽 $1\sim1.5\ \mu m$,无鞭毛,不能运动,在动物体内呈单个或 $3\sim5$ 个菌体相连的短链,在培养物中则形成由数个至数十个菌体相连的长链,是一种革兰氏染色阳性的大杆菌。

这种细菌的生长型(繁殖体)对外界恶劣环境的抵抗力较弱,一般消毒药在短时间内都能杀灭,在 55℃下 40 min、在 75℃下 1 min,炭疽杆菌即死灭,但是,炭疽杆菌的芽孢对外界恶劣环境有特别强的抵抗力,附着于皮毛上的芽孢,在干燥环境中10年未见芽孢减少或死亡;在埋炭疽牛的土壤中经几十年仍有生存的芽孢;在粪便或水中能长期存活。牧场一旦被污染,其传染性可延续二三十年。在温度达72~76℃的粪堆中,在4天内死亡;煮沸15 min尚不能杀死全部芽孢。如用药物消毒,必须用含5%活性氯的热漂白粉溶液(60%~70%)、5%碘酊、5%硫酸-石炭酸合剂或石炭酸等,才能杀死芽孢。在发生过这种病的地方,土壤中就有这种芽孢,河川附近和湿润的地方更多,高燥的地方比较少。炭疽一般在发生过的地方或洪水泛滥以后流行。牲口呼吸进去带有芽孢的灰尘或吃了带有炭疽芽孢的草料,或伤口接触芽孢,快的1~2 h,慢的3~4天就能发病甚至死亡。

2. 症状

最急性炭疽:见于流行初期,绵羊发生较多,牛也常见。多突然发病,病畜失去意识,摇晃,或忽然倒地而发生痉挛,呼吸困难,可视黏膜呈蓝紫色;病畜全身灼热,体温在40℃以上;各天然孔(口、鼻、肛门)流血,同时,发生疝痛。最急性炭疽病畜常在数分钟至1 h左右死亡。

急性炭疽:得病后体温增至40℃以上,并有恶寒战栗,病畜精神不振,食欲废绝,心悸亢进,脉搏快速而微弱,可视黏膜呈蓝紫色,眼睑、结膜浮肿,有出血斑点,呼吸困难,瞳孔散大。马、猪喉部肿胀。马常有剧烈疝痛症状,容易误诊为肠闭结或肠变位。粪便带血,尿可能呈红色。病的末期,白细胞数增加,红细胞数减少,并出现退化的形态(异形红血细胞症)。最后体温显著急降,呼吸越发困难,经过2 h到2天后窒息而死亡。

亚急性炭疽:主要特征为经过时间较长,一般为2~5天。其症状与急性炭疽相同,但不剧烈。炭疽病畜常在颈部、胸下、黏膜上、直肠内、口腔或舌上出现原发性炭疽痈。炭疽痈是局限性肿胀,最初稍硬固,有温热及疼痛,以后变为冷厥,无热无痛,中间迅速坏死,有时随即形成溃疡。如炭疽痈为原发病灶,不是急性型全身炭疽的继发症状,3~4天后可痊愈。

前述症状是各种家畜所共有的,但因家畜种类不同,还有某些特殊的症状。牛炭疽在病初呈现兴奋状态,病牛咆哮、踏脚、攀登饲槽或冲碰他物、泌乳停止等。

3. 诊断

因疾病经过急剧,常迅速转归于死亡,故根据临床症状作生前诊断常有困难,疑似炭疽病死亡的牛又不许可解剖,在诊断上应注意下列各点。

(1)细菌学检查及小动物感染试验:用牛耳尖等末梢新鲜血液或脾髓涂片,镜检有没有炭疽杆菌。或用对炭疽杆菌敏感的小畜禽,如小白鼠、豚鼠、家兔或鸽子等接种试验,接种液内若存在炭疽杆菌,接种动物常在2~3昼夜内即发病死亡;

解剖时,可出现典型明显的炭疽病变。

在牛临死前 5～6 h,血液内开始出现细菌,此时采取耳部血液进行镜检或沉淀反应,可能出现阳性结果。

(2)病料腐败时,可以血清学诊断(沉淀反应)为基础。沉淀反应的检查方法:即将被检材料(豌豆大的脾脏块或皮肤块)在磁乳钵内捣碎,注入 10 mL 生理盐水,放沸水锅内若干分钟,将冷却的浸出液滤过,使其透明,并小心地用毛细吸管重叠于沉淀血清上。反应于尖底试管内进行,在血清与浸出液的接触面立即或经过 5～10 min 出现沉降环的为阳性,是炭疽的表示。

4. 解剖变化

死牛有严重臌气,尸僵不完全,天然孔有黑红色血液流出。为防止细菌形成大量芽孢,扩大传播,一般情况下禁止进行剖检。如遇有可凝炭疽的尸体,可在左季肋骨部肋骨间作一垂直切口,采取小块脾脏作为病料,涂片镜检或送检。解剖尸体的病理变化是血液凝固不全,色暗黑如漆;皮下结缔组织的血管内充满血液;皮下和肌肉间结缔组织出现黄色或红色胶状浸润,有出血点;胸膜、肠系膜及肾的结缔组织也有同样变化;淋巴结极度肿胀,剖开呈红色,湿润,有小出血点;脾脏急性肿胀,通常肿胀 2～3 倍,有时 5 倍以上,包膜紧张,偶有破裂;脾髓黑红色,软如烂泥,切割时呈粥状液顺刀流下;肝及肾脏充血,软;肠黏膜肿胀,呈红色,小肠更显著;肺充血、出血及水肿,呼吸道黏膜充血肿胀,并有卡他性炎症。

5. 防治

平时要加强饲养管理,注意清洁卫生和防疫工作。不可到发生炭疽的地区去购买牛。发生本病时,应及时封锁发病场所,并报告上级兽医防疫部门,就地隔离病畜,并认真消毒。

(1)本病疫区,每年应对所有易感牛进行预防注射。一般常有炭疽Ⅱ号芽孢苗(具有荚膜的变异菌种)或无毒炭疽芽孢苗(无荚膜的变异菌种)。炭疽Ⅱ号芽孢苗各种家畜皮下或肌内注射 1 mL,可获得 1 年以上的坚强免疫力;无毒炭疽芽孢苗,牛皮下注射 1 mL,1 岁以内的牛为 0.5 mL,接种 2 周后产生免疫力,免疫期为 1 年。

(2)大剂量抗生素,对炭疽有一定疗效。牛每次肌内注射青霉素 400 万～500万 U,每天 2 次,或青霉素与土霉素、金霉素或四环素(牛每次 2 g 静脉或肌内注射)同时用到体温降至正常后 1～2 天为止,疗效将更好。肠型炭疽,可内服克辽林,牛每次 15～25 g,每天 3 次。磺胺类药物对炭疽也有一定疗效,但不如抗生素。牛可内服磺胺双甲基嘧啶或磺胺嘧啶 30～50 g(其中需加入 1/5 量的 TMP 或DVD)或用其钠盐溶液静脉注射,须用到体温下降后第 2 天为止。皮肤炭疽痈,可在痈周围注射普鲁卡因、青霉素溶液或 3‰～5‰石炭酸溶液。痈肿不可乱刺或切开,以免散布传染。

(3)在刚得病时,抗炭疽血清治疗比较有效。3 岁以上牛每次皮下或静脉注射 150～200 mL,3 岁以下牛 100～150 mL。一般在注射后 6 h 左右退热,必要时,可在 12 h 后或第 2 天重复注射 1 次。

有人认为抗血清与青霉素联合应用效果最好。若无抗血清,可用 914,按每千克体重 0.015 g,溶于 100 mL 重蒸馏水中,一次静脉注射。在注射前,最好注射强心剂强心。

(4)炭疽病死牛,尽快把天然孔用沾有石灰水的棉花堵上,拉到高燥无人的地方,挖 2 m 以上的深坑埋掉,能烧毁更好。被尸体污染的东西,如用具和地面等,都要用火烧或进行彻底消毒(10%苛性钠溶液或 20%的漂白粉溶液)。严禁扒皮吃肉,以免传播病菌。被炭疽杆菌污染的毛、皮可用甲醛溶液熏蒸消毒,或用 2%盐酸和 10%食盐溶液浸泡 3～4 天消毒。有条件时,最好用环氧乙烷气体消毒(30%～50%湿度和 38～54℃消毒 6～24 h,每立方米用药 1.2～1.5 kg)。

二、结核病

结核病是一种人、畜共患的慢性传染病。其特点是在多种组织器官形成结核结节,继而结节中心干酪样坏死或钙化。

1. 病原与流行特点

病原体为结核杆菌。病畜、禽和病人(尤其是开放型的)是主要传染源,可由痰液、粪尿、乳汁和生殖道分泌物排菌和污染周围的环境。主要通过呼吸道和消化道传染,也可通过胎盘、生殖道和损伤的皮肤、黏膜传染。可侵害多种动物。家畜中以牛最易感,特别是奶牛。多为散发,无明显的季节性和地区性。一般来说,舍饲的牛发生较多。畜舍拥挤、阴暗、潮湿、污秽、不洁、过度使役和挤乳,以及饲养不良等,均可促进本病的发生与传播,人亦较为敏感。

2. 症状与病变

牛潜伏期长短不一,短的十几天,长的数月,甚至数年。通常取慢性经过,病初症状不明显,患病较久时,症状逐渐显露。由于患病器官不同,症状不一。常见的是肺结核、乳房结核、淋巴结结核、肠结核,有时可见生殖器结核、脑结核、胸膜结核和全身性结核等。肺结核以长期顽固的干咳为主要症状。乳房结核常在乳区发生局限性或弥散性硬结,无热无痛。淋巴结结核常见于颌、咽、颈和腹股沟等部位,淋巴结肿大突出于体表,无热无痛。肠结核以持续性下痢或与便秘交替出现为特征。

特征性的病理变化为发生增生性结核结节（结核性肉芽肿）或渗出性炎，或二者混合存在。结节由小米粒大至鸡蛋大，黄白色或灰白色，坚实，切面呈干酪样坏死或钙化。有时形成肺脓肿、肺空洞。

3. 诊断

畜、禽结核病可根据不明原因的渐进性消瘦、咳嗽、肺部异常、慢性乳腺炎、顽固性下痢、体表淋巴结慢性肿胀等，进行初步诊断。死后根据特异性结核病变，不难确诊。对开放性病畜，或确诊有困难时，可进行细菌学检查。对无明显症状的病畜或畜群检疫，常用结核菌素作变态反应检查。

防治措施对畜禽结核病的预防，至今尚无理想的疫苗。预防本病的最好对策是加强检疫，防止疫病传入和疫情扩大。结核病人不宜担任易感动物饲养员。病畜（禽）一律扑杀淘汰，加强消毒，除了每年定期进行 2～4 次预防性消毒外，每当检出病牛后还应进行多次消毒。常用消毒药有 2%～5% 来苏儿、10% 漂白粉、20% 石灰乳等。

三、布鲁氏菌病

本病是由布鲁氏菌所引起的人、畜共患的一种慢性传染病。主要侵害生殖系统，以母畜发生流产和公畜发生睾丸炎为特征。

1. 病原

布鲁氏菌属有 6 个种，为羊布鲁氏菌、牛布鲁氏菌、猪布鲁氏菌、沙林鼠布鲁氏菌）、绵羊布鲁氏菌和犬布鲁氏菌。在我国发现的主要为前 3 种，而后 3 种在国内尚未证实。它们在形态上没有区别，都是细小的短杆状或球杆状，不产生芽孢，不能运动，革兰氏染色阴性的杆菌。

布鲁氏菌对热非常敏感，70℃加热 10 min 即可死亡，阳光直接照射 1 天死亡，在腐败病料中，则迅速失去活力。一般常用消毒药能很快将其杀死。

2. 流行病学

病牛是本病的传染源，布鲁氏菌主要存在于子宫、胎膜、乳腺、睾丸、关节囊等处，除不定期地随浮汁、精液、脓汁排出外，主要是在母牛流产时大量随胎儿、胎衣、羊水、子宫阴道分泌物以及乳汁等排出于体外。因此，产仔季节以及牛群大批发生流产时，是本病大规模传播的时期。一般亦可由于直接接触（如交配）或通过污染的饲料、饮水、土壤、用具等，以及昆虫媒介而间接传染。感染途径主要是消化道，其次是生殖道（尤其是猪）和皮肤、黏膜，实际几乎通过任何途径均可感染。

牛群一旦感染，首先少数孕畜流产，以后逐渐增多，新发牛群，流产率可达全部孕牛的 50% 以上，常产出死胎和弱胎。多数患病母牛只流产一次，流产两次者甚少,因此,在老疫区大批流产的情况较少。病牛群在流产高潮过后,流产率逐渐降低甚至完全停止。随着流产的发生,陆续出现胎衣不下、子宫炎、乳房炎、关节炎、支气管炎、局部脓肿以及公畜的睾丸炎等症状和病例,经过 2～4 年之后,则此症状和病例可能逐渐消失,或仅少数病例留有后遗症。但牛群中仍有隐性病例长期存在,对人畜威胁很大,不可忽视。

3. 症状

潜伏期长短不一,短者 2 周,长者可达半年。牛、羊、猪布鲁氏菌病症状基本相似,多数病例为隐性感染,症状不够明显。部分病畜呈现关节炎、滑液囊炎及腱鞘炎,通常是个别关节(特别是膝关节和腕关节),偶尔见多数关节肿胀疼痛,呈现跛行,严重者可导致关节硬化和骨、关节变形。

怀孕母牛流产是本病主要症状,但不是必然出现的症状。流产可发生在怀孕的任何时期,而以怀孕后期多见。牛多发生在怀孕后 5～7 个月,羊多发生在怀孕后 3～4 个月,猪多发生在怀孕后 30～50 天或 80～110 天。流产前表现沉郁,食欲减退,起卧不安,阴唇和乳房肿胀,阴道潮红、水肿,自阴道流出灰黄或灰红褐色黏液或黏液性分泌物,不久发生流产。流产胎儿多为死胎,或许出生弱胎,也往往于生后 1～2 天死亡。多数母牛在流产后伴发胎衣停滞或子宫内膜炎,从阴道流出红褐色污秽不洁带恶臭的分泌物,可持续 2～3 周及以上,或者子宫畜脓长期不愈,甚至由于慢性子宫内膜炎而造成不孕。

羊、猪流产,则很少发生胎衣停滞现象,但易发子宫内膜炎和关节炎,严重的可引起后躯麻痹。

公畜除关节受害以外,往往侵害生殖器官,发生睾丸炎,睾丸肿大、阴囊增厚硬化、性机能降低,甚至不能配种。

4. 病理剖检

牛布鲁氏菌病的病理变化主要是子宫内部的变化。在子宫绒毛的间隙中,有污灰色或黄色无气味的胶样渗出物,其中含有细胞及其碎屑和布鲁氏菌。绒毛膜的绒毛有坏死病灶,表面覆以黄色坏死物,或污灰色脓汁。胎膜由于水肿而肥厚,呈胶样浸润外观,表面覆以纤维素和脓汁。

流产胎儿主要为败血症病变。浆膜黏膜有出血点与出血斑,皮下结缔组织发生浆液出血性炎症,脾脏和淋巴结肿大,肝脏中出现坏死灶,肺常有支气管肺炎。流产之后常继发子宫炎,如果子宫炎持续数月以上,将出现特殊的病变,此时子宫体略增大,子宫内膜因充血、水肿和组织增殖而显著肥厚,呈污红色,其中还可见弥漫性红色斑纹。肥厚的黏膜构成了波纹状皱褶,有时还可见局灶性坏死和溃疡。

输卵管肿大,卵巢发炎,组织硬化,有时形成卵巢囊肿。乳腺的病变,常表现为间质性乳腺炎,严重的可继发乳腺的萎缩和硬化。

公牛患布鲁氏菌病时,可发生化脓坏死性睾丸和附睾炎。睾丸显著肿大,其被膜与外层浆膜相粘连,切面见坏死病灶与化脓灶。慢性病例,除见实质萎缩外,间质中还出现淋巴细胞的浸润。阴茎可以发生红肿,其黏膜上也可出现小而硬的结节。

5. 诊断

本病的流行特点、临床症状和病理变化均无明显的特征,只能作为初步诊断的参考。据此也无法查出不表现症状的隐性病例。因此,确诊本病则有待于细菌学、血清学和变态反应诊断。

细菌学诊断可采取胎衣,绒毛膜的水肿部,胎儿的胃内容物或有病变的肝、脾组织作涂片,用沙黄美蓝鉴别染色法染色:①涂片自然干燥后用火焰固定;②滴加2％沙黄水溶液将标本覆盖,在酒精灯火上加温至产生小气泡为度;③水洗后再用碱性美蓝溶液染色 0.5～1 min;④水洗、干燥后在油镜下检查。布鲁氏菌被染为红色,其他细菌为蓝色。

必要时,还可以进一步分离布鲁氏菌。从病料直接分离培养,或通过感染动物间接分离。用豚鼠感染法分离布鲁氏菌的阳性率一般比直接分离培养法高。

血清学诊断布鲁氏菌病的血清学诊断,有凝集反应、补体结合反应、全乳环状反应、荧光抗体试验和酶联免疫吸附测定(ELISA)试验等,均具有敏感、特异性高的优点,可根据具体情况选择应用。

(1)凝集反应。家畜感染布鲁氏菌病后 1 周左右,血液中即出现凝集素,随后凝集滴度增高(特别在母畜流产后的 5～7 天明显增高)可持续 1～2 年或更久。对怀疑感染,需要进行检疫的畜群,可采血进行血清凝集反应,包括试管凝集反应、平板凝集反应、虎红平板凝集试验等。可按下列标准进行判定:牛、马和骆驼,凝集价 1∶100 或更高者为阳性反应(＋);1∶50 为可疑反应(±);1∶25 或以下者为阴性反应(－)。绵羊、山羊和猪凝集价达 1∶50 为阳性反应;1∶25 为可疑反应;不到 1∶25 者为阴性反应。

(2)补体结合反应。是目前各国比较广泛应用的一种方法,敏感特异性高,新感染布鲁氏菌的牛,补体地合反应可能比凝集反应先出现,而在一些慢性病牛中,当血清凝集价已降为阴性或可疑时,补体结合反应为阳性。由此说明补体结合反应对牛布鲁氏菌病具有特殊的诊断意义。

(3)全乳环状反应。本法具有高度特异性和敏感性,对泌乳的病牛,可利用乳汁做环状反应进行诊断。如果能将凝集反应和全乳环状反应同时并用,则可提高检出率。该法可作为无病乳牛群的一种监视性试验。近年来还有不少新的检验方法,如间接血凝试验、荧光抗体试验、酶联免疫吸附试验等方法简便、快速,适于大群检疫。

免疫后奶牛群鉴别诊断:免疫后 6 个月可采用虎红平板凝集试验进行初筛,阳性和疑似牛进行试管凝集试验或 Elisa 试验进行确诊。

6. 防治

防治本病主要是保护健康畜群,消灭疫场的布鲁氏菌病和培育健康幼畜等三个方面。因此,应采取以下措施。

(1)加强检疫。为了保护健康畜群,防止布鲁氏菌病从外地侵入,尽量做到自繁自养,不从外地购买家畜。新购入的家畜,必须隔离观察 1 个月,并做两次布氏杆菌病的检疫,确认健康后,方能合群。每年配种前,种公畜也必须进行检疫,确认健康者方能参加配种。本病常在地的家畜每年均需用凝集反应或变态反应定期进行两次检疫。检出的病畜,应严格隔离饲养,固定放牧地区及饮水场,严禁与健康家畜接触。

(2)定期预防注射。在布鲁氏菌病的常在地区的家畜,每年都要定期预防注射。注射过菌苗的家畜,不再进行检疫。常用的菌苗有以下几种。

冻干布鲁氏菌猪 1 号弱毒菌苗可采用注射法和饮水法。注射法适用于绵羊、山羊和猪。饮水法适用于绵羊和山羊,也可用于牛。免疫期山羊和猪、牛为 1 年,绵羊为 18 个月。

冻干布鲁氏菌羊 5 号弱毒菌苗。分气雾免疫法和注射法两种,均适用于绵羊、山羊和牛、鹿。应用时间以配种前 1～2 个月进行为宜。孕畜不应接种。羊的免疫期为 18 个月,牛的免疫期为 1 年。

布鲁氏菌 19 号弱毒菌苗仅用于牛和绵羊,除 5 个月以下的犊牛,4 个月以下的羔羊,怀孕的牛和羊,以及病、老、弱者外,都可注射。成年母牛、母羊,应于每年配种前 1～2 个月注射。免疫期 1 年。

(3)严格消毒。对病畜污染的畜舍、运动场、饲槽及各种饲养用具等,用 5% 克辽林或来苏儿溶液、10%～20% 灰石乳、2% 氢氧化钠溶液等进行消毒。流产胎儿、胎衣、羊水及产道分泌物等,更应妥善消毒和处理。病畜的皮,需用 3%～5% 来苏儿浸泡 24 h 后利用。乳汁煮沸消毒,粪便发酵处理。目前新出的季铵盐类及氯制剂类消毒药也非常安全可靠,可广泛用于各类消毒。

(4)病畜处理。病畜头数不多,且价值不大者,以淘汰屠宰为宜,或高温处理后利用。若病畜数量很多,又有特殊价值,可在隔离条件下适当治疗。对流产伴发子宫内膜炎或胎衣不下经剥离后的病畜,可用 0.1% 高锰酸钾溶液洗涤阴道和子宫。严重病例可用抗生素和磺胺类药进行治疗。

（5）培育健康幼畜。约占50％以上的隐性病畜,在良好的隔离饲养条件下,可经2～4年而自然痊愈。因此,在一般奶牛场,隐性患病母牛数量多时,可用健康公牛的精液进行人工授精,从而培育健康犊牛,犊牛出生后,食母乳3～5天,然后送犊牛隔离舍,喂以消毒乳和健康乳。6个月后,进行两次检疫,两次检疫的间隔时间为5～6周,呈阴性反应者,送入健康牛群;呈阳性反应者,送入病牛群;这样就可使牛群逐步更新,达到疫场净化的目的。

四、牛巴氏杆菌病

牛巴氏杆菌病又叫牛出血性败血症,是一种急性、全身性传染病。特征是突然发病、高热及肺炎,有时出现急性胃肠炎和内脏广泛出血。绵羊巴氏杆菌病多发生于羔羊及幼羊,主要特征是呼吸道黏膜和内脏器官发生出血性炎症。除多杀性巴氏杆菌外,溶血性巴氏杆菌也常是本病的病原。

1. 症状

体温升高到40℃以上,结膜发炎,流泪,脉搏增数,全身衰弱,被毛蓬乱,鼻镜干燥,食欲、反刍及泌乳停止。稍经时日,常有疝痛及下痢发生。开始下痢时粪便为稀粥状,以后变为液状,味恶臭,并混有血液。偶有鼻液(常混有血液)或血尿。

本病呈败血型经过时即出现上述症状。有时可能出现肺炎型及水肿型。肺炎型:呈急性胸膜肺炎症状。病畜有带痛性干咳,常有泡沫样的无色或红色鼻液。叩诊胸部可发现浊音区,听诊有支气管呼吸音、大水疱性啰音或无呼吸音,有时可听到胸膜摩擦音,呼吸急速而困难。病初便秘,后下痢带血。最后,体力衰弱而死。本型也有以慢性肺炎为主,病程1个月以上,病畜逐渐衰弱。水肿型:头、颈、咽喉、腭凹及胸下部等发生肿胀,有时也见于会阴及四肢、口腔黏膜及舌肿胀,眼结膜发炎,并流出多量黏液。呼吸困难,黏膜发绀,有时见青紫斑。病畜常因窒息或急性肠炎而死亡。

水牛巴氏杆菌病和黄牛相似,大多为急性。幼年羊多为最急性型,特别是刚断乳的羔羊,多突然发病,高热稽留,震颤,抽搐,数分钟至数小时死亡。

急性型病程很快,出现全身性严重传染病的特征,体温升高至41℃,多在1～3天内死亡。亚急性型呈现胸膜肺炎及肠炎症状,眼及鼻流脓性分泌物。

败血型及水肿型的经过为12～36 h;肺炎型可能拖延3天以上。死亡率85％左右。

2. 诊断

牛巴氏杆菌病症状与炭疽、气肿疽、牛传染性胸膜肺炎及牛焦虫病等相似。

诊断时,要特别注意鉴别。病变材料应作细菌检查或接种试验,以测定致病力(试验动物中兔及小白鼠最容易感染,豚鼠腹腔注射可发病,常于接种后 18～24 h 内死亡)。采取病理材料的方法:取静脉血,装试管中送检;自畜尸心脏中吸血,装试管中送检;采取内脏病变材料,置 30％甘油溶液中送检;割取管骨送检;作血液或水肿液涂片镜检。

3. 解剖变化

剖检畜尸呈急性败血变化,浆膜及黏膜上有出血点,淋巴结肿胀,脾脏多不肿大。

牛肺炎型的病变,以胸腔及肺最为显著,肺的切面呈红色肝变样,有时有干酪样坏死病灶,有如牛传染性胸膜肺炎时肺的状态。胸腔中常有很多渗出液。慢性的出血点较少,肺及胸膜上有炎症痕迹,肝、脾、肾几乎无变化,肠淋巴结肿胀,胃肠黏膜充血,有时有慢性关节炎。

4. 防治

发病后,及时抢救,有时可以治愈。

(1)病初,使用特异的抗出败多价血清,比较有效。静脉注射磺胺嘧啶钠溶液(10％溶液,每次 100～150 mL,每天 2 次)及肌内注射链霉素、青霉素或土霉素等均有效。

(2)强心:

①安钠加 10～18 g,加水 1 次内服(牛)。

②安钠加 1～3 g,蒸馏水 10～20 mL,溶解,滤过,煮沸灭菌后,一次皮下注射,每天 3～4 次(牛)。

③毛地黄溶液 10～30 mL,一次静脉注射,每天 1 次,连用 7 天,停药 1 周以后再用(牛)。

④樟脑葡萄糖酒精溶液(又名樟脑血清溶液)的强心作用较好,并有预防和治疗败血症的功效。

⑤葡萄糖 30～150 g,用蒸馏水 300～1 500 mL 溶解、滤过,煮沸灭菌,待温后加入 40％酒精 80～150 mL(单独用无灰滤纸滤过),一次静脉注射(牛)。

(3)泻痢时,可用鞣酸 5～20 g,呋喃唑酮 0.5～1 g,加适量温水混合后,一次内服(牛)。每天 2～3 次。

(4)气胀时,可用克辽林或来苏儿 20～30 mL,用温水 500 mL 稀释后,一次投服(牛),或消气灵(市场有售)10～20 mL,加 20 倍常水稀释后,一次投服。

(5)咽喉部肿胀时,可用冰、雪或冷水等进行冷敷。呼吸困难时,可行氧气吸入或气管切开手术。

　　(6)发现肺炎症状时,可用新天巴尔散(即914),每千克体重0.01g,用新蒸馏水配制成5%溶液,静脉注射。药液临用现配。注射以后,可能产生不安静等反应,常是暂时的,有个别病例精神不振时间较长,但无死亡。

　　中草药治疗方法:

　　(1)加减普济消毒饮:大黄、薄荷、玄参、柴胡、桔梗、连翘、荆芥、板蓝根各60g,酒黄芩、甘草、马勃、牛蒡子、青黛、陈皮各30g,滑石120g,酒黄连25g。用法:水煎候温灌服。

　　(2)鲜白牛夕,捣烂榨汁(可同时加入明矾少许),慢慢滴入口内,若牙关紧闭则鼻孔滴入。

　　(3)玄参、大青叶、鸡血藤、鱼腥草、麦冬各100~200g。用法:水煎灌服。

　　(4)白药子(金钱吊蛤蟆)100g研末,明矾30g,食盐100g。用法:对水灌服。

　　(5)鲜犁头草一把,揉乱,拌入清凉油一小块再搓匀,塞入喉部。

　　(6)雄黄、明矾各105g。用法:研细末,温水冲服。

　　(7)鱼腥草250g,射干、灯心草、小杨柳、车前草各60g,威灵仙30g。用法:共捣烂加水灌服。

　　(8)鲜威灵仙、鲜射干根各60g。用法:共捣烂,加米醋调服。

　　(9)金果榄60g,鲜马鞭草100g。用法:水煎加醋灌服。

　　(10)海芋15g,金果榄30g,见血飞30g,细辛20g,石菖蒲30g,均为干品。用法:共研细末,用开水冲调,醋为引,候温灌服。

　　(11)先用针刺肿胀处皮肤,挤出黄水,再用石灰、雄黄、大黄、大蒜、草马、烟叶等量,捣烂后加靛脚子调成糊状涂擦。

　　(12)山豆根45g,射干45g,玄参30g,桔梗25g,薄荷、牛蒡子、黄芩、荆芥、大黄、芒硝、甘草各30g。用法:共研细末,开水调服。

　　(13)千金散:千金拔根250g(生品),苦参30g,明矾33g。用法:共为细末,开水冲服。

　　(14)牛蒡子45g,玄参35g,桔梗30g,白矾20g,用法:煎水灌服。

　　(15)十大功劳50g,三颗针50g,水杨柳48g,牛沙根30g,金银花50g,黄胆草、马鞭草、酢酱草、半边莲、匍匐堇各30g,马兰25g,木贼35g,石苇26g。用法:煎水灌服,连服1~2剂。

五、沙门氏菌病

　　沙门氏菌病是由沙门氏菌属不同菌株引起的不同动物沙门氏菌病的总称。该病主要侵害幼龄动物和青年动物,临床上表现为败血症、胃肠炎以及其他组织的局部炎症;成年牛则多呈散发性或偶尔呈地方性流行,妊娠母牛可能发生流产。

牛沙门氏菌病是通常由鼠伤寒沙门氏菌、都柏林沙门氏菌、牛流产沙门氏菌或纽波特沙门氏菌等引起的牛的急性传染病。在未发生过本病的牛场,往往因为引进育肥牛或后备牛而将其传入。

1. 病原及流行特点

沙门氏菌属是由一大群血清型上相关的革兰氏阴性、兼性厌氧的无芽孢杆菌组成。该菌菌体两端钝圆、中等大小、无荚膜,除鸡白痢沙门氏菌和鸡伤寒沙门氏菌外,其他都有周鞭毛,能运动,在普通培养基上能生长。能分解葡萄糖、麦芽糖、甘露醇和山梨醇,并产酸产气,不分解乳糖,也不产生靛基质。对干燥、腐败、日光等环境因素有较强的抵抗力,在水中能存活 2～3 周,在粪便中能存活 1～2 个月,在冰冻土壤中可存活过冬,在潮湿温暖处虽只能存活 4～5 周,但在干燥处则可保持 8～20 周的活力。该菌对热的抵抗力不强,60℃15 min 即可被杀灭。对于各种化学消毒剂的抵抗力也不强,常规消毒剂均能达到消毒目的。

各种动物对沙门氏菌都有易感性。各种年龄的动物均可感染,但幼年动物较成年动物易感,其中牛多以 10～14 日龄犊牛最易感,发病以地方流行性为多;成年牛易感性低,多呈短期或长期带菌者,发病也呈散发型。

患病动物和带菌者是本病的主要传染源,患病动物的分泌物、排泄物、流产的胎儿、胎衣和羊水等均含有大量的病原菌。病牛和带菌牛的胆囊内长期存在有病原菌,并通过粪便而排出体外,因此是主要的传染来源。细菌在粪中能存活 4 个月至 1 年以上,因此,当病牛的粪便污染了喂奶用具、饮水、犊牛运动场以及饲草饲料等,经消化道传染途径而将本病传播。

本病一年四季均可发生。成年牛多于夏季放牧时发生。一般呈散发或地方流行性。卫生条件差、密度过大、气候恶劣、分娩、长途运输或并发其他疫病感染等,都可加剧该病的病情或使流行面积扩大。

2. 症状

成年牛,以急性和亚急性比较常见。急性常常表现为突然发病、高热 40～41℃、精神沉郁、食欲废绝、产奶量下降。不久可开始下痢,粪便呈水样,恶臭,带血或含有纤维素絮片。下痢开始后体温降至正常或稍高。病程持续 4～7 天。未经治疗的病例,死亡率可高达 75%,而经治疗后,死亡率约 10%。病牛表现毒血症症状,脱水、消瘦。持续 10～14 天粪便稀软,一般需 2 个月才能完全康复。妊娠母牛感染后可发生流产。亚急性感染的发生比较缓和。病牛体温有不同程度升高或不升高,预后情况良好。但其他疾病或应激因素诱发的沙门氏菌病的表现则比较复杂。

犊牛,有些犊牛在生后 48 h 之内便开始拒食、卧地,并迅速出现衰竭等症状,常于 3～5 天内死亡。但多数犊牛则于 10～14 天以后发病,病初体温升高 40～41℃,24 h 后排出灰黄色液状粪便并混有黏液和血丝,通常于发病后 5～7 天死亡,死亡率可达 50％。病程延长时腕和跗关节可能肿大,有的还有支气管炎和肺炎等症状。

3. 防治

预防本病除需加强一般性卫生防疫措施和疫苗接种外,应定期对牛群进行检疫。治疗可用抗生素及磺胺类药物。

中药疗法为:

(1)乌梅 16 g,干柿饼 25 g,诃子肉 9 g,黄连、姜黄各 6 g。用法:共研末,每次 50 g,开水冲,候温灌服,1 日 2 次,连用 2 天。

(2)发酵初乳喂犊牛 4～5 天即可痊愈。发酵初乳的制法:将新鲜初乳量于塑料罐内,在室温 25～30℃条件下经 12～24 h,发酵成功即可喂牛。喂法:喂时将乳块打碎,加入热水使乳温达 38℃即可喂给病畜。

六、破伤风

破伤风又称强直症、锁口风,是由破伤风梭菌经伤口感染后产生外毒素,侵害神经组织所引起的一种急性、中毒性人畜共患传染病。特征是全身骨骼肌持续性或阵发性痉挛以及对外界刺激反射兴奋性增强。

1. 病原及流行

破伤风梭菌又叫强直梭菌,为两端钝圆、细长、正直或稍弯曲的大杆菌,多单个存在。有周身鞭毛,无荚膜,芽孢呈圆形,位于菌体一端呈鼓槌状或羽毛球拍状。幼龄培养物革兰氏阳性,老龄培养物阴性。

本菌为严格厌氧菌。在普通琼脂培养基上可形成直径 4～6 mm、扁平、灰白、半透明、表面灰暗、边缘有羽毛状细丝的不规则形菌落,似小蜘蛛状;如培养基湿润时可融合成一片。

本菌可产生破伤风痉挛毒素、溶血素及非痉挛毒素。破伤风毒素属神经毒素,毒性极强,仅次于肉毒毒素,能引起该病特征性症状和刺激保护性抗体的产生;溶血毒素能溶解红细胞,引起局部组织坏死,非痉挛性毒素对神经末梢有麻痹作用。

本菌繁殖体对一般理化因素抵抗力不强;但芽孢抵抗力极强,在土壤中可存活几十年,耐煮沸 1～3 h,高压蒸汽 120℃ 10 min 死亡,10％碘酊、10％漂白粉及 30％双氧水等约 10 min 杀死。对青霉素和磺胺类药物敏感。

各种动物易感,其中以单蹄动物最易感,牛、羊和猪次之,鸟类和家禽有抵抗力;人对破伤风易感性也很高。易感动物不分年龄、品种和性别均可感染发病。由于破伤风梭菌广泛存在于自然界中,可以通过各种创伤,如断脐、断尾、剪毛、断角、去势、钉伤及产后等感染;有些病例见不到伤口,可能是伤口已愈合或经子宫、消化道黏膜损伤而感染,因此,该病在现代规模化、集约化养殖过程中具有一定的危害性。本病无季节性,常表现零星散发。

2. 症状

潜伏期一般 7～14 天,最短 1 天,最长可达数周。患牛主要表现为双耳竖立、鼻孔大开、瞬膜外露、头颈伸直、牙关紧闭、流涎、腹部紧缩、尾根翘起、四肢强直、状如木马等典型的肌肉痉挛、强直症状。患牛还常发生瘤胃臌气或子宫积液和积气,体温一般正常,仅在临死前体温上升达 42℃以上。病程长短不一,通常 14～28 天。

病理变化不明显,仅在黏膜、浆膜及脊髓等处可见有小出血点,肺脏充血、水肿、骨骼肌变性或具有坏死灶以及肌间结缔组织等非特异性变化。

3. 防治

平时注意饲养管理和卫生,防止动物受伤。一旦发生外伤,尤其严重创伤时,应及时进行伤口消毒和外科处理,或注射破伤风抗毒素血清。断脐、去角及外科手术时应严格消毒,并在手术前后注射青霉素或破伤风抗毒素,以预防发生该病。

发现患病动物时应对其加强护理,将患牛置于光线较暗的安静处并给予易消化的饲料和充足的饮水;彻底消除伤口内的坏死组织,然后用 3％双氧水、1％高锰酸钾或 5％～10％碘酊消毒处理,同时在创伤周围注射青霉素、链霉素;尽早注射破伤风抗毒素,首次注射的剂量应加倍,同时使用镇静解痉药物进行对症治疗。

中药治疗方:

(1)防风、荆芥穗、薄荷、蝉蜕各 30 g,白芷、升麻、僵蚕各 25 g,南星、葛根、天麻各 15 g。用法:水煎灌服。本方病初应用,配合放颈静脉血,疗效较好。

(2)天麻、乌蛇、羌活、独活、防风、升麻、阿胶、何首乌、沙参各 25 g,南星、全蝎、蝉蜕、藿香、桑螵蛸各 18 g,蔓荆子、旋复花、川芎各 20 g,细辛 10 g。用法:水煎灌服。本方用于病的中期,并配合针刺锁口、百会穴。

(3)党参、黄芪、当归、双花、天麻各 30 g,玄参、连翘、僵蚕各 25 g,乌蛇、南星、蝉蜕、全蝎各 10 g,蜈蚣数条。用法:水煎灌服。本方用于病的后期,同时配合针刺销口、开关穴。

(4)天麻散:天麻 30 g,南星、防风、柴胡、薄荷各 24 g,全蝎 28 g,白芷、蝉蜕各 15 g,细辛 9 g,藁木 21 g,川芎 21 g,荆芥 30 g,僵蚕 18 g,羌活 18 g。用法:水煎,黄酒为引,胃管投服,每日 1 剂,连服 3 剂,病情稳定后,可隔日 1 剂,并用蜂蜜为引。

(5)千金散:蔓荆子、僵蚕、天麻、乌梢蛇、桑螵蛸、天南星、防风、全蝎各 30 g、旋复花、沙参、何首乌、阿胶、川芎、羌活、细辛、升麻、藿香、独活各 15 g,蝉蜕 60 g。用法:全蝎、僵蚕另研末,余药水煎取汁候温,混入全蝎、僵蚕末,用胃管灌服。加减:肌肉强直严重时,羌活、独活用量加倍;心神不定,加朱砂 9 g;已出汗时,去羌活、独活、防风;粪结时,加大黄 90 g,芒硝 250 g。

(6)胆南星 45 g,天麻 45 g,防风 45 g,羌活 35 g,苍术 34 g,蜈蚣 40 g,全蝎 40 g,僵蚕 40 g,乌梢蛇 45 g,川芎 35 g,藁木 30 g。用法:煎水灌服,可连服 3～5 剂,同时加强护理。

(7)蝉蜕 120 g,荆芥 360 g。用法:煎水喂服。

(8)蝉蜕 120 g,金银花 180 g。用法:煎水喂服,甜酒为引,连服 5 剂。

(9)全蝎、乌梢蛇、蝉蜕、僵蚕、草乌、南星、羌活、防风、白芷、苍术、白术、半夏各 30 g,细辛、桂枝、白附子各 20 g,当归、川芎、川乌 49 g,朱砂 15 g,蜈蚣 10 条。用法:除朱砂、雄黄外,煎水取汁,候温冲服,每天 1 剂,服后避风,背腰盖被,使之出汗。

(10)全蝎、蝉蜕、钩藤、蜈蚣、细辛、乌梢蛇、防风、川芎、羌活、独活、僵蚕、木香各 10～30 g。用法:煎水喂服,黄酒为引。

(11)蜈蚣 5 条,天南星 40 g,防风 40 g,鱼鳔 35 g。用法:煎水灌服。

(12)蜈蚣 8 条,全蝎 46 g,钩藤 60 g,僵蚕 45 g,麝香少许。用法:煎水喂服。

(13)斑蝥(去头足),鸡蛋(去蛋白),将斑蝥放入鸡蛋内封口焙干,研末灌服。

七、气肿疽

气肿疽是由气肿疽梭菌引起的牛和绵羊的一种急性热性地方性流行传染病。临床特征为肌肉丰满部位发生气性肌炎和灶性坏疽,触压时有捻发音,常伴有跛行,又称黑腿病或梭菌性肌炎。

1. 病原及流行

本病的病原为气肿疽梭菌,革兰氏染色阳性,厌氧。在体内外均可形成芽孢。最适培养基为葡萄糖血液琼脂,能产生毒素。本病繁殖体对理化因素的抵抗力不强,但其芽孢的抵抗力极强,在土壤中可存活 10 年以上,可耐受 20 min 的煮沸。盐腌肌肉中可存活 2 年以上,在腐败的肌肉中可存活 6 个月,芽孢在 3‰甲醛液中 10 min 可被杀死。

气肿疽可发生于各种品种的牛。自然条件下,主要侵害黄牛,奶牛和水牛易感性较差,通常见于 3 月龄至 4 岁的牛,尤其是 2 岁以内的牛多发。发病率可能达到 2%～3%。病牛为主要传染源。病变处破溃或尸体处理不当,病菌流出体外,形成芽孢严重污染环境,尤其是土壤。易感动物经消化道或皮肤创伤感染发病。本病有一定的地区性,尤其多见于潮湿的山谷牧场和低湿的沼泽地区。放牧牛群夏季和秋季的发病率较高。

2. 症状及病理变化

潜伏期 3～5 天。病初体温高达 40～41℃,食欲下降或废绝,反刍停止,磨牙,鼻镜干裂。沉郁,结膜潮红。呼吸加快,脉搏加快达 90～100 次/min,病牛焦躁不安,跛行,肩、肢、腰、背肌丰满部位出现局部肿胀,初期硬固、炽热,敏感。病后第二天,结膜发绀,心音不整,呼吸浅表。肿胀部位扩大,中心变凉,周围皮温高,触诊有捻发音,叩诊呈鼓音。肿胀处皮肤干燥且紧张,弹性消失,色紫黑,丧失知觉。附近淋巴结肿大、发硬。切开肿胀处可见泡沫状黑红色液体、酸臭。严重病例表现脱水、躺卧、明显的神经症状和休克。病程一般 2～3 天,新疫区发病率可达 50%,病死率 100%。

尸体极度膨胀。天然孔开张,从鼻腔、肛门流出少量血样泡沫样液体。体表某些部位有明显的气性肿胀,皮下结缔组织和肌膜内有大量的浆性或胶样浸润。肌肉内充满气泡,切面呈海绵状。各处肌肉均可受到不同程度的侵害。局部淋巴结肿胀、出血,切面黑红色。胸腔积有部分黑红色液体。心脏扩张,充满血凝块,心肌暗红,略水肿。胸膜上有胶样黑红色附着物。肺小叶间轻度水肿。肝、肾有大小不等的棕色干燥病灶,切面多孔,呈海绵状。胃、肠轻度出血。病变组织呈现肌肉和其他组织的凝固性坏死,血清和白细胞的积聚及红细胞的溶解。

3. 诊断

临床特征性症状为发热、肌肉僵硬、肌肉肿胀和出现捻发音等。特征性的剖检变化为肌肉肿胀、气肿、变黑、从肌肉中发出酸败气味。

采取肿胀部位的肌肉、肝、脾和水肿液进行细菌分离鉴定。病变组织培养液、肌肉接种豚鼠,可使豚鼠产生血腥样肌炎。肝涂片经革兰氏染色,可见到单个存在的阳性大杆菌。

4. 防治

病牛立即隔离治疗。尸体严禁食用或作饲料,应深埋或焚毁以减少病菌散播,并用 3%福尔马林消毒环境。严格遵守各项操作规程,减少污染。在经常发生气肿疽的地区,对 6 个月左右的牛进行疫苗注射。

对本病应尽早做出诊断,一旦疫病症状明显,药物治疗很少成功。可选用以下方法:

(1)全身疗法,应用抗生素、磺胺和皮质类固醇药物。抗生素常选用青霉素

44 000 IU/kg 体重,肌内注射,每日 2 次。也可用同等剂量青霉素静脉注射,每日 4～6 次,效果极好。磺胺类选用磺胺二甲嘧啶 0.14～0.2 g/kg 体重,或磺胺二甲氧嘧啶 0.05～0.1 g/kg 体重,内服,维持量减半。皮质类固醇药物,当病牛发生毒血症和休克时,可选用氢化可的松注射液 0.2～0.5 g,静脉注射。

(2)局部治疗,急性病例,将受感染的肌肉患处做贯通切开,施开窗手术,使组织和氧直接作用,以破坏厌氧环境。

中药组方:

(1)当归、赤芍、连翘各 31 g,双花 62 g,甘草 10 g,蒲公英 125 g。用法:研细末,开水冲服,1 日 1 剂。

(2)紫草 62 g,黄柏、黄芩各 31 g,黄连 19 g,升麻(焙焦)12 g,白芷、栀子、甘草各 31 g。用法:研末,开水冲,灌服。

(3)大黄、黄柏、黄药子、连翘、金银花、蒲公英各 30 g,黄连、白药子、天花粉、菌陈、全蝎、甘草各 25 g。用法:水煎灌服。

八、牛放线菌病

放线菌病又称大颌病,是多种动物和人的一种多菌性的非接触性的慢性传染病,牛最为常见。特征是头、颈、颌下和舌的放线菌肿。牛常发生头骨疏松性骨炎。

1. 病原及流行

牛放线菌呈杆状或棒状,可形成菌丝。在病灶中,可形成肉眼可见的针头大小的黄白色小菌块,呈硫黄颗粒状,此颗粒放在载玻片上压平后镜检呈菊花状,菌丝末端膨大,呈放射状排列。革兰氏染色菌块中央呈阳性紫色,周围膨大部分呈现阴性红色。本菌对干燥、高热、低温抵抗力很弱。

主要侵害牛。特别是 2～5 岁幼龄牛最易感,尤其是换牙的时候。放线菌病的病原存在于污染的土壤、饲料和饮水中,寄生于动物的口腔和上呼吸道中。因此,放线菌病只要黏膜或皮肤发生破损,便可自行发生。当给牛饲喂带刺的饲料、饲草时,常使口腔黏膜破损而感染。

2. 症状与病变

上、下颌骨肿大,界限明显。肿胀进展缓慢,6～18 个月才出现一个小而硬的肿块,有时肿大发展很快。肿部初期疼痛,晚期无痛觉。呼吸、吞咽和咀嚼均感困难,很快消瘦;皮肤化脓、破溃,有脓汁流出,形成瘘管。头、颈部组织也常发生硬结。乳房患病时,呈弥漫性肿大或由局灶性硬结,影响泌乳。

当细菌侵入骨骼时,骨骼逐渐增大,状如蜂窝。切面呈白色,其中镶有细小脓肿。口腔黏膜上有时可见溃烂或呈蘑菇状生成物,病期长久的病例,肿块有钙化的可能。

3. 防治

本病病程较长,常规治疗用药量大且极易复发,如治疗不及时,病牛生长发育受阻,很快消瘦,直接影响奶牛经济效益。对于局部浅表性脓肿,可采用切开排脓的方法;对于游离性的脓肿,也可完全摘除;对于上下颌骨上的放线菌脓肿,可采用切开排脓与烧烙相结合的方法进行治疗;病初可内服碘化钾和肌内注射恩诺沙星进行治疗。用高锰酸钾治疗奶牛放线菌也有一定作用,治疗时,选择病牛放线菌肿块成熟软化时为佳,将高锰酸钾粉撒于湿纱布上,填塞患牛肿块创腔内。如肿块发硬,可外涂鱼石脂软膏,促其成熟。青霉素、链霉素治疗本病也有效,可将抗生素注射于患部周围,每日 1 次,连用 5 天。

中药疗法:

(1)川连、黄芩、黄柏、乳香、没药、血竭各 30 g。用法:共研末,开水冲,候温灌服。

(2)黄柏 12 g,白矾 9 g,黄连 6 g,白芨 30 g,白蔹 30 g。用法:开水冲调成糊,装入布袋,含于口中,袋的两端系绳,固定于头部。

(3)青黛 9 g,冰片 1.5 g。用法:共为细末,每次用少许涂于舌头,1 日 3 次。

(4)黄连、桔梗、赤芍各 15 g,黄芩、连翘各 24 g,栀子、金银花、郁金、玄参、牛蒡子、大黄各 30 g,薄荷 12 g,甘草 9 g。用法:共为末,开水冲加蜂蜜 120 g、蛋 4 个,同调灌服。

(5)外治:

白砒 30 g,黄丹、巴豆霜、轻粉各 15 g。用法:共研细末,用糯糊调匀,捏成枣核大小备用,视创口大小塞入数粒,若肿未破,可刺破塞入。

砒霜 15 g,白矾 60 g,硼砂 30 g,雄黄 30 g。用法:共研细末,与黄蜡油混合,均匀地涂在纱布条上塞入伤口。

砒石 20 g,樟脑粉 30 g。做法:混合加水少许,掺入适量石粉调成糊状,搓成米粒大,阴干装瓶备用。用法:对已破溃的伤口填塞 1～2 个。未溃烂者从肿胀中间用刀尖划一小孔填塞药丸 1～2 个。

九、副结核病

副结核病又名副结核性肠炎,是由副结核分枝杆菌所致的主要是牛的一种慢性传染病,特征是间歇性或持续性的顽固性腹泻和渐进性消瘦,以及增生性肠炎导致肠黏膜呈脑回状增厚。

1. 病原和流行

副结核分枝杆菌呈多型性,但多数为棒状小杆菌。革兰氏染色阳性,抗酸染色阳性。主要存在于患病动物及隐性感染动物的肠壁黏膜、肠系膜淋巴结及粪便中,多成团或成丛排列。对热和消毒药的抵抗力较强,在污染的牧场、厩肥中可存活数月至 1 年,直射阳光下可存活 10 个月,但对湿热的抵抗力弱,60℃ 30 min、80℃ 15 min 即可将其杀灭。此外,3％～5％苯酚、5％来苏儿、4％福尔马林 10 min 可将其灭活,10％～20％漂白粉 20 min、5％氢氧化钠 2 h 也可杀灭该菌。

奶牛最易感,特别是 1～2 月龄的牛,年龄越大,易感性则降低,成年牛多在 3～5 岁出现症状,多数牛在幼龄时感染,经过很长的潜伏期,到成年时才表现临床症状。主要经消化道感染,也有材料证明通过皮下注射和静脉接种可感染本病。怀孕母牛可经胎盘传染给犊牛。

本病的发病特点是发展缓慢,发病率不高,病死率极高,并且一旦在牛群中出现则很难清除。感染牛群的死亡率可达 2％～10％。

2. 症状和病变

自然感染潜伏期较长,可达 6～12 个月,有的长达 5 年,少于 1 年的少见。当牛怀孕、分娩、泌乳、改变饲养环境、过劳、长途运输等诱因存在时能促进本病的发展。通常在产犊后数周内出现临床症状。

病程很长,发病初期没有明显的临床症状,以后症状逐渐明显,出现间歇性腹泻,然后逐渐变为经常性的顽固性腹泻,粪便稀薄,恶臭,可带有气泡、黏液和血液凝块,严重时排水样便呈喷射状。早期食欲、精神都还正常,以后食欲减退,不喜精料,饮欲增强,逐渐消瘦,眼窝下陷。经常躺卧,不愿走动。产奶量下降,最后完全停止。皮肤粗糙,被毛粗乱,下颌及垂皮水肿。体温常无明显变化。有时病情可能一度好转,腹泻停止,排泄物正常,体重也有所恢复,但随后可能再度发生腹泻。如给予多汁饲料可加重腹泻症状。如腹泻不止,一般经 3～4 个月因腹泻衰竭而死。

剖检病牛极度消瘦,主要病理变化位于消化道和肠系膜淋巴结。空肠、回肠和结肠前段,尤其是回肠,其浆膜和肠系膜显著水肿,肠黏膜增厚达 3～20 倍,并形成明显的横向行的脑回状皱褶。有时从外表观察肠道并无明显变化,切开后则可见肠壁明显增厚。浆膜下和肠系膜淋巴管肿大呈索状,淋巴结切面湿润,表面有黄白色病灶,有时则有干酪样病变。脾脏肿大,颜色变深。心肌柔软,严重心衰。肺脏见明显的间质性肺气肿,颜色发白,质地柔软。

3. 防治

尚无特效的治疗药物,预防应在加强饲养管理、搞好环境卫生和消毒的基础上,强化引进动物的检疫。无该病的地区或养殖场禁止从疫区引进种牛。该病污染的地区,应在随时观察和定期临床检查的基础上,所有牛每年定期进行 4 次变态反应或酶联免疫吸附试验检疫,连续 3 次不出现阳性反应牛时,可视为健康牛群。检疫阳性牛应按照不同情况采取不同方法处理,即有明显症状的开放性病牛或细菌学检查阳性的病牛应及时捕杀处理;但对妊娠后期动物则可在严格隔离、保证不散播病菌的前提下于产犊后 3 天捕杀处理;对变态反应阳性牛,要采取集中隔离、分批淘汰的方法;隔离期内要加强临产检查和细菌学检查,发现有临床症状或细菌学检查阳性牛,及时捕杀处理;变态反应疑似阳性牛,应每隔 15～30 天检疫 1 次,连续 3 次检查疑似牛可酌情处理。

在检疫的基础上,应加强环境消毒,切断该病的传播途径。病牛用过的圈舍、栏杆、饲槽、用具和运动场等,要用生石灰、来苏儿、氢氧化钠、漂白粉、石炭酸等消毒液进行喷雾、浸泡或冲洗消毒。粪便应堆积高温发酵后用作肥料。

中药治疗:

老鹳草 250 g,黄连、黄芩、黄柏、白头翁、大青叶各 50 g,砂仁、泽泻、猪苓、苍术、厚朴、陈皮各 30 g。用法:共研细末,开水冲调,加陈醋 200 mL 为引,1 次灌服,每天 1 剂,连用 15～20 天。

加减方:稀粪中黏液多,腥臭味大,虽无体温升高,但具有热象时,加连翘、大青叶、双花、郁金各 50 g,知母、焦栀子、大黄各 30 g。食欲不佳时,可另加龙胆草根、建曲、山楂及麦芽各 30 g。腹下、胸垂成四肢水肿时,加车前子 50 g,木通、瞿麦、灯心草、通草各 30 g。严重脱水时,加元参、天冬、麦冬、生地、白茅根各 30 g,投药时多加些食盐水。瘦弱不堪时,加生芪、党参、何首乌、肉苁蓉、黄精、山药、熟地各 50 g。

十、口蹄疫

口蹄疫是偶蹄兽(牛、羊、猪等)一种急性、热性、高度接触性传染病。传播力特别强,一旦发生,很快传遍各地,形成大流行。临床特征是口腔黏膜、舌、蹄趾间及乳房皮肤形成水泡。发病后,成年家畜只要护理得好,很少死亡;若不注意护理,常可并发其他疾病而死亡。

1. 病原及流行

本病的病原体是口蹄疫病毒,属于鼻病毒属。病畜水泡中及淋巴液中病毒含量最多,奶、尿、口涎、眼泪及粪便等含有一定量的病毒。

口蹄疫病毒颗粒呈圆形,到目前为止是已知病毒中最细微的一级。在病料中可见到大小不同的 3 种颗粒。最大的颗粒为完全病毒,其直径(23±2)nm,沉降系数为 140S,浮密度 1.43 g/mL,是由中央的核糖核酸核心和周围的蛋白壳体所组成。病毒对外界环境的抵抗力相当强大,干燥不能很快杀死,在干燥的沙土内可保存 14 天。毒力在牛毛上可保存 4 周,在糠麸或干草内,可保存 15～20 周。病毒在寒冷条件下才能被杀死,但高温能很快杀死,如将牛奶作 65～70℃的巴氏消毒,病毒于半小时内失去毒力,直射阳光和 1％～2％苛性钠溶液能很快杀死病毒。所以,在发生口蹄疫时,对污染畜舍、场地及交通要道等,都用 1％～2％苛性钠溶液消毒。病毒多由于直接接触而传播,畜产品(特别是洗病猪下水的污水)、饲料、泔水、灌药器具或鼻钳子等最容易传播本病。犬、猫、鸡及麻雀等,都能传播本病毒。本病的发生和流行有明显的季节性,气候寒冷时容易流行,特别是 2～4 月最容易发生猪口蹄疫。

2. 症状

潜伏期为 2～7 天,少的 1 天,多的达 14 天,个别家畜也有延迟至 21 天的。自然感染,病毒多经过消化道黏膜、蹄冠或蹄趾间皮肤的微小损伤侵入。先在侵入部位繁殖,并引起原发性小泡(第 1 期水泡)。此时,临床尚无症状,不容易发现。经 1～3 天后,因病毒由原发性水泡进入血液,则出现体温升高。因病毒随血液到达它的嗜好部位,如口腔黏膜、蹄叉及乳房等皮肤的上皮组织细胞,继续繁殖,便出现继发性水泡(第 2 期水泡)。此期水泡较第 1 期大。病畜流出大量泡沫性、又甚为黏稠的口涎,食欲废绝,反刍停止,舌不敢移动。此时,体温升高到 40℃以上,一般稽留 12～48 h,待水泡破裂后,体温即降到正常。在临床上若不注意检查,很容易误诊为心经热或口膜炎。误诊后第 2 天常可见到病牛的同群牛发病,以及用给口蹄疫病牛灌药的灌角再给患其他疾病的病牛灌药,被灌药的病牛也都先后发生本病。再详细追查,可发现原病牛治病那天,到兽医所治疗其他疾病的牛以及原病牛经过的地方,牛只相继发生本病。因而,在临床工作中,必须特殊仔细,以免误诊。本病最初的症状是,体温升高,精神沉郁,食欲减退或废绝,反刍缓慢或停止,不喜欢饮水,闭口呆立,开口时,有吸吮音,并大量流涎。病畜口腔黏膜、齿龈、唇部舌部及趾间等处发生水泡或糜烂。起初水泡只有豌豆到蚕豆大,继而融合增大或连成片状,舌侧的水泡常大如核桃或小鸡卵。水泡中初为淡黄色透明液体,以后变为浑浊,1～2 天破溃后,形成红色烂斑。有很多病例在舌面上出现条状、高低不平的水泡(波浪式),用手抓取舌时,常能大片地脱落,或整个舌黏膜全部脱落。少数病例在鼻镜、角基及乳房上发生水泡。蹄冠及蹄趾的水泡,多发生在口腔水泡以后,也有和口腔水泡病变同时发生的。破溃后,若护理得好,不被污染,很快痊愈。若细菌污染时,跛行严重,不好治疗。此外,常在病畜的鼻黏膜、眼结膜和咽喉黏膜上发生口蹄疫泡疮。病毒侵害到胃肠时,能引起病畜下痢。同时,也能出现严重的全身症状。

3. 诊断

牛患传染性水疱性口炎时,流涎,口腔黏膜、乳头及蹄冠部发生水泡及烂斑,与牛口蹄疫的症状非常相似。但传染性水疱性口炎除发生于牛和猪外,同一地区的马、骡、驴也常同时发病,流行较慢。容易与口蹄疫区别。口蹄疫容易误诊为牛瘟,应注意鉴别。应注意与水疱性疹及传染性水疱病加以鉴别。

确诊需国家口蹄疫参考实验室进行实验室诊断,由农业部公布。

4. 防治

兽医在日常诊疗中,发现疑似口蹄疫时,必须立即报告动物疫病预防机构,病畜就地封锁,所用器具及污染的地面等用2%苛性钠消毒。确诊为口蹄疫后,必须按照法定传染病防治方法进行封锁、隔离、消毒及防治等一系列工作。

在特殊紧急情况下,为防止本病蔓延,可在疫区周围对牛、羊用口蹄疫灭活疫苗或弱毒疫苗预防注射。用量、注射方法及注射以后的许多注意事项,必须严格地按照疫苗说明书执行。在注射前,要采取病畜水泡液作毒性鉴定。因为只有同型的疫苗才有免疫力。预防注射后,反应比较严重,必须事先布置好反应后的护理及治疗工作。以免临时反应严重,手忙脚乱,不知所措,造成不应有的损失。

十一、奶牛腹泻(黏膜病)

本病又名牛黏膜病或牛病毒性腹泻(Bovine Viral Diarrhea),是由牛病毒性腹泻和黏膜病病毒引起牛、羊和猪的一种急性热性传染病。牛、羊发生本病时的临床特征是黏膜发炎、糜烂、坏死和腹泻。

本病呈世界性分布,目前美国、澳大利亚、加拿大、法国、德国、英国、苏格兰、瑞典、丹麦、日本、印度、阿根廷等国均有本病存在。

1. 病原

牛病毒性腹泻病毒(Bovine Viral Diarrheavirus,BVDV),又名黏膜病病毒(Mu℃sal Diseasevirus virus,MDV)属于黄病毒科(Flaviviridae)瘟病毒属(*Pestivirus*)的成员,与猪瘟病毒和边界病病毒同属,它们在基因结构和抗原性上有很高的同源性。该病毒对氯仿、乙醚和胰酶等敏感。各个分离株之间虽然没有明显的血清型差异,但已经证明它们之间具有较大的抗原性差异,甚至已鉴定出两个独特的抗原组。此外,通过琼脂扩散试验、中和试验、免疫荧光试验和猪体免疫攻毒试验证明,与猪瘟病毒、边界病病毒之间存在明显的免疫学关系,它们含有共同的可溶性抗原。

本病毒可在多种动物的组织培养物,如胎牛肾、皮肤、肌肉、睾丸、胎羊睾丸、猪肾等细胞中生长繁殖,根据病毒对细胞的致病作用可分为致细胞病变型和非致细胞病变型。由于该病毒对组织培养物的适应范围广,经常导致多种组织培养物受到血清中 BVDV 的污染而不被发现,因此在进行组织细胞培养时,应事先检测细胞和血清中的病毒污染情况。

该病毒对外界因素的抵抗力不强,对一般消毒药敏感,但血液和组织中的病毒在低温状态下稳定,在冻干状态可存活多年。

2. 流行病学

本病可感染多种动物,特别是偶蹄动物,如黄牛、水牛、牦牛、绵羊、山羊、猪、鹿、及小袋鼠等,家兔也可人工实验感染。患病动物和带毒动物为传染源,动物感染可形成病毒血症,在急性期患病动物的分泌物、排泄物、血液和脾组织中均含有病毒,感染怀孕母羊的流产胎儿也可成为传染源。本病康复牛可带毒 6 个月,成为很重要的传染源。

本病可以通过直接接触或间接接触传播,主要传播途径是消化道和呼吸道,也可通过胎盘垂直传播。食用隐性感染动物的下脚料,通过病原体污染的饲料、饮水、工具等可以传播该病。猪群感染通常是通过接种被该病毒污染的猪瘟弱毒苗或伪狂犬病弱毒苗引起,也可以通过与牛接触或来往于猪场和牛场之间的交通工具传播而感染。

牛不论大小均可发病,在新疫区急性病列多,但通常不超过 5%,病死率达 90%～100%,发病牛多为 6～18 月龄。老疫区发病率和死亡率均很低,但隐性感染率在 50% 以上。猪感染后以怀孕母猪及其所产仔猪的临床表现最明显,其他日龄猪只多为隐性感染。

本病发生通常无季节性,牛的自然病例常年均可发现,但以冬春季节多发。

3. 发病机理

病毒通过多种途径侵入机体后,在消化道及呼吸道黏膜上皮细胞内增殖,当其进入血液形成病毒血症,当机体产生中和抗体时,病毒血症即告结束。用未吃初乳的犊牛进行实验感染证明,病毒增殖可使循环系统中的淋巴细胞坏死,继而损伤脾脏、集合淋巴结等淋巴组织。由于病毒增殖使上皮细胞变性、坏死及黏膜脱落则可以在局部形成黏膜糜烂。现已证明,本病毒还能通过胎盘感染,造成木乃伊胎、流产等。

4. 症状

人工感染的潜伏期为 2～3 天,自然感染的潜伏期 7～14 天。据临床症状和病程可分为急性和慢性过程,临床上的感染牛群一般很少表现症状,多数表现为隐性感染。急性型常突然发病,最初的症状是厌食,鼻、眼流出浆液黏性鼻漏,咳嗽,呼吸急促,流涎,精神委顿,体温升高达 40～42℃,持续 4～7 天,同时白血球减少。在此阶段,本病与其他呼吸道传染病很难区分。此后体温再次升高,白细胞先减少,几天后有所增加,接着可能再次出现白细胞减少。进一步发展时,病牛鼻镜糜烂、表皮剥落,舌面上皮坏死,流涎增多,呼气恶臭。通常在口腔黏膜病变出现后,发生特征性的严重腹泻,持续 3～4 周或可间歇持续几个月之久。初时粪便稀薄如水,瓦灰色,有恶臭,混有大量黏液和无数小气泡,后期带有黏液和血液。有些病牛常有蹄叶炎及趾间皮肤糜烂、坏死,患肢跛行。急性病例常见于幼犊,犊牛死亡率高于年龄较大的牛;成年奶牛的病状轻重不等,泌乳减少或停止。肉用牛群感染率为 25％～35％,急性病倒多于 15～30 天死亡。慢性型很少出现体温升高,病牛被毛粗乱、消瘦和间歇性腹泻。最常见的症状是鼻镜糜烂并在鼻镜上连成一片,眼有浆液性分泌物、门齿齿龈发红。跛行、球节部皮肤红肿、蹄冠部皮肤充血、蹄壳变长而弯曲,步态蹒跚。病程 2～6 个月,多数病例以死亡告终。妊娠母牛感染本病时常发生流产,或产下有先天性缺陷的犊牛。最常见的缺陷是小脑发育不全。患犊表现轻度的共济失调、完全不协调或不能站立。有些患牛失明。

5. 病理变化

患病牛的主要病变位于消化道和淋巴组织。口腔黏膜、食道和整个胃肠道黏膜的充血、出血、水肿、糜烂和溃疡。鼻镜、口腔黏膜、齿龈、舌、软腭、硬腭以及咽部黏膜有小的、不规则形的浅表烂斑,尤其是食道的这种排列成纵行的糜烂斑最具有特征性。

病牛偶尔可见瘤胃黏膜有出血和糜烂,真胃黏膜炎性水肿和糜烂,小肠黏膜弥漫性发红,盲肠、结肠和直肠黏膜水肿、充血和糜烂。集合淋巴结和整个消化道淋巴结可能水肿。运动失调的新生犊牛有严重的小脑发育不全及两侧脑室积水现象。蹄部皮肤出现糜烂、溃疡和坏死。

6. 诊断

在本病流行地区,可根据病史、临床症状和病理变化,特别是口腔和食道的特征性病变获得初步诊断。确诊必须进行病毒鉴定以及血清学检查。

病毒鉴定为国际贸易指定的检测手段。对先天性感染并有持续性病毒血症的动物,可采取其血液或血清;对发病动物可取粪便、鼻液或眼分泌物,剖检时则可采取脾、骨髓或肠系膜淋巴结等,采集的病料经适当处理后接种细胞培养物。一般来说,不论病毒有无细胞致病作用,均能在胎牛肾、脾、睾丸和气管等细胞培养物中生长、繁殖,通常将病料盲传 3 代后用荧光抗体检测病毒的存在状况。

血清学试验可用血清中和试验、ELISA 或补体结合试验等进行诊断。取发病初期和后期的动物血清,前后间隔 2～4 周,分两次采取血样,检查血清中抗体效价。ELISA 方法诊断本病除具有敏感、快速、特异等优点外,还可将该病毒与猪瘟病毒区别开,是猪群感染的最佳诊断方法,具有很好的应用前景。

诊断本病时应注意与类似病症鉴别,如牛传染性鼻气管炎、恶性卡他热、蓝舌病、水疱性口炎、传染性溃疡性口炎、牛瘟、口蹄疫、副结核病等。

7. 防治

本病尚无特效治疗方法。牛感染发病后,通过对症疗法和加强护理可以减轻症状,应用收敛剂和补液疗法可缩短恢复期。增强机体抵抗力,促使病牛康复,可减少损失。平时要加强检疫,防止引进病牛,一旦发病,立即对病牛进行隔离治疗或急宰,防止本病的扩大或蔓延。对受威胁的无病牛群可应用弱毒疫苗和灭活疫苗进行免疫接种。目前,牛群应用的弱母疫苗多为牛病毒性腹泻-黏膜病、牛传染性鼻气管炎及钩端螺旋体病三联疫苗。

因此,应在疫苗生产过程中加强该病毒的检测,防止疫苗污染造成的损失。

十二、牛流行热

牛流行热是牛的急性热性传染病。其特征为高热和呼吸道炎症以及因四肢关节疼痛引起的跛行。大部分病牛取良性经过,在 2～3 天内可恢复正常,故又称三日热或暂时热。国内外均有流行,并常因大群发病,明显降低泌乳量,给养牛业带来一定的经济损失。

1. 病原和流行

病原体为弹状病毒科的牛流行热病毒,病毒颗粒呈子弹形,耐冷不耐热,能抵抗反复冻融。病牛是本病的主要传染源。病毒主要存在于发热期的血液中。在自然条件下,通过吸血昆虫的叮咬经皮肤而感染。因此,本病发生、流行在吸血昆虫盛行的季节,吸血昆虫被消灭,流行即告终止。

不同品种、性别、年龄的牛均可感染,其中以 3～5 岁的黄牛易感性最强。高产奶牛感染后症状较严重。犊牛和水牛很少发生,症状也较轻。有明显的季节性,主要流行于蚊蝇多的夏季和秋初,北方地区常于 8～10 月流行,南方可提前到 6～7 月。多雨潮湿容易诱发本病。传播迅速,常呈流行性。

2. 症状和诊断

(1)临床特征。潜伏期 3～7 天。病牛突然呈现 40℃ 以上高热,持续 2～3 天。体温升高时病牛精神委顿,肌肉震颤,皮毛逆立,皮温不整。结膜充血、水肿,流泪,畏光,眼角流出黏液脓性分泌物。呼吸促迫,肺泡音、支气管音粗粝,有时可因窒息而死亡。病牛流涎,食欲废绝,反刍停止,粪便干燥,有时下痢。泌乳量急剧减少甚至停止。四肢关节肿痛,呈现跛行,或站立困难而倒卧。孕牛间或流产。

大部分病牛为良性经过,病死率在1%以下,部分病牛可因长期瘫痪而被淘汰。

根据流行特点,结合临床表现,可做出初步诊断。确诊需进行实验室检查。一般在发热初期采血,送兽医检验单位进行病毒分离鉴定。或在发病初期和恢复期采双份血清进行中和试验或补体结合试验。

(2)鉴别诊断

①与呼吸道型牛传染性鼻气管炎的鉴别。传染性鼻气管炎多发生于寒冷季节,以发热、流鼻汁、呼吸困难、咳嗽等上呼吸道和气管症状为主,病原体为疱疹病毒。

②与茨城病的鉴别。茨城病除发热、流泪之外,在疾病的后期还往往出现舌、咽喉和食道麻痹等特殊症状。

③与牛副流感的鉴别。副流感常发生于冬春寒冷季节,多在运输后发生。除呼吸道症状外,还可见乳房炎,但无跛行。肺病变部细胞内可见胞浆和核内包涵体以及合胞体型成。病原体为一种副黏病毒。

④与恶性卡他热的鉴别。恶性卡他热发生在与绵羊等反刍动物接触过的牛。临床上除高热和全身虚弱之外,还有口鼻黏膜充血、糜烂或形成溃疡,眼结膜炎症剧烈,双眼睑常肿胀闭合,角膜浑浊、溃疡乃至失明等症状。病原体为一种疱疹病毒。

3. 防治

应采取综合性预防措施。平时加强饲养管理,增强体质。当预测可能流行本病时,可在流行季节到来之前接种牛流行热疫苗。目前,国内已研制有牛流行热亚单位疫苗。发现疫情后,尽快封锁牛群(场),并坚持对牛群早晚测温和观察精神、食欲及产奶等变化,及时发现病牛。病牛立即隔离,及早治疗。同时注意加强环境消毒,消灭蚊蝇等吸血昆虫,防止扩大传播。

无特效药物,根据病情对症治疗。高热时,可肌内注射复方氨基比林注射液20～40 mL,或安痛定 20～40 mL,或 30%安乃近注射液 20～30 mL,每日 1～2次。同时给予大剂量抗菌药物,防止继发感染,并结合强心、补液、解毒。常用青霉素(100 万～200 万 U/次)、链霉素(1 g/次)、5%葡萄糖生理盐水(2 000～3 000 mL/次)、林格氏液(1 000～3 000 mL/次)、20%安钠加注射液(10～30 mL/次)、维生素 B_1(100～500 mg/次)、维生素 C(2～4 g/次)等药物,每天 2 次。对呼吸困难者,可皮下或肌内注射尼可刹米注射液 10～20 mL;对四肢关节疼痛者,可静脉注射 10%水杨酸钠注射液 200～300 mL;对发生肺水肿者,可静脉注射 20%甘露醇注射液 500～1 000 mL 或 25%山梨醇 0.5～2 g。恢复期还应注意调整胃肠功能。加强护理可提高疗效。

中药方剂：

(1)大黄 60 g,苦参 30 g,柴胡 30g,苍术 24g,黄芩 24g。用法:共研末冲水灌服。

(2)羌活、防风、苍术各 50 g,细辛 30 g,川芎、白芷、黄芩、甘草、生姜各 45 g。用法:水煎,灌服。

(3)大蒜 30 g 捣烂,食醋 250 mL。用法:调匀灌服。

(4)大葱 250 g 捣烂,明矾 30 g 研末。用法:混合后加温水灌服。

(5)牛蒡子、一枝黄花、酢酱草各 60 g。用法:煎水,灌服。

(6)柴胡、半夏、陈皮、炒枳壳、秦艽、羌活各 40 g,五加皮 35 g,白芍 45 g,桂枝 30 g。用法:水煎内服。

(7)柴胡、神曲各 60 g,乳香、没药、青皮、麦芽各 30 g,车前子 15 g,甘草 25 g。用法:水煎灌服,1 日 1 剂,连服 3 天。

(8)柴胡、黄芩、葛根、荆芥、防风、秦艽、羌活各 30g,知母、甘草各 15 g。用法:共研末,大葱 3 根为引,开水冲,候温灌服,1 日 1 剂,连用 3 天。

(9)板蓝根 60 g,紫苏 90 g,白菊花 60 g。用法:水煎内服,1 日 1 剂。

(10)柴胡、陈皮、桂枝各 31 g,黄芩、寸冬、木通各 25 g,乌梅 19 g,黄麻、甘草各 16 g。用法:共研末,开水冲,候温灌服,1 日 1 剂,连用 3 天。

十三、传染性胸膜肺炎

牛传染性胸膜肺炎又称牛肺疫,是由支原体所致牛的一种特殊的传染性肺炎,以纤维素性胸膜肺炎为主要特征。

1. 病原和流行

病原为丝状支原体丝状亚种,属于支原体科支原体属的微生物。具有多形性,可呈球菌样、丝状、螺旋体与颗粒状。革兰氏染色阴性。对外界的抵抗力不强。暴露在空气中,特别在阳光直射下,几小时即失去毒力。干燥、高温都可使其迅速死亡,但在病肺组织冻结状态,能保持毒力 1 年以上,培养物冻干可保存毒力数年,对化学消毒药抵抗力不强,对青霉素和磺胺类药物、醋酸铊和龙胆紫则有抵抗力。

易感动物主要是牦牛、奶牛、黄牛等,发病率为 60%～70%,病死率 30%～50%,主要传染源是病牛及带菌牛。据报道,病牛康复 15 个月甚至 2～3 年后还能感染健康牛。

2. 症状和病变

潜伏期为 2～4 周,短则 8 天,最长可达 4 个月。症状发展缓慢的,常在清晨冷空气或冷饮刺激或运动时,发生短干咳,初始咳嗽次数不多而逐渐增多,继之食欲减退,反刍弛缓,泌乳减少。症状发展迅速的以体温升高 0.5～1℃开始。随病程发展,症状逐渐明显。按其经过可分为急性和慢性两型。

急性型,症状明显而有特征性,体温升高到 40～42℃,呈稽留热,干咳,呼吸加快而有呻吟声,鼻孔扩张,前肢外展,呼吸极度困难。由于胸部疼痛不愿行动或下卧,呈腹式呼吸。咳嗽逐渐频繁,常是带有疼痛短咳,有时流出浆液性或脓性鼻液,可视黏膜发绀。呼吸困难加重后,叩诊胸部,患侧肩胛骨后有浊音或实音区,上界为一水平线。听诊患部,可听到湿性啰音,肺泡音减弱乃至消失,代之以支气管呼吸音,无病变部分则呼吸音增强,有胸膜炎发生时,则可听到摩擦音,叩诊可引起疼痛。病后期,心脏衰弱;脉搏细弱而快,每分钟可达 80～120 次,有时因胸腔积液,只能听到微弱心音或不能听到。此外还可见胸下部水肿,食欲废绝,产奶停止,便秘与腹泻交替发生。体况迅速下降,眼球下陷,无神,呼吸更加困难,窒息而死。急性病程一般在重症明显后经过 5～8 天,约半数死亡,有些病例病势趋于静止,全身状态改善,体温下降、逐渐痊愈,有些病牛则转为慢性,整个急性病例病程 15～60 天。

慢性型,多数由急性转变而来,除体况消瘦,多数无明显症状。偶发干咳,叩诊胸部可能有实音区。消化机能紊乱,食欲反复无常,在良好护理及妥善治疗下,可以逐渐恢复,但常成为带菌者。若病变区域广泛,则病牛日益衰弱,预后不良。

特征性病理变化在胸腔。典型病例是大理石样肺和浆液纤维素性胸膜肺炎。肺和胸膜的变化,按发生发展过程分为初期、中期和后期。初期病变以小叶性支气管肺炎为特征。肺炎灶充血、水肿,呈鲜红色或紫红色。中期呈浆液性纤维素性胸膜肺炎,病肺肿大、增重,灰白色,多为一侧性,右侧居多,多发生在膈叶,也有在心叶或尖叶的。切面犹如多色的大理石。胸膜增厚,表面有纤维素性附着物,多数病例的胸腔内积有淡黄透明或浑浊液体,内混有纤维素凝块或凝片。胸膜常见出血、肥厚,与肺脏粘连,肺膜表面有纤维素附着物,心包膜也有同样变化,心肌脂肪变性。后期,肺部病灶坏死,被结缔组织包围,有的坏死组织崩解、液化,形成脓腔或空洞,有的病灶完全瘢痕化。

3. 防治

治疗本病可用新胂凡纳明(914)静脉注射。有人用土霉素盐酸盐试验性治疗,效果比 914 好,与链霉素联合治疗也有效果。其他抗菌素如红霉素、卡那霉素、泰乐菌素等也可使用。但治愈的牛,可长期带菌而成为传染源,故仍以淘汰病牛为主。

中药治疗：

(1)郁金、当归、连翘各 25 g,制乳香、制没药、延胡索、黄芩、牡丹皮、花粉、贝母、青皮、白芍各 19 g,柴胡 13 g,甘草 9 g。用法:共研细末,开水冲,候温灌服,1日 1 剂,连用 5～6 天。加减:出现胸水时,去柴胡、甘草、花粉,加泽泻、猪苓;无力消瘦时,去郁金、黄芩、花粉、柴胡、青皮,加党参、黄芪、白术。

(2)北沙参、麦冬、桔梗各 45 g,黄芪、党参、白芨各 30 g,合欢皮、冬瓜子、连翘各 60 g,双花 90 g。用法:水煎、候温灌服。

(3)双花、大青叶、花粉、连翘、黄连、白芨、贝母各 50 g,郁金、当归、黄芩、丹皮、白芍、柴胡、百部、甘草各 40 g。用法:共研细末,开水冲调加蜂蜜 200 g。候温灌服。加减:心脏衰弱并出现水肿及胸水时,另加车前子、泽泻、猪苓及木通各 40～50 g。咳嗽较严重时,另加杏仁、马兜铃、枇杷叶、蒌仁、桔梗各 40～50 g。病的后期体力衰竭时,另加生芪、党参、阿胶、山药各 50 g。

(4)黄连、黄芩、知母、白芍、白术、厚朴、白蔹各 24 g,五味子、贝母、阿胶、泽泻、茯苓各 15 g,大麻仁 9 g。用法:共研细末,开水冲调灌服,连服 2～3 剂。

(5)紫花地丁 90 g,黄芩、苦参、生石膏各 60 g,甘草 18 g。用法:共研末开水冲服,日服 2 次。

我国消灭牛肺疫的经验证明,根除传染源、坚持开展疫苗接种是控制和消灭本病的主要措施。预防应注意自繁自养,不从疫区引进牛,必须引进时,要严格检疫。做补体结合反应两次,证明为阴性者,接种疫苗,经 4 周后启运,到达后隔离观察 3 个月,确证无病时,才得与原有牛群接触。

十四、恶性卡他热

牛恶性卡他热是由恶性卡他热病毒引起的一种急性传染病。临床上以发热、全眼球炎以及消化、呼吸、泌尿系统黏膜的炎症和神经症状为特征。发病率较低,一般呈散发,但病死率高。

1. 病原和流行

病原为恶性卡他热病毒,属于疱疹病毒科、疱疹病毒亚科的成员。病毒在血液中粘附在白细胞上。能在胸腺、肾上腺细胞培养物中生长。病毒抵抗力不强。对乙醚敏感,在 4℃储存仅能存活几天,在－60～－5℃储存、冻干,用干冰和酒精进行速冻,只能存活很短时间,但在含 20％～40％的牛血清和 10％甘油混合液中,以及在－70℃储存时可维持活力约 15 个月。

各种品种和性别的牛都易感。4 月龄以下牛发病少,6 月龄至 4 岁牛发病多。季节性不明显。饲养管理不良及应激因素存在时,如分娩、运输,可造成病毒传播。

2. 症状和病变

潜伏期长短不定,9天至9周。根据发病缓急,临床上分为最急性、急性和慢性。

(1)最急性。体温升高达40.5～42.2℃,精神沉郁,衰竭,病牛呈严重的病毒血症时,多于1～2天死亡。

(2)急性型。体温升高达40.5～42.2℃,呈稽留热,精神沉郁,食欲废绝;鼻镜干燥、充血、潮红、出血、糜烂,鼻腔黏膜充血、肿胀,鼻分泌物初呈浆性,后呈黏性、脓性并混有血液;口腔黏膜充血、发绀。呼吸困难,有时出现结膜炎和全身眼炎,流泪、羞明。眼分泌物呈脓性。病牛腹泻,排尿痛苦、尿淋漓、尿频和血尿。有的病牛极度兴奋,磨牙,大声嚎叫,攻击饲养员和其他牛;极度脱水,明显消瘦。

(3)慢性型。多由急性转来。病程长达数周。病牛高热、流涎和厌食。口鼻黏膜糜烂,并覆于痂皮。眼、颈、角跟及乳房等处皮肤上出现红斑和湿疹样皮炎。蹄壳、角和被毛脱落。

剖检可见皮肤病变部位充血与湿疹。角膜浑浊、溃疡、鼻镜干燥结痂,揭去痂皮,则可见广泛的糜烂和溃疡面。口腔、咽、食道、前胃、真胃和肠充血、出血甚至糜烂。淋巴结肿大,尤其头部明显。膀胱出血、水肿。肝、肾变性、肿大。脑膜水肿。

3. 防治

目前,尚未特效治疗方法。有人曾用皮质类固醇药物如地塞米松静脉注射,抗生素如苄苯青霉素静脉注射,普鲁卡因青霉素肌内注射,点眼药如阿托品溶液、倍他米松新霉素混合液等方法治疗,有一定疗效。

中药疗法:

(1)龙胆草、柴胡、黄芩、车前草、淡竹叶、地骨皮各60 g,栀子45 g,薄荷、僵蚕、牛蒡子、板蓝根、金银花、连翘、玄参各30 g,茵陈120 g。用法:水煎灌服,每日1次。

(2)鱼腥草、板蓝根、桑白皮、淡竹叶各90～120 g。用法:煎水灌服。

(3)龙胆草、柴胡、生地各30 g,黄芩、栀子、泽泻、木通各25 g,车前子、甘草各15 g,当归20 g。用法:水煎候温灌服,1日1剂,连用5日。若体温过高则加石膏、芦根、小蓟、大黄、黄柏、地丁;角膜薄翳则酌加草决明、石决明、菊花、蝉蜕、鱼腥草等。

(4)雄黄散:雄黄、苍术各200 g,大黄100 g,垂楼50 g,黑升麻100 g,小慈姑40 g,冰片10～15 g。用法:雄黄另研末,其他味药共研后加入雄黄,开水冲,候温灌服。病重或消化机能障碍的,煎汤后加冰片灌服,1日1剂,7天为一疗程。

第三节　寄生虫病

一、伊氏锥虫病

牛伊氏锥虫病是由鞭毛虫纲、锥虫科、锥虫属的伊氏锥虫寄生于牛的血浆中引起的原虫病。

1. 病原和流行

伊氏锥虫为单形型锥虫,细长柳叶形,长 $18\sim34\ \mu m$,宽 $1\sim2\ \mu m$,前端比后端尖。伊氏锥虫寄生在牛造血器官、血液及淋巴液内,以纵分裂法进行繁殖,由虻及吸血蝇类进行机械性传播。即锥虫进入虻等体内后,并不进行发育繁殖,生存时间亦较短暂,当这些传播媒介再吸食其他易感动物血液时,即将虫体传入后者体内。除此之外,消毒不完全的手术器械及注射用具,也可造成传播感染;另外,妊娠母牛患病可使胎儿感染,肉食动物在食入病肉时可通过消化道的伤口感染。

牛对伊氏锥虫的易感性较弱,多数呈带虫状态而不发病;待到抵抗力下降时,特别是天冷、枯草季节才开始发病,并呈慢性经过。

2. 症状

发病时体温升高,数日后体温回复,经一定时间间歇后,体温再度升高。患牛表现食欲减退,反刍缓慢,体力衰弱,进行性贫血和消瘦,体表淋巴结肿大,有时出现神经症状或发生瘫痪。皮下水肿为本病的主要特征,多发部位是胸前、腹下、四肢下部及生殖器官。在发生水肿后,皮肤常龟裂,并流出淋巴液或血液。另一特征是耳、尾的干性坏死,发生在耳尖和尾尖,能使尾端和耳壳边缘坏死脱落。

3. 诊断

根据流行病学、症状、血液学检查、病原学检查和血清学检查,进行综合判定。首先应注意体温变化,如同时出现长期消瘦、贫血、黄疸、眼结膜上常见血斑,颈下垂部水肿,耳尖及尾尖出现干性坏死等,可疑为本病。确诊以在血液中查出病原为依据,几种方法介绍。

(1)血液压滴标本检查,耳静脉或其他部位采血一滴,于洁净载玻片上,加等量生理盐水,混匀后,覆以盖玻片,用高倍镜检查血细胞间有无活动的虫体。注意采光时,视野应稍暗,方易发现。

(2)血片检查,按常规制成血液涂片,用姬姆萨染液或瑞氏染液染色后,镜检虫体。

(3)试管采虫检查,采血于加抗凝剂的离心管中,以 $1\,500$ r/min,离心 10 min,

则红细胞下沉于管底;因白细胞和虫体较红细胞轻,故位于红细胞沉淀的表面;用吸管吸取沉淀表层,涂片、染色、镜检,可提高虫体检出率。

4. 治疗

治疗要早,用药量要足,现常用下列药物进行治疗:

(1)萘磺苯酰脲,商品名为纳加诺或拜耳 205 或苏拉明,剂量为 0.01～0.015 mg/kg 体重,以生理盐水配成 10% 溶液静脉注射;1 周后再注射 1 次;用药后个别病牛有体表水肿、口炎、肛门及蹄冠糜烂、跛行、荨麻疹等副作用,可用氯化钙 10 g,苯甲酸钠咖啡因 5 g,葡萄糖 30 g,生理盐水 1 000 mL,混合后静脉注射。

(2)喹嘧胺,商品名为安维赛,剂量为 5 mg/kg 体重,溶于注射用水内,皮下或肌内注射。

(3)三氮脒,也称贝尼尔、血虫净。剂量为 3.5 mg/kg 体重,以注射用水配成 7% 溶液,深部肌内注射,每日 1 次,连用 2～3 天。

预防本病应加强饲养管理,尽可能消灭虻、蝇等传播媒介。

二、泰勒梨形虫病

牛泰勒梨形虫病是由泰勒科、泰勒属的环形泰勒虫或瑟氏泰勒虫寄生于牛红细胞和网状内皮系统细胞内所引起的疾病。主要临床特征为高热、贫血、出血、消瘦和体表淋巴结肿大。特别是环形泰勒虫分布广、危害大,是一种季节性很强的地方性流行病。多呈急性过程,发病率高,死亡率大。

1. 病原和流行

环形泰勒虫有两种不同发育阶段的虫体,即寄生于红细胞内的血液型虫体和寄生于网状内皮系统细胞的石榴型虫体,其形态各不相同。

寄生于红细胞内的虫体为血液型虫体,实质上是繁殖过程中的配子体,虫体很小,形态多样。有环形、杆形、卵圆形、梨籽形、逗点形、十字形、三叶形等。典型虫体为环形,呈戒指状,染色质一团,位于虫体一侧。姬姆萨染色后,原生质呈淡蓝色,染色质为红色。一个红细胞内有 1～4 个虫体。红细胞的染虫率一般为 10%～20%,重病的达到 95%。

寄生于淋病细胞、巨噬细胞及其他网状内皮系统细胞内的虫体叫石榴体,实质是虫体进行裂体增殖时所形成的多核虫体,即裂殖体。呈圆形、椭圆形或肾形,位于细胞胞浆内或散在于细胞外。姬姆萨染色,胞浆呈浅蓝色,核呈暗红色,被寄生的淋巴细胞或单核细胞的核被挤压到一边。

瑟氏泰勒虫除有特别长的杆状形态外,其他虫体的形态和大小与环形泰勒虫相似。主要区别是在各种虫体型态中以杆形和梨籽形为主。

泰勒虫虫体的整个发育过程分为三个阶段,即裂殖生殖阶段、配子生殖阶段和孢子生殖阶段。该病在我国的传播者主要是残缘璃眼蜱,主要寄生于牛体,经期间(变态过程)传递虫体,即幼蜱、若蜱吸食入虫体后,虫体在蜱体内经过一定时间的发育,待蜱的下一个发育阶段,即幼蜱、若蜱蜕化为若蜱、成蜱时,才能感染新的易感动物。蜱主要在牛舍内生活,1～3 岁的牛易发病。

2. 症状

特征性病理变化表现为全身皮下、肌间、黏膜和浆膜上均可见到大量的出血点和出血斑;全身淋巴结肿大,以肩胛前淋巴结、腹股沟淋巴结、肝、脾、肾、胃淋巴结表现最为明显;在皱胃黏膜上,可见到高粱米到蚕豆大的溃疡斑,边缘隆起呈红色,中央凹陷呈灰色。严重病例面积可达整个黏膜面的一半以上。

环形泰勒虫常呈急性经过,在 3～20 天内死亡。初期体温升高达 40～42℃,以稽留热为主;体表淋巴结肿大为特征;呼吸、脉搏加快;结膜等可视黏膜出现深红色结节状出血斑点;颌下、胸腹下部及四肢发生水肿;前胃弛缓,迅速消瘦;后期食欲减退,反刍停止,体温下降,衰弱而死;耐过的牛则成为带虫者。

瑟氏泰勒虫病的症状基本与环形泰勒虫病相似。特点是发病较少,病程长,一般 10 天以上,个别可达数月,症状缓和,死亡率低。

3. 治疗

治疗可用下列药物,在用药同时,还应根据症状配合给予强心、补液、止血、健胃、缓泻及抗菌素类药物。并加强护理。

(1)磷酸伯氨喹啉,剂量为 0.75～1.5 mg/kg 体重,每日口服 1 次,连服 3 次。有效率 100%。

(2)贝尼尔,剂量为 7 mg/kg 体重,配成 7%溶液肌内注射,每日 1 次,连用 3天,如红细胞染虫率不下降,还可继续治疗 2 次;必要时改为静脉注射,剂量为 5 mg/kg 体重,配成 1%溶液,缓慢注入,每日 1 次,连注 2 次。

(3)阿卡普林(硫酸喹啉脲),剂量为 1 mg/kg 体重,用注射用水配成 1%～2%溶液,皮下注射。

(4)黄色素(锥黄素),剂量为 3～4 mg/kg 体重,用注射用水配成 0.5%～1%溶液,静脉注射;必要时隔 1～2 天再注射 1 次。

(5)盐酸咪唑苯脲,剂量为 1.5～2.0 mg/kg 体重,用生理盐水溶解配成 1%～2%的溶液肌内注射,每日 1 次,可连用 2～3 次,注射后个别牛有过敏反应,可立即用地塞米松(非怀孕牛),肾上腺素静脉注射并混合硫酸阿托品效果更好。

辅助疗法:25%葡萄糖 1 000 mL,0.9%氯化钠 2 000 mL,维生素 B₁₂ 2 盒,辅酶 A 1 000 U 2 盒,肌苷注射液 2 000 mg,三磷酸腺苷注射液 400 mg,一次静脉注射,每日 2 次。

中药治疗:双花 100 g,连翘 50 g,茵陈 100 g,地丁 50 g,蒲公英 100 g,当归 50 g,川芎 50 g,生地 50 g,党参 50 g,白术 50 g,黄芪 100 g,甘草 30 g。上药为末加温内服,每日一次,连用 3 次。

三、巴贝斯梨形虫病

牛巴贝斯梨形虫病由巴贝斯科、巴贝斯属的双芽巴贝斯虫、牛巴贝氏虫和卵形巴贝斯虫寄生于牛的红细胞内所引起。其主要特征为高热、贫血、黄疸和血红蛋白尿,因此又被称为"红尿热"、"特克萨斯热"、"塔城热"、"血红蛋白热"、"蜱热"等。

1. 病原和流行

(1)双芽巴贝斯虫,为大型虫体,虫体长度大于红细胞半径,其形态有梨籽形、圆形、椭圆形及不规则形等。典型的症状是成双的梨籽形虫体,尖端以锐角相连。每个虫体内有二团染色质,姬氏染色,虫体的原生质呈浅蓝色,染色质呈紫红色。虫体多位于红细胞的中央,每个红细胞内虫体数目为 1~2 个。外周血液中,病初环形虫体多,高潮期梨形虫体多达 60%,红细胞的染虫率达 10%~15%,甚至高达 65%。

(2)牛巴贝斯虫,为小型虫体,虫体长度小于红细胞半径,形态与双芽巴贝斯虫相似。但典型形状为成双的梨籽形虫体,以尖端相连呈钝角,每个虫体内含一团染色质。虫体位于红细胞边缘或偏中央,每个红细胞内有 1~3 个虫体。

(3)卵形巴贝斯虫,为大型虫体,虫体长度大于红细胞半径,呈梨籽形、卵形、卵圆形、出芽型等,位于红细胞中央。特征是虫体中央往往不着色,形成空泡;双梨籽形虫体较宽大,两尖端呈锐角相连或不相连。

巴贝斯虫皆通过硬蜱进行传播。当蜱在患牛体上吸血时,把含有虫体的红细胞吸入体内,虫体在蜱体内发育、繁殖一段时间后,经卵传递或经期间(变态过程)传递,将虫体延续到蜱的下一个世代或下一个发育阶段,再叮咬健康易感动物时,造成新的感染。

我国已查明微小牛蜱为本病的传播者,主要寄生于牛体,每年可繁殖 2~3 代,每代所需时间约 2 个月,因此,该病一年之内可以发生 2~3 次。由于微小牛蜱在野外发育繁殖,故本病多发生在放牧时期,舍饲牛发病较少,而且多以散发的形式出现。

春季和秋季是感染季节,一般为 6~9 月发生;2 岁以内的犊牛发病率高,但这种轻微,死亡率低;成年牛发病率低,但症状较重,死亡率高。病愈牛有带虫免疫现象,愈后 3 个月或更长的时期内,仍可在血液中发现虫体。当饲养不当、劳役过度或由其他并发病出现时,仍可导致本病复发。

2. 症状

体温升高到 40~42℃,呈稽留热。脉搏及呼吸加快,精神沉郁,喜卧。食欲减退或消失,反刍减少或停止,便秘或腹泻。产奶量下降或停止,妊娠母牛常可发生流产。病牛迅速消瘦、贫血、黏膜苍白和黄染。有的病牛后期出现神经症状。最明显的临床特点是由于红细胞大量被破坏,血红蛋白从肾脏排出而出现血红蛋白尿,尿的颜色由淡红变为棕红色乃至黑红色。

病牛血液稀薄,红细胞数降至 100 万~200 万/mL,血红蛋白量减少到 25% 左右,血沉加快 10 余倍。红细胞大小不均,着色淡,有时还可见到幼稚型红细胞。白细胞在病初正常或减少,以后增到正常的 3~4 倍;淋巴细胞增加 15%~25%;嗜中性细胞减少;嗜酸性细胞降至 1% 以下或消失。

急性病牛如不及时治疗,可在 4~8 天内死亡,死亡率高达 50%~90%。慢性病例体温波动于 40℃ 上下持续数周,渐进性贫血和消瘦,经数周或数月才能康复。

3. 治疗

尽可能地早确诊、早治疗,可以明显降低死亡率。在应用特效药物同时,还应针对病情给予健胃、强心、补液等对症治疗。常用的特效药物有:

(1)盐酸咪唑苯脲,剂量为 1.5~2 mg/kg 体重,配成 1%~2% 溶液,肌内注射。对各种巴贝斯虫均有较好的效果,个别牛有过敏反应,可立即用肾上腺素、地塞米松(非怀孕牛)和硫酸阿托品肌内注射或静脉注射。

(2)三氮脒(血虫净、贝尼尔),剂量为 5~7 mg/kg 体重,配成 5%~7% 溶液,臀部深层肌内注射。每日或隔日注射 1 次,连用 2~3 次。还可配成 1% 注射液,静脉注射,其效果好于肌内注射。

(3)黄色素(锥黄素、吖啶黄),剂量为 3-45-7 mg/kg 体重,配成 0.5%~1% 溶液静脉注射,注射时勿漏药。症状未减轻时,24 h 后再注射一次,病牛在治疗后的数日内,对光敏感,应避免烈日照射。

中药疗法参考牛泰勒梨形虫病。

四、牛球虫病

牛球虫病是由艾美尔科的艾美尔属或等孢属的多种球虫引起的以出血性肠炎为特征的疾病。球虫病是牛常见的寄生虫病,由于其临床上出现便血症状,故也称为红痢。犊牛对球虫的易感性高,发病严重,多引起死亡;成年牛常呈隐性感染,为带虫者。

1. 病原和流行

球虫卵囊呈圆形、椭圆形或卵圆形。囊壁两层光滑,无色或黄褐色。在外界孢子化后,根据球虫属的不同,其卵囊内形成不同数量的孢子囊和子孢子。艾美尔属球虫卵囊内形成 4 个橄榄形的孢子囊,有的种类还可能有"外残体"(卵囊残体)。每个孢子囊内有 2 个子孢子,呈交叉排列。子孢子呈香蕉形或楔形,核位于中部。而等孢属球虫孢子化卵囊内只有 2 个孢子囊,但每个孢子囊内含 4 个子孢子。

球虫寄生于牛肠道黏膜上皮细胞内,虫体发育不需要中间宿主,经过三个发育阶段。第一阶段为裂体生殖阶段,虫体在其寄生的肠上皮细胞内进行的无性繁殖。第二阶段为配子生殖阶段,是虫体在宿主肠上皮细胞内进行的有性繁殖过程,即产生雌雄性大小配子,进而形成合子,最终产生卵囊,随粪便排出体外。第三阶段为孢子生殖阶段,为无性繁殖过程,系卵囊排出外界后的孢子化发育,即在卵囊内逐步形成孢子囊、孢子囊内又形成子孢子。此时的卵囊即可感染宿主,故称为感染性卵囊。

各种品种的牛对球虫都有易感性。2 岁以内的犊牛发病率高,死亡率也高;老龄牛常呈隐性感染,多为带虫者。本病多发于温暖多雨的季节,特别是在潮湿、多沼泽的牧场上最易发病,感染来源主要是成年带虫牛及临床治愈牛,它们不断地向外界排泄卵囊而使病原广泛存在。

2. 症状

潜伏期为 2~3 周,有时达 1 个月。急性型病程通常为 10~15 天;个别情况时,有在发病后 1~2 天引起犊牛死亡。初期精神沉郁,被毛松乱,体温升至 40~41℃,瘤胃蠕动及反刍停止,肠蠕动增强,排带血粪便,有恶臭。后期,粪便呈黑色,几乎全为血便,体温下降,在极度贫血和衰弱的情况下发生死亡。慢性病牛一般在发病后 3~5 天逐渐好转,但下痢和贫血症状持续存在数月。最严重的病变在盲肠、结肠和回肠后段 30 cm 处。肠黏膜充血、水肿,有出血斑和弥散性出血点。肠腔内含大量血液。有报道,球虫病病牛伴发神经症状,其发病率占球虫病牛的 20%~30%,甚至高达 50%,表现为肌肉震颤、痉挛、角弓反张、眼球震颤且偶有失明。具有神经症状的球虫病病牛,死亡率高达 50%~80%。

3. 治疗

在给予球虫药物的同时,应注意对症治疗,如贫血时应考虑输血;并注意结合止泻、强心和补液等措施。对有临产症状的病牛应进行隔离,减少病牛群的密度。注射磺胺类药物可以防止继发细菌性肠炎或肺炎。常用的抗球虫药物有:

(1)磺胺类药物,如磺胺二甲基嘧啶、磺胺六甲氧嘧啶等,可减轻症状、抑制病情的发展。剂量为 140 mg/kg 体重,口服,一日 2 次,连用 3 天。

(2)氨丙啉,剂量为 20～50 mg/kg 体重,口服,连用 5～6 天,可抑制球虫的繁殖和发育,并有促进增重和饲料转化的效果。

(3)莫能霉素,是一种有良效的抗球虫药物,同时也能促进生长,推荐量是每吨饲料加入 16～33 g。

(4)癸氧喹酯,剂量为 0.5～0.8 mg/kg 体重,口服,对卵囊产生有抑制作用。

五、弓形虫病

弓形虫病是由真球虫目、弓形虫科、弓形虫属的龚地弓形虫引起的呈世界性分布的人、畜共患寄生虫病。弓形虫是一种细胞内寄生虫,可寄生于宿主多种组织器官的有核细胞内,有时也散布于细胞外。

1. 病原和流行

弓形虫又叫弓形体或弓浆虫,寄生于 200 多种动物体,目前认为世界各地人和动物的弓形虫只有一个种,但有不同的虫株。虫体根据发育阶段不同,可分为速殖子、包囊、裂殖体、配子体和卵囊五种形态。前两种出现在中间宿主体内;后三种出现在终末宿主体内。其中以速殖子、包囊、卵囊具有实验室诊断价值。

弓形虫的终末宿主为家猫、野猫等猫科动物,当猫吞食了假囊、包囊或孢子化卵囊后,速殖子、慢殖子或子孢子侵入小肠上皮细胞内,进行类似球虫发育过程的裂体增殖和配子生殖。最后产生卵囊,随粪便排出体外。在外界经 2～4 天,孢子化为感染性卵囊。牛吞食速殖子、包囊和感染性卵囊任何一种虫体后,即可感染,虫体从局部淋巴及血液循环散布到全身组织脏器,侵入有核细胞内,以内出芽方式进行无性繁殖,形成假囊;或侵入腹水中,形成单个的速殖子;从而引起发病。后随着患病牛抵抗力的增强或药物治疗或由于虫株的毒力较弱,宿主成为无症状隐性感染者,存留的虫体就会在宿主某些脏器的实质细胞中形成包囊。

弓形虫对外界环境因素的抵抗力因其发育阶段不同而有较大差异,感染性卵囊的抵抗力最强,常温下可保持 1～1.5 年的感染力,对一般酸碱和常用消毒剂有相当的耐受力,常用消毒药对卵囊无影响。包囊在冰冻、干燥下不易生存,4℃可存活 68 天,对胃液有一定抵抗力。速殖子抵抗力最差,生理盐水中几小时即失去感染力;1% 来苏儿 1 min 内死亡。

2. 症状

牛弓形虫病的临床表现取决于虫株的毒力、感染强度、侵入途径、牛的年龄、体质及是否患有其他疾病等。强毒虫株侵入体质较弱的牛,常引起急性或亚急性感染,弱毒虫株则导致隐性或慢性感染;继发或并发其他疾病时,易引起暴发流行。

急性病例主要见于犊牛,表现为体温升高,呼吸急促,眼内出现浆液性或脓性分泌物,鼻流清涕。病牛精神沉郁,嗜睡,发病后数日出现神经症状,后肢麻痹,病程 2～8 天,常发生死亡。慢性病例表现厌食,逐渐消瘦,贫血。

病变特点表现为肺脏膨大、水肿,切面间质增宽,有时有灰白色小病灶;肝脏不同程度肿大,质脆软,常见有针尖大小的淡黄色或灰白色小病灶;淋巴结肿大灰白色;肠黏膜上有出血斑及溃疡坏死。慢性病例常见于老龄牛,各内脏器官发生水肿,并有散在的坏死灶。

3. 防治

本病的治疗目前认为采用磺胺类药物和抗菌增效剂 TMP(甲氧苄胺嘧啶)联合应用效果较好。每天 1～2 次,连用 3～5 天,首次剂量加倍。要注意及早治疗,同时重症病例要配合对症疗法。

(1)磺胺六甲氧嘧啶(SMM),剂量为 60～100 mg/kg 体重,配合 TMP 14 mg/kg 体重,口服。

(2)磺胺嘧啶(SD),剂量为 70 mg/kg 体重,配合 TMP 14 mg/kg 体重,口服。

(3)增效磺胺嘧啶钠注射液,肌内注射,剂量为 20 mL/kg 体重。

(4)磺胺甲氧吡嗪(SMPZ),剂量为 30 mg/kg 体重,加 TMP 10 mg/kg 体重,口服。

(5)12％复方磺胺甲氧吡嗪注射液(SMPZ＋TMP),剂量为 20～60 mg/kg 体重,肌内注射。

此外,据报道,长效磺胺(SMP)和复方新诺明(SMZ)也有较好治疗效果。

预防措施包括:饲养场严禁养猫,并防止猫进入厩舍,严防饲料、饮水被猫粪便污染。对流产胎儿和屠宰废弃物严格处理,消灭老鼠。定期对养牛场弓形虫进行检测,发现病牛及时隔离、治疗或淘汰。人要做到不食生肉和未煮熟肉;放牧人员、饲养人员、屠宰加工人员和兽医人员,应严格遵守卫生防疫制度,不在工作中吸烟、吃东西。接触病牛时,注意消毒防护;儿童和孕妇最好不要与猫犬接触,以防止感染;在流行地区可用磺胺类药物添加剂进行预防。

六、硬蜱

硬蜱是寄生于各种家畜和多种野生动物体表的外寄生虫,俗称"草爬子"、"扁虱"、"狗豆子"等。

1. 病原和流行

硬蜱呈红褐色或灰褐色,长椭圆形,从米粒大到大豆大(雌蜱吸血后)。分为假头和躯体两部分。成虫有 4 对足,足由 6 节组成。幼蜱和若蜱的形态与成蜱相似,不同的是幼蜱只有 3 对足,无气门板,无生殖孔,无孔区,肛毛只有 1 对。若蜱有 4 对足,有气门板,无生殖孔和孔区,肛毛 1～3 对。

硬蜱是不完全变态的节肢动物,其发育过程包括卵、幼虫、若虫、成虫四个阶段。后三个阶段活跃期都要在宿主体上吸血,发育过程中都要经过蜕皮。有的尚需更换宿主。大多数硬蜱都是在宿主体上进行交配,交配后饱血的雌蜱离开宿主落地,爬到缝隙内或土块下静伏不动,一般经过 4～8 天待血液消化及卵发育后,开始产卵,这一阶段叫产卵前期(或孕卵期)。雌蜱产卵的天数和数量随种类及其吸血量而异。硬蜱一生只产卵一次,可产千余至数千个卵,甚至达到万个以上。

硬蜱的寿命在不同种类或不同阶段有明显差异。在饥饿状态下成蜱寿命最长,一般可生存一年;而幼蜱和若蜱寿命最短,通常只能生存 2～4 个月。饱血后的成蜱寿命最短,雄蜱一般可活 1 个月左右,而雌蜱在产完卵后,1～2 周内死亡。

2. 症状

硬蜱吸食宿主大量血液,寄生数量大时可引起贫血、消瘦、发育不良、皮毛质量降低以及产奶量下降等。蜱的叮咬可使宿主皮肤产生水肿、出血。蜱的唾液腺能分泌毒素,使家畜产生厌食、体重减轻和代谢紊乱。某些种的雄蜱唾液中含有一种神经毒素,能引起急性上行性的肌肉萎缩性麻痹,称为"蜱瘫症"。

此外,蜱是多种病毒、细菌、螺旋体、立克次氏体、支原体、衣原体、原虫和线虫的传播媒介或贮存宿主,可引起某些自然疫源性疾病和人畜共患病,如森林脑炎、莱姆病、出血热、Q 热、鼠疫、野兔热、布鲁氏菌病等。蜱又是家畜各种血孢子虫病的终末宿主和必需的传播媒介。因此,硬蜱在兽医学上更具有特殊的重要地位。

3. 治疗

应在充分调查研究各种蜱的生活习性的基础上,因地制宜地采取综合性防治措施才能取得较好的效果。

(1)消灭畜体上的蜱,可采用人工捕捉或药物杀灭的方法。捕捉蜱时,虫体应与皮肤垂直,轻拉,防止假头断在皮内,引起炎症。

杀灭蜱常用的药物有拟除虫菊脂类杀虫剂,如溴氰菊酯,剂量为 25～50 mL/kg。有机磷杀虫剂如二嗪农(商品名螨净),剂量为 250 mg/kg;巴胺磷(商品名赛福丁),剂量为 50～250 mg/kg。脒基类杀虫剂,如双甲脒,剂量为 250～500 mg/kg。还有伊维菌素、阿维菌素类药物等。

(2)消灭圈舍的蜱,对圈舍蜱,如残缘璃眼蜱等防治尤为重要。可用水泥、石灰、泥土拌上药物堵塞圈舍内所有缝隙和孔洞。定期用药物,如 1%～2%马拉硫磷、1%～2%倍硫磷乳剂等喷洒圈舍。

(3)消灭自然界的蜱,深翻牧地;清除杂草灌木,改变局部自然环境使之不利于蜱的发育生长;捕杀某些野生啮齿类动物;对蜱滋生场所进行药物喷洒,例如,用50％马拉硫磷乳油0.4～0.75 mL/m²,或90％马拉硫磷原油0.05～0.2 g/m²进行超低容量喷雾。

此外,为了防止蜱随新割牧草进入畜舍,应将青草在太阳下晒干,蜱为避开日光暴晒,会爬到地面,因此,上层草可饲喂,对下面的蜱收集消灭。

七、牛皮蝇蛆病

牛皮蝇蛆病是由皮蝇科、皮蝇属的纹皮蝇、牛皮蝇或中华皮蝇的幼虫寄生于牛的背部皮下组织所引起的寄生虫病。

1. 病原和流行

我国皮蝇的种类在绝大多数地区为牛皮蝇和纹皮蝇,且以纹皮蝇为主要虫种,但在青海等地也存在有中华皮蝇。区分这3种皮蝇的依据是成蝇和一、二、三期幼虫的形态特征。

皮蝇成蝇一般比较大,体表被有长绒毛,有足3对及翅1对,外形似蜂;复眼不大,有3个单眼;触角芒简单无分支;口器退化,不能采食,也不叮咬牛只。

牛皮蝇、纹皮蝇和中华皮蝇的生活史基本相似,属于完全变态,发育过程需经卵、幼虫、蛹和成虫四个阶段,幼虫在牛体内寄生10～11个月,整个发育期约为1年。

成蝇为野居,营自由生活,不采食,也不叮咬动物,只是飞翔、交配、产卵。一般多在夏季晴朗无风的白天侵袭牛只,在阴雨天和有风天气隐蔽。成蝇在外界只能存活5～6天,雄蝇交配后死亡,雌蝇产完卵后死亡。

成蝇产卵的部位,随皮蝇种类不同而异。纹皮蝇在牛体的后肢球节附近和前胸及前腿部产卵。牛皮蝇在牛体的四肢上部、腹部、乳房和体侧产卵,卵经4～7天孵出第1期幼虫,幼虫经由毛囊钻入皮下。每一雌蝇一生中产400～800个卵。

纹皮蝇幼虫钻入皮下后,沿疏松结缔组织走向胸、腹腔,后到达咽、食道、瘤胃周围结缔组织中。在感染后2.5个月左右,可在食道部的浆膜下或黏膜下发现第2期幼虫,它们在该处停留约5个月,然后移行到背部前端皮下。中华皮蝇和纹皮蝇的发育过程基本相似。

牛皮蝇的幼虫钻入皮下后,沿外围神经的外膜组织移行到椎管硬膜外的脂肪组织中,在此停留约5个月,然后从椎间孔爬出移行到腰背部皮下。

由椎管或是到黏膜下钻出移行至背部皮下的幼虫为第2期幼虫,经蜕皮后变为第3期幼虫。皮蝇幼虫到达背部皮下后,停留2～3个月,牛皮肤表面呈现瘤状隆起,随后隆起处出现直径 0.1～0.2 mm 的小孔。第 3 期幼虫在其中逐步长大成熟,第二年春天,则由皮肤小孔蹦出,离开牛体入土中,经 3～4 天化蛹,蛹期 1～2 个月,之后羽化为成蝇。

成蝇出现的季节,随种类和各地气候条件不同而不同。在同一地区,纹皮蝇出现的季节比牛皮蝇为早,纹皮蝇出现的季节一般在每年的 4～6 月间,牛皮蝇在 6～8 月间。牛只的感染多发生在夏季炎热、成蝇飞翔的季节里。一天之内,9～17 时均有活动,活动高峰为 13～16 时。

2. 症状

成蝇虽不叮咬牛,但雌蝇产卵时可引起牛只强烈不安,表现踢蹶、狂跑等,不但严重地影响牛采食、休息、抓膘等,甚至可引起摔伤、流产等。

幼虫初钻入皮肤,引起皮肤痛痒,精神不安。在体内移行时造成移行部位组织损伤。特别是第 3 期幼虫在背部皮下时,引起局部结缔组织增生和皮下蜂窝织炎,有时细菌继发感染可化脓形成瘘管。牛背部皮肤幼虫寄生以后,留有瘢痕,影响皮革价值。幼虫生活中分泌毒素,对血液和血管壁有损害作用,可引起贫血,可引起神经症状,甚至造成死亡。此外,皮蝇幼虫偶尔可引起变态反应,原因是自然死亡或机械除虫挤碎的幼虫体液被患牛吸收而致敏,当再次接触该抗原时,即发生过敏反应。表现为荨麻疹,间或有眼睑、结膜、阴唇、乳房的肿胀、流泪、流涎、呼吸加快等。

3. 治疗

要控制或消灭本病,需要了解和掌握皮蝇的生物学特性,如成蝇产卵和活动的季节,各期幼虫的寄生部位和寄生时间等,只有掌握了这些基本的流行病学资料,才能因地制宜地制定出行之有效的防治措施。另外,我国牛皮蝇病分布广,寄生率高,寄生强度大,成蝇飞翔能力强,多呈区域性危害。因此,防治该病应打破行政地区界限,实行区域性联防联治,如此坚持几年,必然获得显著效果。

在皮蝇蛆病流行的地区,每逢皮蝇活动的季节,可用 1%～2% 敌百虫对牛体进行喷洒,每隔 10 天喷洒 1 次;或用 1 000～1 500 mg/kg 体重拟除虫菊脂类药物喷洒,每 30 天喷洒 1 次,可杀死产卵的雌蝇或由卵孵出的幼虫。

消灭寄生于牛体内的幼虫,对防治该病具有极其重要的作用,即可以减少幼虫的危害,又可以防止幼虫发育为成虫。消灭幼虫可以用机械的或化学药物治疗的方法。

在牛数不多和虫体寄生量少的情况下,可用机械法,即用手指压迫皮孔周围,将幼虫挤出,并将其杀死。由于幼虫的成熟时间不同,故每隔 10 天需重复操作。但需注意勿将虫体挤破,以免引起过敏反应。

皮蝇蛆病的化学治疗多用有机磷杀虫药和伊维菌素或阿维菌素类药物,但12月至翌年3月因幼虫在食道或脊椎寄生,虫体在该处死亡后可引起相应的局部严重反应,故此期间不宜用药。一般防治皮蝇蛆病多在11月进行,各地要根据当地具体的流行病学资料确定,常用的药物种类、浓度和剂量如下。

(1)倍硫磷针剂,成年牛1.5 mL,青年牛1~1.5 mL,犊牛0.5~1 mL,臀部肌内注射,对皮蝇第1~2期幼虫的杀虫率可达95%以上。本药效果好,使用方便。

(2)倍硫磷浇泼剂,剂量为10 mL/100 kg体重,沿牛背中线由前向后浇泼。

(3)1%伊维菌素或阿维菌素,剂量为1 mL/50 kg体重,一次注射;或剂量为10 mg/100 kg体重,一次口服。

(4)蝇毒磷,剂量为10 mg/kg体重,臀部肌内注射,对纹皮蝇的移行期幼虫有一定杀灭作用。

(5)2%敌百虫水溶液,取300 mL,在牛背部或只在牛皮肤上的小孔处涂擦,涂擦2~3 min,经24 h后,大部分幼虫即软化死亡,其杀虫率可达90%~95%。本药对牛十分安全。涂擦时间可按各地皮蝇发育情况而定,一般从3月中旬开始至5月底,每隔30天处理1次,共处理2~3次。

八、虱

虱属于昆虫纲的虱目(吸血虱)和食毛目(食毛虱),是哺乳动物和禽鸟体表的永久性寄生虫,具有严格的宿主特异性。牛虱包括吸血虱和食毛虱两大类,虱的危害除吸血外,还可携带和传播其他病原体。

1. 病原和流行

虱子寄生在动物体表。体扁平,表皮呈革状,灰白色或灰黑色。血虱和鄂虱都属于吸血虱,以血液为食。食毛虱包括毛虱和羽虱,前者寄生于兽类,后者寄生于禽类。它们以皮屑和碎毛为食。

虱为不完全变态,其发育过程包括卵、若虫和成虫。雌雄交配后,雄虱死亡;雌虱经2~3天开始产卵于被毛上,1昼夜产卵1~4个,产卵期持续2~3周,一生能产50~80个卵,产完卵后死亡。产卵时雌虱分泌一种胶状液,使卵黏着于毛上。卵经9~20天,孵出若虫,若虫分3期,每隔4~6天蜕化一次,经3次蜕化后变为成虫。从卵发育至成虫需1个多月,每年能繁殖6~15个世代。

虱子在牛体上的分布,不同种有不同的寄生部位,并终生不离开宿主,离开宿主体后,通常在1~10天内死亡;虱子在35~38℃条件下,经一昼夜死亡;在0~6℃时可存活10天。可见其对低温的抵抗力强,对高温与湿热的抵抗力较弱。虱子的若虫、成虫都以吸食宿主血液或吸食碎毛、皮屑为生。虱的传播方式主要是直接接触感染,有时也可通过混用的管理用具和褥草等间接感染。秋、冬季节,家畜被毛增长,绒毛增多增厚,体表温度增加,造成有利于虱生存的条件,因而数量增多;而夏季家畜体表虱子数量显著减少。

2. 症状

血虱以吸食血液为主,吸血时分泌含有毒素的唾液,引起牛体刺痒不安,影响采食和休息。有时还可传播其他疾病。毛虱以吸食碎毛及皮屑为生,危害类似血虱。

患牛表现消瘦,发育不良,毛、乳、肉等生产性能降低。牛因啃咬患部和蹭痒,造成皮肤损伤、脱毛,可继发细菌感染或伤口蛆病;感染后由于经常舔吮患部,可造成食毛癖,在胃内形成毛球,导致严重疾病。

3. 防治

预防要做到畜舍清洁卫生,经常打扫,定期消毒;保持通风干燥,勤换常晒垫草;牛体要经常刷拭。牛群中发现有虱者,及时隔离治疗。对新引入的牛要进行隔离饲养,确认无病方可混群。治疗可选用以下药物。

(1)伊维菌素或阿维菌素,剂量为 0.3 mg/kg 体重,口服或皮下注射。

(2)0.5%～2%敌百虫水溶液、溴氰菊酯或滴虫菊酯乳剂喷洒。

(3)0.01%～0.05%双甲脒溶液涂擦或喷洒,7～10 天后再治疗一次。

(4)2%倍硫磷溶液,按 0.5～1 mL/kg 体重,喷洒牛体。

(5)蝇毒磷配成浓度为 0.5%～0.7%的水溶液,喷洒牛体。

(6)中药百部加白酒(或 50%酒精)1 000 mL,浸泡 1～2 天,涂擦患部;或用 10%的百部煎剂也可。

(7)食盐 50 g 溶于 100 mL 水中,再加适量煤油,混合后涂擦,可灭虱和虱卵。

九、螨病

螨病又叫疥癣,俗称癞病。有疥螨科或痒螨科的螨寄生于动物的体表或表皮所引起的慢性皮肤病,以接触感染、剧烈的痒感和各种类型的皮炎为特征。

1. 病原和流行

牛疥螨,虫体呈圆形,浅黄色,假头短粗,咀嚼式口器。在假头背面后方,有一对短粗的垂直刺。足均粗短,后两对足不伸出体缘之外。

牛痒螨,虫体呈长圆形,比疥螨大,肉眼可见,口器为刺吸式。足较长,尤其前两对足较后两对粗大。

牛足螨,虫体呈椭圆形,足长,前两对足较粗大。

螨的全部发育过程都在宿主体上完成,包括卵、幼虫、若虫、成虫四个阶段,其中雄螨有一个若虫期,雌螨有两个若虫期。

疥螨主要寄生于宿主皮肤的表层,以皮肤组织和渗出液为食。疥螨口器为咀嚼式,在宿主表皮内挖掘隧道,进行发育和繁殖,在隧道内每隔一段距离即有小孔与外界相通,以通空气和作为幼虫出入的孔道。雌雄交配后,雄虫即死亡,雌虫的寿命为 4~5 周。雌螨在隧道内产卵,一生可产 40~50 个卵,卵经 3~8 天孵出幼虫(3 对足),幼虫再开辟新的隧道,蜕皮变为若虫,经过 2 个或 1 个若虫期,再发育为成虫。整个发育过程为 8~22 天。

痒螨主要寄生于宿主皮肤表面,以吸取渗出液为食。雌螨一生可产约 40 个卵,寿命约 42 天,痒螨发育阶段与疥螨相似,主要区别是发育速度快,整个发育过程 10~12 天。

足螨也寄生于宿主皮肤表面,但多在牛尾根、肛门附近及蹄部等处。其发育过程与痒螨相似。

螨病主要发生于冬季、秋末和初春,因在这些季节,日光照射不足,家畜毛长而密,特别是在厩舍潮湿、畜体卫生状况不良、皮肤表面湿度较高的条件下,最适合螨的发育繁殖。牛感染螨病主要是通过与患牛的直接接触或与被螨及其卵污染的圈舍、用具等间接接触而造成。此外,也可通过人的衣服或手传播。幼龄动物易患螨病,发病较重;成年牛有一定的抵抗力;体质弱、抵抗力差的易受感染;但成年体质健壮的牛"带螨现象"往往成为螨病的感染源。

螨对外界环境有一定的抵抗力。疥螨在 18~20℃和空气湿度为 65%时,经 2~3 天死亡;而在 7~8℃则经过 15~18 天才死亡;卵离开宿主 10~30 天仍可保持发育能力。痒螨对外界不利因素的抵抗力超过疥螨,如在 6~8℃和 85%~100%的空气湿度条件下,在畜舍内能存活 2 个月;在牧场上能活 25 天;在 12~2℃经 4 天死亡;在 -25℃经 6 h 死亡。

2. 症状

主要临床表现为剧痒、结痂、脱毛、皮肤增厚和消瘦衰竭。剧痒是虫体活动时的机械性刺激剂分泌的毒素所引起,特点是进入温暖场所或运动后,痒觉增加。由于皮肤的损伤,炎性渗出液加上脱落的被毛、皮屑和污垢混杂在一起,干燥后就形成了石灰色痂皮。毛囊和汗腺受到破坏,因而被毛脱落。皮肤角质层增生,皮肤变厚,失去弹性而成皱褶或龟裂。痒觉造成牛烦躁不安,严重影响采食和休息。加之寒冷季节皮肤裸露,体温大量丧失,体内蓄积的脂肪被大量消耗,病牛日趋消瘦,严重时则发生死亡。

发生螨病时,病灶首先从局部开始,再向其他部位扩散。牛疥螨先开始于牛的面部、颈部、背部、尾根等被毛较短的部位,严重时向全身扩散;牛痒螨初期见于颈、肩和垂肉,继而蔓延到全身;牛足螨发生较少,常发于尾根、肛门附近及蹄部。

3. 诊断

对有明显症状的螨病,根据发病季节、剧痒、皮肤病变以及接触感染、大面积发生等特点,确诊并不困难。但症状不明显时,则需用小刀刮取健康与病患交界处的皮肤,刮到微出血时为止,然后带回实验室放在黑纸上,置温箱中(30～40℃)或用白炽灯照射一段时间,然后收集从皮屑中爬出的黄白色针尖大小的点状物,在镜下检查确诊。

4. 治疗

口服、注射治疗,伊维菌素 0.2 mg/kg 体重皮下注射,严重的牛间隔 7～10 天重复用药一次。

涂药、喷洒治疗,50 mg/kg 溴氰菊酯喷洒 2 次,中间间隔 10 天;750 mg/kg 体重螨净水乳液喷淋 2 次,间隔 7～10 天;500 mg/kg 体重双甲脒水乳液喷淋或涂擦2 次,间隔 10 天;200 mg/kg 体重巴胺磷喷淋或药浴;500 mg/kg 体重辛硫磷喷淋或药浴;5%敌百虫水溶液涂擦或喷淋,孕牛禁用,隔 1 周重复用药 1 次;0.025%～0.05%蝇毒磷药液喷淋或涂擦;1%～2%碳酸或克辽林溶液涂擦或喷淋;2%～4%的烟叶浸汁、废机油或废柴油涂擦患部等。

为了使药物充分接触虫体,治疗前最好用肥皂水或煤酚皂液彻底洗刷患部,清除硬痂和污物后再用药;要在专设场地隔离治疗;从病牛身上清除下来的污物、毛、痂皮等要集中销毁;饲养管理人员应注意消毒,避免通过手、衣服和用具散播病原;患牛较多时,应先对少数患牛试验,以鉴定药物的安全性,然后再大面积应用,防止意外发生。如果用涂擦的方法治疗,通常一次涂药面积不应超过体表面积的 1/3,以免发生中毒;在治疗病牛的同时,应用杀螨药物彻底消毒畜舍和用具;治疗后的病牛应置于消毒锅的畜舍内,并注意护理;由于大多数杀螨药物对螨卵的作用差,因此需间隔一定时间后重复用药,以杀死新孵出的幼虫。

螨病重在预防。发病后再治疗,常常十分被动,造成很大的损伤。预防应做好以下工作:一是要加强饲养管理,保持圈舍干燥清洁,勤换垫草和清理粪便。二是对圈舍定期消毒。流行季节,经常注意牛群中有无发痒、脱毛现象,发现病牛立即隔离并进行治疗。三是新引进牛要隔离观察一段时间后,方可合群。四是对流行地区的牛群,可有计划地定期进行药物预防。

中药组方:

(1)巴豆 25 g,斑蝥 9.5 g,硫黄 12.5 g,红矾 0.31 g,狼毒 16 g,豆油 560～

700 g。用法：将巴豆、斑蝥、红矾、狼毒碾碎,加豆油煮沸 30 min,冷至 60℃时加硫黄,用毛刷蘸取药物涂 2～3 次即愈。用时应严防中毒。

（2）硫黄研成细末,加等量猪油拌匀制成软膏涂擦患部效果良好。用法：先用小刀刮去患部表皮直至出血后涂药,隔 3 天如法进行 1 次,一般 1～2 次即愈。

（3）石炭酸碘酊涂擦患部 3～5 次即愈。

参 考 文 献

1. 齐长明.奶牛疾病学.北京:中国农业科学技术出版社,2006.
2. 郭定宗.兽医内科学.2 版,北京:高等教育出版社,2010.
3. 甘肃农业大学.兽医产科学.2 版,北京:中国农业出版社,2008.
4. 王洪斌.家畜外科学.4 版.北京:中国农业出版社,2002.